Sternstunden der Optik

Armin Grasnick

Sternstunden der Optik

Moderne Bilderzeugung mit antiker Optik

Armin Grasnick
Moos, Baden-Württemberg, Deutschland

ISBN 978-3-662-71074-6   ISBN 978-3-662-71075-3   (eBook)
https://doi.org/10.1007/978-3-662-71075-3

Die Deutsche Nationalbibliothek verzeichnet diese Publikation in der Deutschen Nationalbibliografie; detaillierte bibliografische Daten sind im Internet über https://portal.dnb.de abrufbar.

© Der/die Herausgeber bzw. der/die Autor(en), exklusiv lizenziert an Springer-Verlag GmbH, DE, ein Teil von Springer Nature 2025

Das Werk einschließlich aller seiner Teile ist urheberrechtlich geschützt. Jede Verwertung, die nicht ausdrücklich vom Urheberrechtsgesetz zugelassen ist, bedarf der vorherigen Zustimmung des Verlags. Das gilt insbesondere für Vervielfältigungen, Bearbeitungen, Übersetzungen, Mikroverfilmungen und die Einspeicherung und Verarbeitung in elektronischen Systemen.
Die Wiedergabe von allgemein beschreibenden Bezeichnungen, Marken, Unternehmensnamen etc. in diesem Werk bedeutet nicht, dass diese frei durch jede Person benutzt werden dürfen. Die Berechtigung zur Benutzung unterliegt, auch ohne gesonderten Hinweis hierzu, den Regeln des Markenrechts. Die Rechte des/der jeweiligen Zeicheninhaber*in sind zu beachten.
Der Verlag, die Autor*innen und die Herausgeber*innen gehen davon aus, dass die Angaben und Informationen in diesem Werk zum Zeitpunkt der Veröffentlichung vollständig und korrekt sind. Weder der Verlag noch die Autor*innen oder die Herausgeber*innen übernehmen, ausdrücklich oder implizit, Gewähr für den Inhalt des Werkes, etwaige Fehler oder Äußerungen. Der Verlag bleibt im Hinblick auf geografische Zuordnungen und Gebietsbezeichnungen in veröffentlichten Karten und Institutionsadressen neutral.

Planung/Lektorat: Gabriele Ruckelshausen
Springer Spektrum ist ein Imprint der eingetragenen Gesellschaft Springer-Verlag GmbH, DE und ist ein Teil von Springer Nature.
Die Anschrift der Gesellschaft ist: Heidelberger Platz 3, 14197 Berlin, Germany

Wenn Sie dieses Produkt entsorgen, geben Sie das Papier bitte zum Recycling.

Vorwort

Alles schon mal dagewesen…?

Vor einiger Zeit hatte ich in meinem Buch „Grundlagen der virtuellen Realität" die Geschichte und Evolution der virtuellen Realität betrachtet. Darin hatte ich großzügig die Felsenmalereien der Steinzeit als virtuelle Realität bezeichnet, wogegen sich Verfechter einer ausschließlich moderneren, computerisierten Interpretation virtueller Realität verwahren mögen. Aber muss denn der Blick auf die virtuelle Realität tatsächlich durch das Digitale begrenzt sein? Wollen wir uns kurz von der populären Interpretation abwenden und auf die Wahrnehmung künstlicher Illusionen früherer Zeiten schauen. Wir sehen, dass auch frühere Generationen mit den damaligen Mitteln versucht haben, eine möglichst realistische, interaktive Repräsentation des Fiktiven zu erreichen. Eine der frühesten Beschreibungen vorgeblicher Realität ist zweifellos Platons Höhlengleichnis. Im siebenten Buch des „Staates"[1] beschreibt Platon eine phantastische Szene, in der Gefangene „von Kindheit an gefesselt an Hals und Schenkeln" (aus [2] S. 361) in einer lichtlosen Behausung vor einer Wand sitzen und nur die von Gauklern erzeugten Schattenspiele an der Kerkerwand sehen können. Die Erkenntnis, welche die Gefangenen von der Welt gewinnen können, basiert zu einem guten Teil auf der Fiktion, die durch die Schattenspieler willkürlich erzeugt wurde. Platons Diskurs führt zumindest zu der Erkenntnis, dass sich hinter der sinnlich wahrgenommenen, im Allgemeinen als real angesehenen Welt, eine andere verbergen kann, die wirklicher ist. Diese philosophische Betrachtung weist uns in das klassische Theater des Aischylos [2]im fünften vorchristlichen Jahrhundert[3]. Es waren nicht allein die vorgetragenen Tragödien und Komödien, durch die das Publikum in den Bann und die literarische Welt des Künstlers gezogen wurde. Neben der schauspielerischen Leistung hatte auch die Gestaltung der Kostüme, der Bühne oder der Skene einen Einfluss auf die wahrgenommene Wirklichkeit, den Realismus der Vorstellung. Die Vorführung selbst muss dabei keineswegs real sein. Eine nächtliche Wanderung im Wald kann unsere Fantasie mit zahlreichen, entsetzlichen Gestalten

---

[1] Politeia, „Der Staat" [1].
[2] Aischylos, auch Aeschylus (525 v. Chr. – 456 v. Chr.), griechischer Dichter.
[3] Simons zieht hier einen deutlich aktuelleren Vergleich: Von Platon zum Film „Matrix" [3].

bereichern. In einem Traum können oder müssen wir diese Fantasien dann quasi real durchleben und können den Traum erst im wachen Zustand von der Realität trennen. Der Philosoph Bergson[4] sprach zu Beginn des 20. Jahrhunderts in seiner Schrift „Materie und Gedächtnis" von der Virtualität der Erinnerungsbilder (in [4], S. 171) und deren Vermischung mit der Wirklichkeit, die sich erst durch die Konfrontation mit der Wahrnehmung von der Fiktion trennen lässt (ebd. S. 97).

Üblicherweise ist der heutige Gebrauch des Begriffes „virtuelle Realität" aber mit der Simulation der Wirklichkeit durch Computer verknüpft. Die virtuelle Realität ist nun eine computergenerierte Umgebung, mit der auf verschiedene Weise interagiert werden kann. Je realistischer die Simulation ist, je mehr Sinne angesprochen und Benutzeraktionen im virtuellen Raum umgesetzt werden, umso immersiver kann der Eindruck des Scheinbaren sein.

Allgemeiner formuliert wird die vermeintliche Realität künstlich erzeugt: „Die virtuelle Realität beschreibt den Sinneseindruck von Wirklichkeit durch künstliche Stimulation der Wahrnehmung."[5] Wenn man demnach die Gesamtheit der wirklich existenten Dinge als „Realität" bezeichnen will, dann sollte zur Bezeichnung der unwirklichen, scheinbaren Dinge der Begriff „virtuell" angemessen sein[6]. Die Einordnung des Begriffs der Virtualität gelingt nicht ohne die Akzeptanz des Unwirklichen. In einem Sammelband mit dem wunderbaren Titel „Die Anwesenheit des Abwesenden" versuchten sich einige Mitglieder der Katholisch-Theologischen Fakultät der Universität zu Augsburg an einer theologischen Annäherung [7]. Ganz allgemein und ein wenig unverständlich hat Scheule[7] dazu ein grundsätzliches Statement formuliert (aus [8], S. 173): „Virtualität sei … vielmehr ein Wort für das Interdependenzverhältnis von medialen Referenten und ihren außermedialen Referenzen." Der barocke Satz erschließt sich, wenn bekannt ist, dass mit Interdependez eine wechselseitige Abhängigkeit gemeint ist (und wenn man ihn mehrmals liest). Darin liegt eine scheinbar universelle Wahrheit. Wenn Medien die Referenten der referenzierten Realität sind und die Virtualität deren wechselseitige Abhängigkeit beschreibt, dann bleibt nur die Aufgabe, sauber zwischen den Begriffen real und virtuell zu unterscheiden. Aber schon das ist nicht einfach. In einer philologischen Betrachtung geht Roth der Wortgeschichte des lateinischen Adjektivs „virtualis" nach. Dabei erweist sich, dass die mittelalterliche Wortbedeutung im Sinne des Thomas von Aquin[8] sich vom heutigen „virtuell" unterscheidet. Mit „virtualis" kann ebenso die vom einem Ding ausgehende Kraft oder Macht gemeint sein als auch das Potenzielle „der Kraft nach seiende" (nach [9], S. 37). Die Seele erscheint als „principium virtuale", als immaterielles Prinzip,

---

[4] Henri Bergson (1859–1941), französischer Philosoph, Nobelpreis für Literatur 1927.
[5] Aus [5] S. 13.
[6] Die deutsche Wikipedia hat zum Eintrag „Virtualität" folgenden Eingangssatz [6]: „Virtualität ist die Eigenschaft einer Sache, nicht in der Form zu existieren, in der sie zu existieren scheint, aber in ihrem Wesen oder ihrer Wirkung einer in dieser Form existierenden Sache zu gleichen."
[7] Rupert Maria Scheule (geb. 1969), deutscher Theologe.
[8] Thomas von Aquin (1225–1274), italienischer Dominikaner.

das nur der Wirkung nach wahrnehmbar ist. Diese körperlose Wirkung wurde spätestens durch den französischen Jesuitenpater und Mathematiker Claude Dechales[9] nicht mehr rein im theologischen Zusammenhang verwendet. Im zweiten Band seiner umfangreichen mathematischen Abhandlungen nutzt Dechales 1674 zur Beschreibung des (virtuellen) Brennpunktes einer Zerstreuungslinse den Begriff „focum virtualem" ([10], S. 638). Da Dechales später auch die Bildentstehung bespricht, kann die Anwendung auch auf reale und virtuelle Bilder ausgedehnt werden [11]. Mit Dechales' mathematischem Kompendium wurde diese Bezeichnung publik und unter anderen von dem Philosophen William Molyneux[10] 1692 als „virtual image" ([12] S. 96) genutzt. Spätestens seit diesem Werk ist die Bedeutung des Begriffes „virtuell" auch um die Eigenschaft von etwas Wahrnehmbaren, aber dennoch Unwirklichem, erweitert worden. Die Verwendung des Begriffes „virtual image" in der Optik entfaltete mit David Brewster [13] eine gewisse Normalität.

Im Sinne des Aischylos verwendete der Theaterschaffende Artaud den Begriff „Virtuelle Realität" seit den 1930er Jahren für das Theater (in [14][11], S. 49), wobei für Artaud[12] das Virtuelle keine primitive Nachahmung des Wirklichen ist, sondern eine eigene Wirklichkeit erschafft. Die Philosophin Langer[13] schrieb 1953 in ihrem Buch „Feeling and Form: A Theory of Art" unter anderem über Bilder als virtuelle Objekte und dem virtuellen Raum als primäre Illusion aller plastischen Kunst. Für sie ist das Virtuelle auch das Visuelle, vor allem das nicht Greifbare (nach [15], S. 48).

„Die auffälligsten virtuellen Objekte in der Natur sind optischer Natur ganz bestimmte sichtbare ‚Dinge', die sich als nicht greifbar erweisen, wie z. B. Regenbögen und Luftspiegelungen. Viele Menschen betrachten daher ein Bild oder eine Illusion notwendigerweise als etwas Visuelles."

Der Philosoph Deleuze[14] hat sich am Begriff des Virtuellen abgearbeitet und beschreibt damit das Potenzial, bis hin zum Idealzustand des Realen [16]. Mit virtuellen Darstellungen kann real interagiert werden, aufgrund der generativen Natur ist das Virtuelle aber auch das Potenzielle des Realen, das sich erfüllen kann, ein Heilsversprechen oder eine Dystopie. Das Virtuelle bildet also nicht nur den Kern einer künstlichen Realität, sondern gleichzeitig eine Vision des Möglichen.

Das Empfinden von etwas Virtuellem ist stark von der visuellen Wahrnehmung geprägt. Es ist also nicht verwunderlich, dass bei der Beschäftigung mit dem Irrealen, der Blick hin und wieder auch über die Optik schweift. Virtuelle Abbildungen sind in der Optik seit Jahrtausenden ein fest verankertes Konzept. Ein

---

[9] Claude François Milliet Dechales (1621–1678), französischer Jesuit.
[10] William Molyneux (1656–1698), irischer Philosoph.
[11] Das französische Original „Le Theatre et son Double" ist von 1938.
[12] Antonin Artaud (1896–1948), französischer Theaterschaffender.
[13] Susanne K. Langer (1895–1985), amerikanische Philosophin.
[14] Gilles Deleuze (1925–1995), französischer Philosoph.

Spiegelbild entstand schon in der Steinzeit hinter der eigentlichen Spiegelfläche und war dennoch nicht von hinten zu sehen. Es ist damit im reinen Wortsinn „nicht echt, nicht in Wirklichkeit vorhanden, aber echt erscheinend".[15]

Auch beim Betrachten eines Objektes mit einer Lupe entsteht ein vergrößertes, virtuelles Bild. Damit können noch Gegenstände gesehen werden, die sich in so kurzer Entfernung vor dem Auge befinden, dass die optische Leistung des Auges eigentlich nicht mehr ausreichen würde, um ein scharfes Bild auf der Netzhaut zu erzeugen. Genau dieser Fall existiert bei der Bildbetrachtung mit einer VR[16]-Brille. Die kleinen Bildschirme des Gerätes befinden sich nur etwa eine Handbreit vor den Augen. In dieser Entfernung ist es für Erwachsene[17] fast ausgeschlossen, die Anzeigen noch scharf zu fokussieren. Deshalb sind zwischen Bildschirm und Auge Okulare angebracht, die wie eine Lupe wirken und eine Scharfstellung ermöglichen. Es ist sympathisch, dass schon bei dieser Abbildung ein virtuelles Bild erzeugt wird. Die optische Abbildung geht seit jeher mit einer Veränderung bei der Darstellung von Objekten einher. Zumeist sind das Farbfehler oder Bildverzerrungen früher Optiken, verursacht durch die Unkenntnis optischer Gesetze, gepaart mit den technischen Limitierungen der Zeit. Mitunter steckt aber auch die Absicht dahinter, mit der Optik das Bild so zu verändern, dass dadurch ein Erkenntnisgewinn bewirkt oder der Betrachter getäuscht werden kann.

Optik ist allgegenwärtig und tritt auch ohne menschlichen Eingriff spontan in der Natur auf. Die natürliche Optik entsteht unabsichtlich und zufällig. Ein Regenbogen oder Halo-Effekt wird nur dann sichtbar, wenn bestimmte Wetterbedingungen mit einer definierten natürlichen Beleuchtung zusammenfallen. Eine Wasserfläche wird erst dann zum Spiegel, wenn keine Welle oder Bewegung die Glätte der Oberfläche stört. Es ist nicht überliefert, ob sich die Menschen der Steinzeit aus purer Eitelkeit selbst bespiegelten oder ob sich dahinter irgendeine unbekannte rituelle Handlung verbarg. Sicher ist jedoch, dass es handfeste Gründe gegeben haben muss, um aus Vulkanglas echte Spiegel herzustellen. Die steinzeitliche Qualität der Fertigung lässt sich prüfen – die polierten Obsidianflächen spiegeln noch heute. Mit der Fähigkeit zur Fertigung von Bronze konnten im Alten Ägypten auch leichtere Handspiegel gefertigt werden, die auch bei der schönen Nofretete in Gebrauch waren und langsam zu einer gewissen Alltäglichkeit wurden. Die Verwendung von Spiegeln zur Unterstützung der Eitelkeit machte sie bereits in der Bibel zu einem Objekt der Kritik – bei den Griechen jedoch zu einem Gegenstand philosophischen Interesses. In der Antike wurde erkannt, dass die gezielte Krümmung der Oberfläche einen eitlen Spiegel in einen nützlichen Brennspiegel verwandelt. Die Philosophen begannen, sich mit dem Spiegel, dessen

---

[15] Gemäß Duden [17].

[16] Auch wenn es sicherlich unmittelbar einleuchtend ist, einmal sei es trotzdem gesagt: VR steht in diesem Buch als Abkürzung für die Virtuelle Realität.

[17] Nur der Vollständigkeit halber: Kinder können besser auf kürzere Entfernungen scharfstellen, mit zunehmenden Alter nimmt diese Fähigkeit ab.

Abbildung und der Funktionsweise des Sehens auseinanderzusetzen. Das führte nach und nach zur Erkenntnis der Gesetzmäßigkeiten der Reflexion und der Entwicklung der Katoptrik.

Die Linse von Nimrud ist ein frühes Zeugnis, dass eine Abbildung nicht nur mit Spiegeln, sondern auch mit einem wohlgeformten durchsichtigen Medium möglich ist. Die gezielte Herstellung eines transparenten Glases war zu Zeiten des Assyrischen Reiches kaum möglich, sodass auch die antiken Griechen für ihre Brenngläser natürliche Kristalle verwenden mussten. Erst mit der Verbesserung der Glasfertigung und der Entwicklung des Glasblasens in römischer Zeit konnten größere kugelförmige Gefäße hergestellt werden, die bei Befüllung mit Wasser die Wirkung einer Kugellinse hatten. Seit dieser Zeit war die Vergrößerung durch eine Glaskugel eine offensichtliche Tatsache und die Lichtbrechung ein Untersuchungsgegenstand. Diese frühen Überlegungen, die besonders mit dem Namen Ptolemäus verbunden sind, fanden für Jahrhunderte kaum Beachtung, bis in den arabischen Häusern der Weisheit die antiken Texte wiederentdeckt und übersetzt wurden. Der Heilkundige Avicenna beschrieb in Galens Tradition die optische Wirkung des Auges, der mathematisch gebildete Ibn-Sahl beschrieb die optische Wirkung unterschiedlich gekrümmter Oberflächen auf den Brennpunkt und entwickelte zu dessen Optimierung sogar eine asphärische Linse. Alhazen verfasste in Kairo zur ersten Jahrtausendwende sein einflussreiches Werk „Schatz der Optik", das als moderne arabische optische Forschung Eingang in die späteren Werke europäischer Philosophen wie Grosseteste, Peckham, Witelo oder Bacon fand. Bacon beschrieb aber auch die vergrößernde Wirkung bestimmter Linsenformen und deren Nutzen beim Lesen, weshalb er häufig als Erfinder der Brille genannt wird. Tatsächlich ist die Brille seit dieser Zeit nicht nur ein sinnvolles Hilfsmittel für die gelehrte Gesellschaft geworden, sondern hat auch aufgrund des wachsenden Bedarfes an Lesehilfen auch zur Entstehung des Optikerhandwerks beigetragen. In der Renaissance beschäftigte sich auch Leonardo da Vinci mit der Optik, zu deren Verbreitung trug allerdings eher der Brillenoptiker Lipperhey bei. Durch die Zusammensetzung zweier Brillengläser in gewisser Entfernung entstand auf überaus einfache Art ein vergrößerndes Sehrohr, mit dem ferne Gegenstände näher schienen. Dieses sogenannte „holländische" Fernrohr erregte natürlich das Interesse von Astronomen wie Galilei und Kepler, die Lipperheys simple Grundidee zu präzisen optischen Teleskopen weiterentwickelten. Nachdem Snellius und Descartes nun tatsächlich ein solides Brechungsgesetz formulierten und Campani mit seinen Schleif- und Poliermaschinen die Optikfertigung optimierte, wurde die gezielte Fertigung von größeren Linsen für zusammengesetzte Teleskope möglich. Die naheliegende Idee, solche vergrößernden Instrumente nicht nur für die Planetenbeobachtung, sondern auch zur Beobachtung von Kleinstlebewesen einzusetzen, wurde durch Hooke's Beschreibung der Mikroskopie populär. Dessen zusammengesetztes Mikroskop war allerdings weniger erfolgreich als das einlinsige Mikroskop von Leeuwenhoek, bei der die Linse durch eine winzige Kugel ersetzt wurde. Die fortschreitende Beschäftigung mit der Optik brachte auch einige Entdeckungen mit sich. Der Jesuit Grimaldi entdeckte die Beugung des Lichtes, die weder er noch Newton zufriedenstellend erklären könnten. Die auf einer

Teilchenstruktur des Lichtes aufbauende Theorie Newtons war nicht gut geeignet, die Beugungseffekte Grimaldis zu erklären. Überraschenderweise gelangt das jedoch mit dem von Newton abgelehnten Wellenmodell Huygens, das Brechung und Reflexion gut erklärte und sich auf die Beugung erweitern ließ.

Newtons Korpuskeltheorie war dennoch lange das vorherrschende Model zur Erklärung der Lichtausbreitung, bis Young die Resultate seiner Beugungsexperimente mit Huygens Wellenmodell erklären konnte. Diese Erkenntnisse wurden von Fresnel mathematisch beschrieben und führten schließlich zur späten Akzeptanz von Huygens Kugelwellentheorie. Der endgültige Beweis wurde mit der Messung der Lichtgeschwindigkeit erbracht. Newton hatte postuliert, Licht müsste sich im Wasser schneller bewegen als in Luft, nach Huygens Theorie wäre es genau umgekehrt. Foucault konnte später beide Geschwindigkeiten genau messen und damit auch damit die Wellentheorie bestätigen. Im Maschinenzeitalter stiegen die Forderungen an die Qualität der Abbildung und anerkannte Wissenschaftler wie Brewster untersuchten die Effekte der Optik anhand praktischer Anwendungen. Aus der Praxis entstanden wiederum durch sorgfältige Beobachtung neue Erkenntnisse, was sich zum Beispiel bei der Entdeckung der dunklen Spektrallinien im Sonnenspektrum durch Fraunhofer zeigt. Spätestens mit Zeiss und Abbe wurde der wissenschaftliche Gerätebau etabliert und Optik lässt sich seither in hoher Präzision und gleichbleibender, vorhersagbarer Qualität fertigen.

In diesem Buch wird die Entwicklung der Optik anhand historischer Artefakte und Persönlichkeiten beschrieben. Dabei findet die Untersuchung direkt von meiner Schreibstube aus statt, die Begutachtung erfolgt virtuell, anhand verfügbarer Quellen und heimischer Rekonstruktion.

Eine antike, rein optische Abbildung erfolgt ohne Umweg über einen Zwischenspeicher und in Echtzeit. Der Weg vom Objekt zum Bild vollzieht sich direkt. In diesem Buch wird hinterfragt, ob und in welcher Qualität eine antike Abbildung ohne Computer möglich gewesen wäre. Allerdings soll hier zunächst der Inhalt der Optik in der griechischen Antike geklärt werden. Der Oberbegriff „Optik" bezog sich üblicherweise allgemein auf sich auf die Theorie des Sehens, die sich wiederum in die spezielle Dioptrik und die Katoptrik aufteilte. Die Katoptrik ist gut mit der Lehre der Reflexion gleichzusetzen, die Bedeutung von „Dioptrik" unterschied sich jedoch von der heutigen Interpretation. Hier war im speziellen die Lehre vom geometrischen Nivellieren, das heißt von der geradlinigen Interpretation des Sehens im Sinne des Euklid[18] gemeint. Diese Unterteilung nahm zumindest Heron[19] vor ([20] S. 319). Von Bedeutung ist, dass die antike Dioptrik nicht mit der späteren Dioptrik der Renaissance gleichgesetzt werden kann, die sich konkret mit der Refraktion beschäftigte.

Auch in früheren Zeiten wurden technische Hilfsmittel zur Bewältigung schwieriger Aufgaben erfunden. Mit der Entdeckung der Elektrizität und der Entwicklung der Fotografie entstanden Möglichkeiten, die latenten Bilder der Optik

---

[18] Euklid (3. Jhdt. v. Chr.), griechischer Mathematiker.
[19] Heron von Alexandria (1. Jhdt.), griechischer Mathematiker und Ingenieur.

aufzuzeichnen und zu übertragen. Der Beginn des Maschinenzeitalters steht auch für eine Zeit des Beginns der optischen Industrie und optischer Entdeckungen. Die mit den verbesserten Rechenmaschinen einhergehende Digitalisierung beförderte die Erstellung und Verarbeitung von Bildern im Computer, die ohne Umweg auf den digitalen Anzeigen erscheinen. Der Weg der virtuellen Daten vom Computer in die Okulare einer VR-Brille ist nicht ohne optische Hilfsmittel zu beschreiben. Vieles von dem, was mitunter neu erscheint oder als Revolution beworben wird, hat seine Wurzeln in Altbekanntem. Die moderne Abbildung verdankt ihre Existenz der Neugier und dem Erfindungsreichtum früherer Forscher. Wie schon in den „Grundlagen der virtuellen Realität" beschrieben, trifft man bei der Recherche zu historischen Optiken immer wieder auf Technologien, die allgemein der Neuzeit zugeordnet werden, aber tatsächlich historische Sternstunden der Optik markieren. Die unzweifelhafte Gewissheit, es mit etwas Neuem zu tun zu haben, kann erst durch die Analyse des Alten erschüttert werden. Überraschenderweise treten dabei überaus moderne Eigenschaften zu Tage. Zur Korrektur der Verzerrung hatte man seit Jahrhunderten asphärische Flächen genutzt, Linsen und Konkavspiegel zur Vergrößerung sind sogar schon seit Jahrtausenden bekannt.

Vielleicht halten Sie nach der Lektüre dieses Buches ein wenig inne und erkennen Rudimente antiker Optik in Ihrer Virtual-Reality-Brille. Eines sollte Ihnen aber auf jeden Fall in Erinnerung bleiben: Antike Optik arbeitet schneller als jedes moderne, digitale Kamera-Monitor-System.

Antike Optik ist Bildverarbeitung mit Lichtgeschwindigkeit.

Halbinsel Höri im Bodensee   Armin Grasnick
Sommer 2024

Literatur

1. Platon. Der Staat. Schleiermacher F, Herausgeber. Berlin: G. Reimer; 1828.
2. Platon. Der Staat. Berlin: G. Reimer; 1828.
3. Simons B. Die Matrix – Platons Ideen in einer virtuellen Welt der Zukunft. Pegasus-Onlinezeitschrift. 2017;9:1 (2009): PegasusOnlinezeitschrift.
4. Bergson H. Matter and memory. London: George Allen & Unwill; 1911.
5. Grasnick A. Grundlagen der virtuellen Realität: Von der Entdeckung der Perspektive bis zur VR-Brille. Wiesbaden: Springer Vieweg; 2020.
6. Virtualität [Internet]. Wikipedia. 2022 [zitiert 2022 Mai 29]. Verfügbar unter: https://de.wikipedia.org/w/index.php?title=Virtualit%C3%A4t&oldid=220188361.
7. Roth P, Schreiber S, Siemons S, Herausgeber. Die Anwesenheit des Abwesenden: theologische Annäherungen an Begriff und Phänomene von Virtualität. Augsburg: Wissner; 2000.
8. Scheule RM. Cyber policy networks. In: Roth P, Schreiber S, Siemons S, Herausgeber. Die Anwesenheit des Abwesenden: theologische Annäherungen an Begriff und Phänomene von Virtualität. Augsburg: Wissner; 2000. S. 173–95.
9. Roth P. Virtualis als Sprachschöpfung mittelalterlicher Theologen. In: Schreiber S, Siemons S, Herausgeber. Die Anwesenheit des Abwesenden: theologische Annäherungen an Begriff und Phänomene von Virtualität. Augsburg: Wissner; 2000. S. 33–41.

10. Dechales C-FM. Claudii Francisci Milliet Dechales Cursus seu Mundus mathematicus. Lugduni i. e. Lyon: Ex Officina Anissoniana; 1674.
11. Shapiro A. Images: Real and virtual, projected and perceived, from Kepler to Dechales. Early Sci. Med. 2008;13:270–312.
12. Molyneux W. Dioptrica nova : a treatise of dioptricks, in two parts. London: Benj. Tooke; 1692.
13. Brewster D. A treatise on optics. London: Longman, Rees, Orme, Brown, and Green; 1831.
14. Artaud A, Richards C. The theater and its double. New York: Grove Weidenfeld; 1958.
15. Langer SK. Feeling and form. New York: Charkles Scribner's Sons; 1953.
16. Deleuze G. Difference and repetition. New York: Columbia University Press; 1994.
17. Duden | virtuell | Rechtschreibung, Bedeutung, Definition, Herkunft [Internet]. [zitiert 2022 Juni 5]. Verfügbar unter: https://www.duden.de/rechtschreibung/virtuell.
18. Milgram P, Kishino F. A taxonomy of mixed reality visual displays. IEICE transactions on information and systems. 1994;77:1321–9.
19. Milgram P, Takemura H, Utsumi A, Kishino F. Augmented reality: a class of displays on the reality-virtuality continuum. In: Das H, Herausgeber. Boston, MA; 1995; 282–92.
20. Heron, Nix L, Schmidt W. Herons von Alexandria Mechanik und Katoptrik. Leipzig: B. G. Teubner; 1900.

Inhaltsverzeichnis

1 Natürliche Optik 1
   1.1 Abbildungen mit Fehlstellen 2
      1.1.1 Linsenlose Optik 2
      1.1.2 Camera obscura 4
      1.1.3 Keplers Lichtfiguren 6
   1.2 Wahrhaftige Größe 8
      1.2.1 Größe von Sonne und Mond 8
      1.2.2 Quadratur des Kreises 13
   1.3 Natürliche Lichterscheinungen 18
      1.3.1 Dämmerungsstrahlen und Gegendämmerung ... 18
      1.3.2 Halo und Regenbogen 19
      1.3.3 Spiegelnde Natur 24
      1.3.4 Brechendes Wasser 26
   Literatur 27

2 Spiegelkunst 31
   2.1 Spiegel der Steinzeit 31
   2.2 Nofretete im Bronzespiegel 38
   2.3 Biblische Spiegel 43
   2.4 Griechische Katoprik 44
   Literatur 52

3 Antike Optik 57
   3.1 Optik der Pharaonen 58
      3.1.1 Die Linse von Nimrud 58
      3.1.2 Tutanchamuns Skarabäus 60
   3.2 Antike Brenngläser 62
      3.2.1 Griechische Kristalle 62
      3.2.2 Römisches Glas 64
   3.3 Arabische Optik 68
      3.3.1 Das Haus der Weisheit 68
      3.3.2 Das Persische Brechungsgesetz 71
   3.4 Optik des Mittelalters 77
      3.4.1 Das Leseglas der Wikinger 77
      3.4.2 Optiker der Ritterzeit 79

	3.5 Renaissance der Optik	84
	3.5.1 Die Wiedentdeckung der Antike	84
	3.5.2 Barocke Optik	88
	Literatur	109

4 Optik im Maschinenzeitalter ... 115
    4.1 Konzepte der Moderne ... 116
        4.1.1 Emission oder Undulation? ... 116
        4.1.2 Die Messung der Lichtgeschwindigkeit ... 127
    4.2 Praktische Beugung ... 132
    Literatur ... 140

5 Elektrische Abbildungen ... 143
    5.1 Permanente Bilder ... 144
    5.2 Elektromagnetisches Licht ... 151
    5.3 Fernübertragung ... 153
        5.3.1 Elektrische Telegrafie ... 153
        5.3.2 Fernphotographie ... 156
    Literatur ... 162

6 Computer-Stereoskopie ... 167
    6.1 Binäre Maschinen ... 168
        6.1.1 Mechanisches Rechnen ... 168
        6.1.2 Programmierbare Computer ... 180
    6.2 VR-Brille als Kamera-Monitor-System ... 185
        6.2.1 Stereoskope und Head-Mounted Displays ... 185
        6.2.2 Übertragung von Ereignissen ... 191
    6.3 Analoge Abbildungsfehler ... 194
        6.3.1 Auflösungsgrenze ... 195
        6.3.2 Abbildungsfehler ... 198
    Literatur ... 201

Stichwortverzeichnis ... 207

Natürliche Optik 1

Übersicht

Bei aufmerksamer Beobachtung des Alltags ist es sehr wahrscheinlich, auch immer wieder auf optische Erscheinungen zu treffen. Seit Aristoteles wird die Wirkung kleiner Löcher auf die Ausbreitung des Lichtes untersucht. Erstaunlicherweise genügen bereits die Lücken eines Flechtkorbes den Anforderungen an eine Abbildung und bilden so den einfachsten optischen Apparat. Die Projektion einer Szene durch eine kleine Öffnung in einen dunklen Raum ist das Prinzip der Camera obscura. Wie schon Kepler bemerkte, ist die Größe der Öffnung nicht nur für die Helligkeit der Abbildung auf der gegenüberliegenden Wand verantwortlich, sondern nimmt auch Einfluss auf das Bild selbst.

Das künstliche Licht der Antike wurde durch Öllampen, Kerzen oder Fackeln erzeugt und war im Vergleich zum natürlichen Licht der Sonne eher schwach. Die Lichtwirkung der Sonne ist auf der Erde deutlich spürbar, Sonne und Mond haben eine offensichtliche, mit bloßem Auge wahrnehmbare Größe. Die alltägliche Wahrnehmung einer scheinbaren Verkleinerung von Objekten bei zunehmender Entfernung führte zu der Frage, wie weit denn die Himmelskörper von der Erde entfernt seien. Dazu muss gleichzeitig auch geklärt werden, wie groß diese sind. Ist die Sonne größer als Peloponnes? Und wie ist die Größe von Mond und Erde in Bezug zur Sonne? Die Beantwortung dieser Frage führte zur Beschäftigung mit dem Kreis und besonders zu den Verhältnissen von Durchmesser, Umfang und Fläche. Dabei stellte sich bereits zu Zeiten der Pharaonen eine knifflige Aufgabe. Für den täglichen Gebrauch erschien es sinnvoll, aus den Abmaßen eines einfach zu konstruierenden Quadrates auf die Eigenschaften eines Kreises zu schließen. Notwendigerweise wird bei dieser Quadratur des Kreises beiläufig auch die Kreiszahl Pi benötigt.

Tatsächlich sind auch in der Natur beeindruckende Licht-Phänomene zu beobachten. Das Sonnenlicht, dass durch die Wolken tritt, kann beeindruckende Schattenfiguren bilden oder mit den Wassertropfen in der Atmosphäre einen Regenbogen erzeugen. Die Natur bildet natürliche Spiegel durch glatte Wasserflächen, aber auch optische Illusionen wie eine Fata Morgana. Das Wasser selbst verändert die Wahrnehmung gerader Objekte, die hineingetaucht werden. Ein Ruder wirkt wie gebrochen, ist aber nach dem Herausheben wieder gerade.

Die Untersuchung der natürlichen Optik bildet die Basis für die spätere Entwicklung von Theorien zu Licht und Abbildung.

1.1 Abbildungen mit Fehlstellen

1.1.1 Linsenlose Optik

Es ist eine banale Beobachtung, dass die Sonne durch eine Laubkrone oder einen Flechtkorb scheint und Lichtmuster auf dem Boden erzeugt. Eigentlich könnte man erwarten, durch die Sonne die reine Projektion der Öffnungen des Laubes oder Flechtwerkes auf der Erde zu sehen. Doch bei genauerem Hinsehen wirkt das Muster nicht so, wie erwartet, man sieht helle „Sonnentaler".

Auch Aristoteles[1] beschäftigte sich im 15. Buch „Was mit der Wissenschaft der Mathematik zusammenhängt" seiner[2] „Problemata Physica" mit dieser alltäglichen, doch durchaus überraschenden Erscheinung ([1], S. 138 u. 141) und fragte:

„Warum erzeugt die Sonne, wenn sie durch viereckige Gebilde dringt, nicht rechteckig gebildete Formen, sondern Kreise, wie z. B. wenn Sie durch Flechtwerk dringt?"
„Warum treten bei Sonnenfinsternis, wenn man durch ein Sieb oder Blätter(lücken) sieht, etwa einer Platane oder eines anderen breitblättrigen Baumes, oder wenn man die Finger der einen Hand mit der anderen verflechtet, die Sonnenstrahlen auf der Erde halbmondförmig in Erscheinung?"

Die Peripatetiker[3] glaubten, dass die grundlegende Erklärung in der Kegelform des Blickes liegt. Da der Kegel nun einmal eine kreisförmige Grundfläche hat, sieht der „Kegel-Blick" die Ecken eines beleuchteten Vierecks (z. B. im Flechtwerk)

---

[1] Aristoteles (384–322 v. Chr.), griechischer Philosoph und Naturforscher, Lehrer des Alexander des Großen.

[2] Das 36 Bücher umfassende Werk ist nicht von Aristoteles selbst verfasst worden, sondern vermutlich im 3. Jhdt. v. Chr. von den späteren Anhängern der philosophischen Schule des Aristoteles (griech. Peripatos = Spazierweg oder Wandelhalle) und gehört damit zu den nacharistotelischen Schriften.

[3] Schüler der Peripatos.

1.1 Abbildungen mit Fehlstellen

nur schwach (s. [1], S. 138) Man könnte bei einigem guten Willen aus dieser Erklärung die Beschreibung einer Vignettierung durch natürlichen Randlichtabfall herauslesen. Das wäre für sich genommen eine erstaunliche Beobachtung.

Die Beobachtung der (partiellen) Sonnenfinsternis führt noch etwas weiter. Die Peripatetiker setzten hierzu den „Sehschlitz" gleichsam in der Funktion des Auges ein. Von diesem Sehschlitz geht nun der „Seh-Kegel" aus und umfasst die Sichel der verdunkelten Sonne. Ein zweiter Kegel breitet sich vom Sehschlitz zur Erde aus. Da beide Kegel im Sehschlitz aufeinander stehen, müssen die Strahlen der Sonne durch diesen einen Punkt. Die Sichel der halb mondförmigen Sonnenfinsternis erscheint „an der anderen Seite des Lichtes" (aus [1], S. 141) am Boden.

Was hier beschrieben wird, entspricht im Wesentlichen einer Lochkamera. Eine reale Sonnenfinsternis sieht in bestimmten Phasen wie eine Mondsichel aus. Der Sehschlitz entspricht mehr oder minder einem viereckigen Sehschlitz im Korbgeflecht. Deckt man alle anderen Löcher des Korbgeflechtes ab, so hat man eine Lochkamera, die ein seiten- und höhenverkehrtes Bild liefert (Abb. 1.1).

Natürlich wird ein Korbgeflecht oder Blätterdach nicht nur eine lichtdurchlässige Öffnung aufweisen, sondern eine Vielzahl. Damit würden als Konsequenz auch viele Bilder der Sonne oder des Mondes auf den Boden fallen. Der Effekt lässt sich auch ohne Weidenkorb gut an einer Abbildung mit gleichmäßig verteilten Sehschlitzen demonstrieren. Hierzu genügen ein heruntergelassener Rollladen und eine gegenüberliegende Wand. Die Lichtschlitze (Abb. 1.2 a) erscheinen in kurzer Entfernung auf einer dazwischenliegenden Fläche als Abbildung ihrer selbst. Die Lichtbilder (Abb. 1.2 b) sind der Form nach noch gut den Lichtschlitzen (a) zuzuordnen. Befindet sich die Projektionsfläche in weiterer Entfernung, ergibt sich ein anderes Bild. Die Projektion der Lichtschlitze ergibt Reihen ineinanderlaufender Kreise an der Wand (Abb. 1.2 d, rechts). Deckt man einige Lichtschlitze zu (Abb. 1.2 c), offenbaren die offenen, vereinzelten Lichtschlitze die Abbildung eines Kreises (Abb. 1.2 d, gleich rechts neben dem d). Es zeigt sich, dass die Lichtflecken bei geeigneter Entfernung zwischen

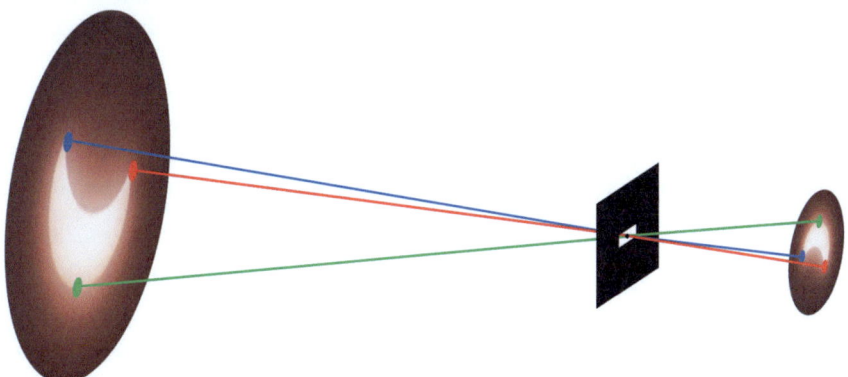

Abb. 1.1 Abbildung an Sehschlitz, Armin Grasnick (2021)

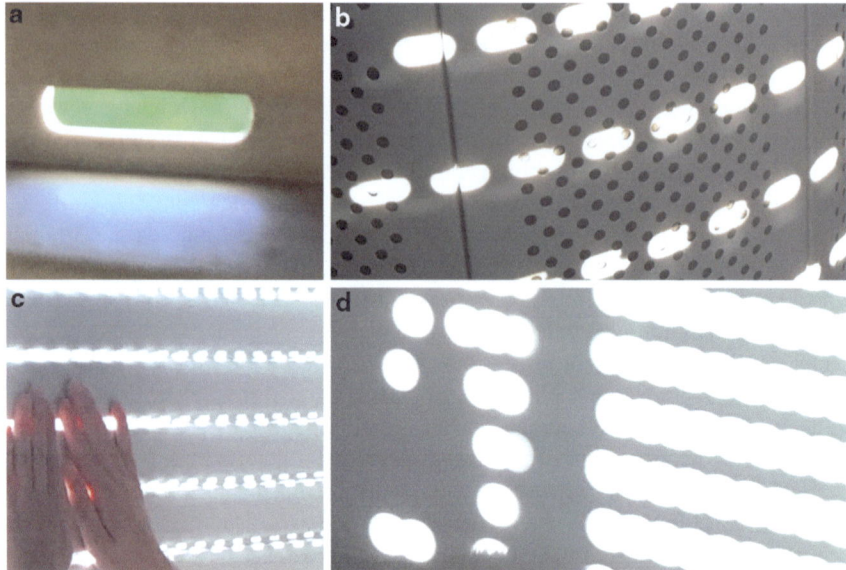

Abb. 1.2 Abbildung an Lichtschlitzen, Armin Grasnick (2022)

Lichtschlitzen und Wand keine reine Projektion der Öffnungen sind, sondern eine Abbildung der Sonne. Die kreisrunde Form und das häufige Vorkommen erklärt die Bezeichnung „Sonnentaler" (s. z. B. [2]).

1.1.2 Camera obscura

Die optische Abbildung durch Öffnungen und Löcher entspricht der Projektion in einen dunklen Raum, was als Camera obscura bezeichnet wird. Es ist nicht beabsichtigt, hier noch einmal eine vollständige Geschichte der Camera obscura wiederzugeben. Dennoch scheint es angeraten, zumindest auf die frühen Beschreibungen einzugehen.

Der Physiker Eilhard Wiedemann[4] hatte ein besonderes Interesse an den arabischen Wissenschaften des frühen Mittelalters und kam dabei zwangsläufig auch auf den Optiker und Astronomen Alhazen[5] zu sprechen. Wiedemann schreibt diesem die erste praktische Verwendung einer „Dunkelkammer"[6] zu und liefert eine Beschreibung vom Alhazens Beobachtungen (aus [4], S. 12):

---

[4] Eilhard Ernst Gustav Wiedemann (1852–1928), deutscher Physiker.
[5] Ali al-Hasan bin al-Haitam, lat. Alhazen (965–1040), lebte und arbeitete im Haus der Weisheit in Kairo, bekannt vor allem durch Risners Übersetzung des „Schatz der Optik" aus dem Arabischen ins Lateinische [3].
[6] Camera obscura.

1.1 Abbildungen mit Fehlstellen

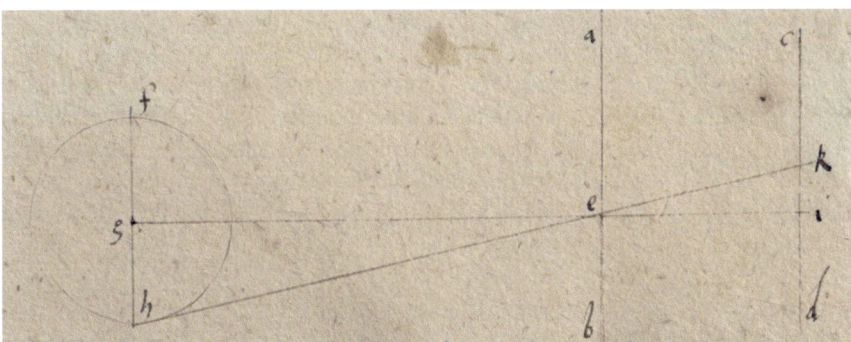

Abb. 1.3 Radius Solis, Jakob Simon (1549), aus [6] 11v, digitalisiert durch die Universitätsbibliothek J.C. Senckenberg Frankfurt am Main (2013)

> „Das Bild der Sonne zur Zeit der Verfinsterung, falls sie nicht eine totale ist, zeigt, wenn ihr Licht aus einem engen, runden Loch austritt und zu einer dem Loch gegenüberliegenden Ebene gelangt, die Gestalt der Mondsichel…".

Das wiederum ist eine schöne Beschreibung von Aristoteles' Beobachtung der Abbildung Sonnensichel durch das Blattwerk bei einer Sonnenfinsternis Abschn. 1.1.

Solche präzisen Naturbeobachtungen waren keine spezielle Eigenart antiker Philosophen oder arabischer Wissenschaftler, sondern sind auch aus dem chinesischen Kaiserreich überliefert. Der kaiserliche Beamte Shen Kuo[7] gilt heute als der bedeutendste Gelehrte der Song-Dynastie. Shen lebte im 11. nachchristlichen Jahrhundert und verfasste in seinem Garten am Traumbach[8] vielerlei Notizen über den Wissenstand seiner Zeit. Neben den Naturwissenschaften und der Technik widmete sich Shen auch der Gesellschaft, Kunst und Literatur und lieferte ein noch heute lesenswertes, mit Geschichten und Anekdoten angereichertes Gesamtwerk. In den „Pinselunterhaltungen am Traumbach" [5] finden sich nicht nur Beschreibungen der Kompassnadel oder des Druckens mit beweglichen Typen, sondern auch optische Bemerkungen. In der 44. Notiz erörterte Shen den Brennspiegel und kommt dabei nicht umhin, das umgekehrte Bild eines Spiegels mit dem der Abbildung an einer Lochblende und schließlich mit dem Vogelflug zu vergleichen (aus [5], S. 30).

> „Die Mathematiker nennen dies ‚Umkehrtechnik'….Wenn ein Milan durch die Luft fliegt, folgt der Schatten seinem Flug, aber wenn das Licht durch ein Loch in der Papierbespannung eines Fensters fällt, bewegt sich der Schatten entgegengesetzt zu dem Flug des Milan."

---

[7] Shen Kuo, auch Pinyin (1031–1095), chinesischer Beamter und Gelehrter.
[8] „Meng xi" in Runzhou (heute Zhenjiang in der Provinz Jiangsu).

Der Mathematikhistoriker Maximilian Curtze[9] fand in einer Handschrift des Levi ben Gershon[10] die Beschreibung einer Camera obscura. Das in einer lateinischen Übersetzung für Papst Clemens[11] aus dem Jahre 1342 vorliegende Manuskript schien Curtze die erste Beschreibung der Dunkelkammer zu sein, ist aber in jedem Fall Jahrhunderte jünger als Alhazens oder Shens Vorrichtung. In einer späteren Abschrift ist dem Text eine Skizze beigefügt, die eine Abbildung durch eine Lochkamera illustrieren könnte (Abb. 1.3, aus [6] 11v). Die Skizze wurde zum besseren Verständnis um 90 Grad gedreht.

1.1.3 Keplers Lichtfiguren

Es darf davon ausgegangen werden, dass ein solch einfacher Aufbau wie eine Camera obscura demjenigen bekannt sein muss, der sich mit der Betrachtung und Erklärung von optischen Phänomenen beschäftigt. So war die optische Wirkung der kleinen Öffnung einer Camera obscura auch dem Astronomen Johannes Kepler[12] zu Beginn des 17. Jahrhunderts aus eigener Erfahrung vertraut[13]. Kepler gab sich jedoch nicht mit dem allgemeinen Kenntnisstand zufrieden[14] (aus [9], S. 13):

> Dass der Sonnenstrahl, der durch irgendeine Spalte dringt, in Form eines Kreises auf die gegenüberliegende Fläche auffällt, ist eine allen geläufige Tatsache. Dies erblickt man unter rissigen Dächern, in Kirchen mit durchlöcherten Fensterscheiben und ebenso unter jedem Baume. Von der wunderbaren Erscheinung dieser Sache angezogen, haben sich die Alten um die Erforschung der Ursachen Mühe gegeben.

In dem Kapitel „Über die Lichtfiguren"[15] untersucht er nicht nur Aristoteles Beobachtung, sondern auch Witelos mangelhaften Erklärungsversuch. Er kommt zu der wunderbaren Idee, eine leuchtende Fläche nur als Ansammlung vieler leuchtender Punkte zu sehen. Ein einzelner Leuchtpunkt der Fläche dringt durch eine Öffnung (im Blattwerk oder der Camera obscura) und erzeugt auf einer gegenüberliegenden Wand die „Lichtfigur" des Fensters. Das illustriert Kepler an einem

---

[9] Ernst Ludwig Wilhelm Maximilian Curtze (1837–1903), deutscher Lehrer und Mathematikhistoriker.
[10] Levi ben Gershon, auch Gersonides (1288–1344), jüdisch-französischer Mathematiker und Philosoph.
[11] Clemens VI, geb. als Pierre Roger (1290–1352), französischer Benediktiner, ab 1342 Papst in Avignon.
[12] Johannes Kepler, lat. Ioannes Keplerus (1571–1630); deutscher Astronom, Mathematiker und Philosoph.
[13] Z. B. aus einem Besuch im „Finstergemach" der Dresdner Kunstkammer [7].
[14] Besonders intensiv im 2. Kapitel seiner „Nachträge zu Witelo" (Ad Vitellionem paralipomena... [8]).
[15] De Figuratione Lucis.

1.1 Abbildungen mit Fehlstellen

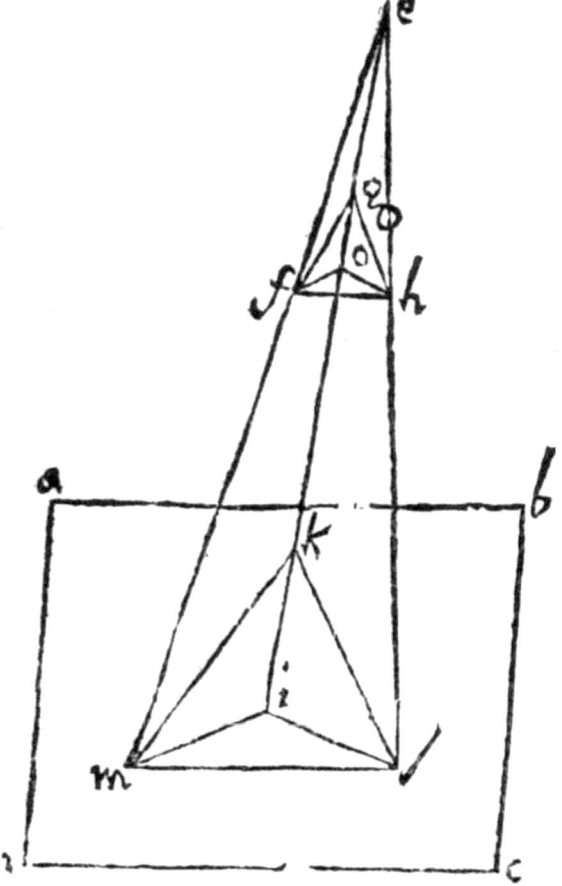

Abb. 1.4 2 Lichtfigur eines Fensters, Johannes Kepler (1604), aus [8] S. 41

dreieckigen Fenster *(f, g, h)*, das von einem Lichtpunkt *(e)* beleuchtet wird (s. Abb. 1.4). An der Wand *(a, b, c, d)* ergibt sich so das Bild des Fensters *(k, l, m)*.

Zum besseren Verständnis wird in Abb. 1.5 ein Dreieck durch eine rechteckige Lochblende abgebildet. Die Eckpunkte A, B und C projizieren an der der Wand an den Positionen A′, B′ und C′ Bilder der Lochblende. Verbindet man diese, erhält man ein seiten- und höhenvertauschtes Dreieck.

Nun führen aber bei einem ausgedehnten Objekt nicht nur wenige Punktlichtquellen zu einer Abbildung, sondern nach Kepler unendlich viele. Stellt man sich das Dreieck aus einer Vielzahl von Punktlichtern zusammengesetzt vor (s. Abb. 1.6), erhält man ebenso viele Bilder der rechteckigen Blende, die sich in der Bildebene überlagen. Das Bild erscheint verwaschen.

Bei einer Lochkamera wirkt sich also der Durchmesser der Öffnung auf die Abbildungsqualität aus. Je kleiner das Loch ist, umso schärfer wirkt das Bild, aber desto geringer ist die Lichtstärke der Abbildung. Kepler führt dazu selbst aus ([9], S. 30):

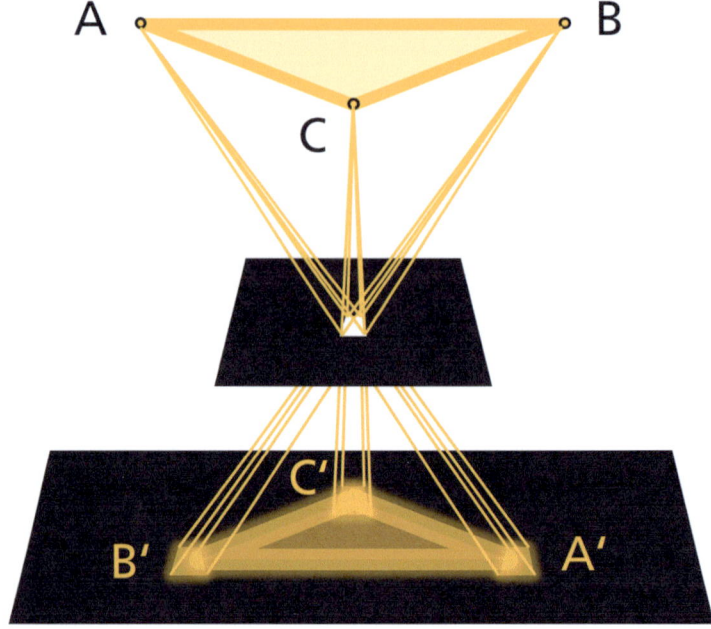

Abb. 1.5 Abbildung eines Dreiecks durch eine rechteckige Lochblende, Armin Grasnick (2022)

„… wenn das Loch zu winzig ist, werden zwar die Dinge deutlich und im Einzelnen gemalt werden, aber … so werden die Augen, die an das Sehen der Bilder im vollen Tageslicht gewöhnt sind, sehr lange Zeit brauchen, bis das fein ausgeführte Gemälde in dieser schwachen Beleuchtung erkennen. Macht man andrerseits das Loch zu groß, so wird das Gemälde zwar um so heller …, aber auch um so roher und verschwommener ausfallen. Deshalb muss das Loch eine bestimmte Größe haben."

1.2 Wahrhaftige Größe

1.2.1 Größe von Sonne und Mond

Im 5. Jhdt. v. Chr. stellte Anaxagoras[16] eine für seine Zeitgenossen irrwitzige und gotteslästerliche[17] Theorie auf. Die Sonne wäre nur ein rotglühender Steinklumpen, der allerdings um ein Vielfaches grösser als die Halbinsel Peloponnes sei (nach [11] S. 69):

---

[16] Anaxagoras (499–428 v. Chr.), griechischer Philosoph.

[17] Für diese Theorie wurde er angeklagt, wovon es aber bereits in der Antike verschieden Erzählungen gab: Er wurde entweder mit einer Geldbuße von 5 Talenten bestraft, aus Athen verbannt, in Abwesenheit zum Tode verurteilt oder gar zur Hinrichtung ins Gefängnis geworfen. In jeder Variante kam er am Ende jedoch immer frei (s. z. B. [10], S. 5–6).

1.2 Wahrhaftige Größe

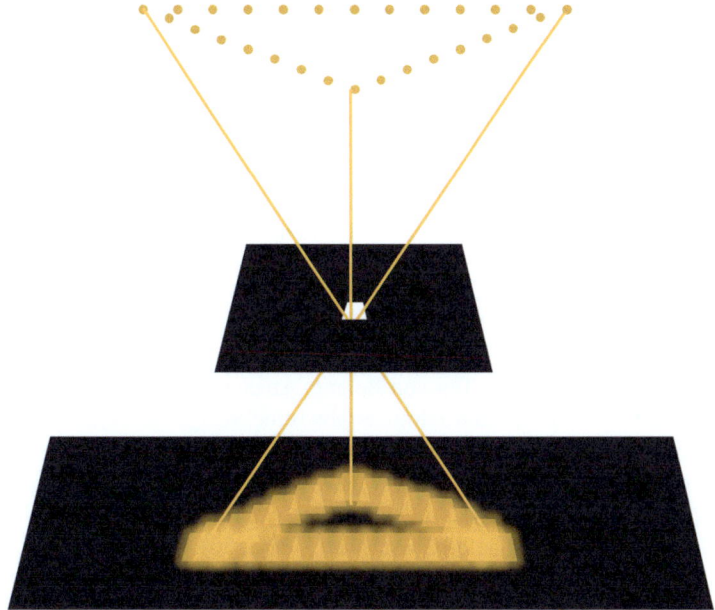

Abb. 1.6 Abbildung vieler Punktlichter durch eine rechteckige Lochblende, Armin Grasnick (2022)

> „[Anaxagoras] sagte, die Sonne sei eine glühende Masse und größer als die Peloponnes (anderen zufolge ist Tantalos der Begründer dieser Theorie) …"

Peloponnes ist eine Halbinsel im Süden Griechenlands, auf der die antiken Städte Korinth, Sparta und Olympia liegen. Die Größe wird mit etwa 21.500 km² angegeben, was in etwa der Größe Mecklenburg-Vorpommerns oder Siziliens entspricht. Das ist zwar von der Größe recht anständig, aber tatsächlich hat die Sonne einen Durchmesser von mehr als einer Million[18] Kilometer – und damit etwa dem Hundertfachen des Erddurchmessers. Man könnte mit heutigem Wissen sagen, dass Anaxagoras mit seiner Einschätzung beachtlich daneben lag. Allerdings sagte Anaxagoras den erhaltenen Fragmenten nach „größer als die Peloponnes". Und das ist natürlich zweifelsfrei richtig. Couprie hat das in seinem Aufsatz „Anaxagoras und die Größe der Sonne" [12] eingehend untersucht. Interessant ist dort der Hinweis auf Plutarch[19], der den Anaxagoras mit einem anderen Größenvergleich zitiert,

---

[18] Etwa 1.392.700 km.
[19] Plutarch (um 45–125), griechischer Historiker, Schriftsteller und Philosoph.

worin „der Mond genau so groß wie der Peloponnes" sei. Plutarch lässt den Lucius[20] in „De facie in orbe lunae[21]" (XIX, 932, [13] S. 31–32) sagen[22]:

> „Die Ägypter … sagen, dass die Masse des Mondes ein zweiundsiebzigstes Teil der Erde ist, Anaxagoras machte sie so groß wie Peloponnes; …."

Dass die Griechen so sehr vom Mond und seiner Beobachtung fasziniert waren, ist nicht verwunderlich. Der Wechsel der Mondphasen ist auch mit bloßem Auge leicht zu beobachten. Die Phasen lassen sich in Monate einteilen, die wiederum einen Mondkalender[23] bilden. Die Ägypter lagen aber nicht falsch mit ihrer Behauptung. Die Erde hat eine Masse von $5{,}972 \cdot 10^{24}$ kg, der Mond $7{,}346 \cdot 10^{22}$ kg. Damit ist die Erdmasse etwa das 81fache der Mondmasse (Angaben der NASA [14]). Hier ist aber der zweite Teil von Belang. Anaxagoras verglich den Mond mit der Größe von Peloponnes und damit ergibt seine vorige Bemerkung zumindest etwas Sinn. Tatsächlich ist der Mond mit einem Durchmesser von etwa 3400 km etwa 20-mal größer als die ungefähre West-Ost-Ausdehnung von Peloponnes von etwa 170 km. Plutarch selbst war dichter an der Wahrheit, als er den Apollonides[24] den Sachverhalt genauer erläutern lässt (nach [13] S. 36).

> „…wenn wir annehmen, dass der Umfang des Mondes nur dreißigtausend Stadien beträgt und der Durchmesser zehntausend…"

Ein Stadion hatte eine Länge von 600 Fuß und ein Fuß[25] in etwa 30 cm. Damit hätte der Mond bei Plutarch einen Durchmesser von etwa 1800 km. Das ist schon präziser.

Warum lag Anaxagoras so deutlich daneben? Geht man davon aus, dass die alten Griechen durchaus die scheinbare Größe von Objekten durch Beobachtung recht genau bestimmen konnten, dann muss durch eine falsche Schätzung der Entfernung Erde-Mond oder Erde-Sonne auch eine falsche absolute Größe von Mond und Sonne aus der scheinbaren Größe errechnet werden. Diese falsche Berechnung hatte Anaxagoras vielleicht dem Anaximander zu verdanken. Nach

---

[20] Lucius ist hier möglicherweise ein Schüler des Pythagoräers Moderatus von Gades aus Etrurien (1. Jhdt. v. Chr.).
[21] Gesicht auf der Mondkugel.
[22] Nach der englischen Übersetzung von Prickard.
[23] Ein Mondjahr mit 12 Mondmonaten hat allerdings nur 354 Tage. Zum Angleich an das Sonnenjahr gibt es auch im Mondkalender Schaltjahre (z. B. im jüdischen Kalender).
[24] Apollonides, vielleicht der gleichnamige griech. Geograph des 1. Jhdt. v. Chr., ist bei Plutarch ein Experte der Geometrie, dessen Kenntnisse nach Lamprias (Apollonides' Gesprächspartner) mit denen des Mathematikers und Astronomen Hippokrates von Chios (500 Jhdt. v. Chr.) vergleichbar sind.
[25] Auch kleiner ptolemäischer Fuß mit 308,7 mm.

1.2 Wahrhaftige Größe

Anaximander[26] bewegte sich das Sonnenlicht auf einem großen, rotierenden Rad um die Erde. Das Rad selbst wird durch kristallisierte Luft gebildet, aus dem durch ein Loch die innere Feuerluft zur Erde hin herausströmt und sich dabei entzündet. Das Mondlicht entsteht auf gleiche Weise, wobei die Mondphasen durch teilweise Verstopfung des Loches zu erklären seien. Der innere Sonnenring habe einen Durchmesser von 27 Erddurchmessern, der Mond das 18fache eines Erddurchmessers (s. hierzu Diels [15] ab S. 228). Die Erde selbst ist in Anaximanders geozentrischem Weltbild keine Kugel, sondern eine flache Walze mit einem Verhältnis von nur 1/3 Höhe zum Durchmesser.

Der Durchmesser der Erde betrug nach Aristoteles etwa 400.000 Stadien[27] ([16] S. 183)

> „Auch behaupten diejenigen unter den Mathematikern, welche die Größe des Umfanges zu berechnen versuchen, derselbe sei ungefähr viermalhunderttausend Stadien. Und nehmen wir solches als Beweismittel, so ist notwendig, dass die ... Erde nicht bloß kugelförmig sein muss, sondern auch nicht groß im Vergleiche mit der Größe der übrigen Gestirne."

Unterstellt man, die Kreiszahl Pi und der Erdumfang sei schon dem Anaxagoras bekannt gewesen (was im nächsten Abschnitt untersucht werden soll), dann hätte er leicht auf den Durchmesser schließen und zumindest 1/3 des Umfangs – also etwa 133.000 Stadien annehmen können. Nach Anaximander befindet sich der Mond in einer Entfernung von 18 Erddurchmessern oder 2.394.000 Stadien (rund 24.600 km). Das wiederum ist etwa 1/16 des tatsächlichen Mondabstands (ca. 385.000 km). Auch Aristarchos[28] hatte später in seinem Buch „Über die Größen und Abstände von Sonne und Mond"[29] unter anderem die Behauptung aufgestellt, die Entfernung der Sonne von der Erde sei achtzehnmal größer, aber geringer als zwanzigmal die Entfernung des Mondes von der Erde (These 7 aus [17] S. 377). Das entspräche einer Entfernung zwischen 6,9 und 7,7 Mio. km und ist immer noch um den Faktor 20 zu klein. Die mittlere Entfernung zwischen Erde und Sonne beträgt etwa 150 Mio. km[30].

Bei der Schätzung von Größen mit bloßem Auge spielt die Winkelgröße des Mondes eine Rolle. Bei gleicher Winkelgröße (Sehwinkel etwa 0,5°) könnte sich der Mond scheinbar auch in Anaximanders Entfernung befinden und dann so groß

---

[26] Anaximander von Milet (610–547 v. Chr.), griechischer Philosoph.
[27] Mit kleinem ptolemäischem Fuß gerechnet etwa 74.000 km (tatsächlich etwa 40.000 km).
[28] Aristarchos von Samos (310–230 v. Chr.), griechischer Astronom.
[29] Hier in der englischen Übersetzung von Heath (Part II v. [17]).
[30] Aus der Entfernung der Sonne von der Erde speist sich das Längenmaß der Astronomischen Einheit (AE), die von der Internationalen Astronomischen Union auf $149.597.870.700 \pm 3$ m festgelegt wurde [18].

wie Peloponnes sein. Erst die Kenntnis des wahren Abstands lässt bei gleicher scheinbarer Größe auf den wahren Durchmesser schließen.

Doch schon die Bestimmung der scheinbaren Mondgröße ist nicht profan. Schaut man sich den Mond an unterschiedlichen Himmelspositionen mit bloßem Auge an, so wird man unwillkürlich feststellen, dass der näher am Horizont befindliche Mond auch größer erscheint.

Aristoteles schrieb im 3. Buch der Meteorologica vom Einfluss der Atmosphäre auf die Wahrnehmung der scheinbaren Größe der Dinge (nach [19] 373b).

> „So erheben sich die Landzungen im Meer bei Südostwind, und alles erscheint größer, und auch im Nebel erscheinen die Dinge größer: So erscheinen auch die Sonne und die Sterne beim Auf- und Untergang größer als am Meridian."

Der Eindruck, dass die Himmelskörper in Horizontnähe größer erscheinen, ist vor allem beim Mond zu beobachten[31] und daher auch als Mondtäuschung bekannt. Prinzipiell kann davon ausgegangen werden, dass die Entfernung des Mondes unbewusst in der Entfernung zu den Objekten gelegt wird, die den realen Horizont bilden (z. B. Bäume, Häuser, Berge). Das entspricht eher der instinktiven Wahrnehmung als einer bewussten Schätzung der tatsächlichen Entfernung oder Größe.

Die Erdvermessung des Eratosthenes

Der griechische Gelehrte Eratosthenes lebte in der Zeit des zweiten vorchristlichen Jahrhunderts[32] und hatte als Leiter der Bibliothek von Alexandria Zugang zu den wichtigsten Schriften seiner Zeit. Der von Aristoteles mit 400.000 Stadien angegebene Umfang der Erde ist etwas zu großzügig geschätzt, jedoch auch nicht völlig daneben. Da gleichzeitig auch die Kugelgestalt akzeptiert wurde ([16], S. 183) ergab sich für den mathematisch geübten Eratosthenes ein naheliegender Ansatz, den Durchmesser der Erde aus der Geometrie herzuleiten. Die von Kleomedes[33] überlieferte Berechnung basiert auf dem Sonnenstand. In Syene, dem heutigen Assuan steht die Sonne zur Zeit der Sommersonnenwende im Zenit, wodurch der Zeiger einer Sonnenuhr an diesem Ort zu diesem Zeitpunkt zwangsläufig keinen Schatten wirft. Im weiter nördlich gelegenen Alexandria werfen die Sonnenuhren zur gleichen Zeit jedoch einen Schatten. Unter der Annahme, dass beide Städte auf dem gleichen Meridian liegen, ist die bekannte Entfernung der Orte voneinander (5000 Stadien) ein Segment auf dem Kreisumfang der Erde. Um den Durchmesser des Kreises zu bestimmen, genügt ein Schattenstab. Die Richtung des Schattens basiert auf dem Azimuth, dem horizontalen Sonnenstand und verweist auf die Tageszeit. Die Länge des Schattens kann durch die Elevation, dem Höhenwinkel des Sonnenstandes, bestimmt werden. Wenn nun beide Stäbe senkrecht auf der Erdoberfläche und damit exakt zum Mittelpunkt der kugelförmigen Erde ausgerichtet sind, entspricht der Winkel der durch den Schattenlänge herleitbare Einfallswinkel der Sonne genau dem Winkelabstand der beiden Städte zueinander. Eratosthenes bestimmte diesen Winkelabstand mit einem fünfzigstel des Vollkreises. Nun muss nur noch die bekannte Entfernung 5000 Stadien mit 50 multipliziert werden, um den Umfang

---

[31] Die Beobachtung der Sonne mit bloßem Auge ist nicht empfehlenswert, die Größe von Sternen lässt sich nur schwer abschätzen.

[32] Eratosthenes von Kyrene (ca. 275–194 v. Chr.), griechischer Universalgelehrter.

[33] Kleomedes (ca. 2. Jhdt.), griechischer Astronom, verfasste ein Buch über die Himmelsbewegungen, im 7. Kapitel werden die Messungen des Posidonius und Eratosthenes zum Erdumfang ausgeführt [20].

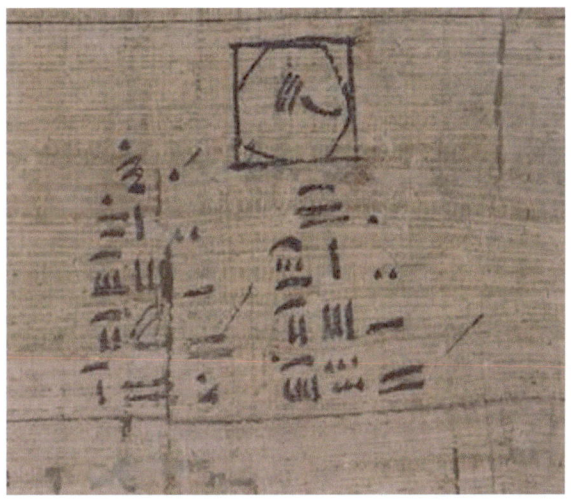

Abb. 1.7 Rhind Mathematical Papyrus, Theben 1550 v. Chr. © The Trustees of the British Museum, #766114001

des Vollkreises zu erhalten. Nach Eratosthenes Messung beträgt der Erdumfang 250.000 Stadien, woraus sich nach Umrechnung mit dem kleinen ptolemäischen Fuß (308,7 mm) etwa 46 km ergeben. Die resultierende Ungenauigkeit (der tatsächliche Erdumfang beträgt etwa 40 km) kann auf einer anderen Definition eines Stadions basieren, in der ungenauen Ermittlung der Entfernung beider Städte zueinander und vor allem auf der Tatsache, dass Syene und Alexandria entgegen der antiken Annahme nicht ganz auf dem gleichen Meridian liegen.

Die unterliegende Theorie ist jedoch beachtlich und führt beim Einsetzen der heute gemessen Entfernung zu einer mehr als 95 %igen Richtigkeit.

1.2.2 Quadratur des Kreises

Das Verhältnis von Umfang zu Durchmesser (Kreiszahl Pi) ist bereits den Ägyptern bekannt gewesen. Der Papyrus Rhind [21] beschreibt ca. 1150 v. Chr. die Berechnung des Flächeninhalts eines Kreises (s. Abb. 1.7). Es ist im Bild vielleicht nicht gleich ersichtlich, aber hier wird die Fläche des Kreises aus einem Quadrat gewonnen, dessen Seitenlängen ein Verhältnis von 8/9 zum Durchmesser des Kreises aufweisen.

Im Kreis ist eine Neun[34] eingeschrieben, darunter hat der Schreiber die zugehörigen Überlegungen notiert. Der Kreis, der eher einem Vieleck gleicht, hat nach den Durchmesser 9, das Quadrat die Seitenlänge 8 ([23] S. 117). Der nach Eisenlohr[35] „roh gezeichnete" Kreis im inneren des Quadrates ist vielleicht nicht so oberflächlich gezeichnet, wie man zunächst vermuten könnte. In Abb. 1.8 ist auf der linken Seite der Kreis mit Durchmesser 9 und das Quadrat mit Seitenlänge

---

[34] In hieratischer Schrift (s. hierzu z. B. [22] S. 4).
[35] August Eisenlohr (1832–1902), deutscher Ägyptologe, Professor an der Universität Heidelberg.

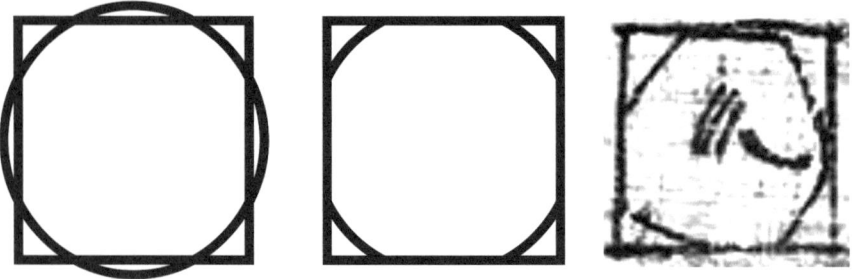

Abb. 1.8 Kreis und Vieleck mit Quadrat, Grasnick (2022)

8 dargestellt. Natürlich überragt der Kreis an einigen Stellen das Quadrat. Schneidet man diese Kreisbögen weg (mittlere Darstellung), erhält man eine Skizze, die dem originalen Bilde (rechts) verblüffend ähnelt. Vielleicht sollte hier illustriert werden, dass die Flächen der weggeschnittenen Kreissegmente mit den Flächen der nun zusätzlich gefüllten Ecken identisch sind.

Das Quadrat (Kantenlänge 8) und der zugehörige Kreis (Durchmesser 9) hätten nach ägyptischer Vorstellung den gleichen Flächeninhalt. Die Berechnung dazu geht so (aus [23] S. 124):

> „Vorschrift zu berechnen ein rundes Feld von 9 Ruthen[36]. Was ist sein Inhalt in der Fläche? Ziehe du ab sein 1/9, das ist 1, Rest: 8, mache du vervielfältigen die Zahl 8 acht Mal, das gibt nun: 64."

Ein Feld mit einem Durchmesser von 9 Ruten ergibt also eine Fläche von 64 (Quadrat)Ruten[37]. Die Fläche des Kreises ergibt sich bekanntermaßen nur aus dem Kreisdurchmesser d_{Kreis} gemäß Gl. 1.1

$$A_{Kreis} = \frac{\pi}{4} d_{Kreis}^2 \qquad (1.1)$$

Mit dem heute gebräuchlichen $\pi = 3.14...$ käme man tatsächlich auf eine Fläche von 63,61. Das ist schon recht genau, deshalb soll hier der Wert des damaligen Pi gemäß Abb. 1.7 hergeleitet werden. Dazu wird noch die Fläche des Quadrates benötigt, die sich nur aus Länge der Seitenfläche $a_{Quadrat}$ ergibt (Gl. 1.2).

$$A_{Quadrat} = a_{Quadrat}^2 \qquad (1.2)$$

---

[36] Im Text lautet die Einheit „Chet" (auch Rute) mit je 100 Ellen, ca. 52 m Länge.
[37] 1 Quadrat-Rute (Setjat) entspricht 10.000 Quadrat-Ellen.

1.2 Wahrhaftige Größe

Da A_{Kreis} und $A_{Quadrat}$ im Papyrus gleichgesetzt wurden, kann man auch schreiben:

$$\frac{\pi}{4} d_{Kreis}^2 = a_{Quadrat}^2 \qquad (1.3)$$

Durch Umstellung von Gl. 1.3 und Einsetzen der ägyptischen Zahlen ergibt sich der Wert für Pi im Jahre 1550 v. Chr (Gl. 1.4).

$$\pi_{1550BC} = 4 \frac{a_{Quadrat}^2}{d_{Kreis}^2} = 4 \frac{8^2}{9^2} = 3{,}1605 \qquad (1.4)$$

Dieser Wert weicht nur 6 Promille vom tatsächlichen Wert für Pi ~ 3,14159... ab. Das ist vermutlich für die meisten Anwendungsfälle im Alten Ägypten mehr als ausreichend gewesen.

Hier sieht man auch ein schönes Beispiel für die Quadratur des Kreises, wobei aus der Kantenlänge eines einfachen Quadrates auf Umfang und Durchmesser eines Kreises mit der gleichen Fläche geschlossen werden soll.

Die Kenntnis des Verhältnisses von Umfang zu Durchmesser half auch dem Phönizier Hiram aus Tyros[38], der im 10. Jahrhundert vor Christus von König Salomo[39] beauftragt wurde, einige Großbronzen für den salomonischen Tempel zu gießen. Ein Teil des Auftrages war die Herstellung des sogenannte „eherne[40] Meeres", ein großes metallenes Becken.

In der Bibel findet sich dazu die Stelle im ersten Buch der Könige (1. Könige 7, 23 [25]):

> „Und er machte das Meer, gegossen, von einem Rand zum andern zehn Ellen weit, ganz rund und fünf Ellen hoch, und eine Schnur von dreißig Ellen war das Maß ringsherum."

Das Verhältnis von Umfang zu Durchmesser war bei Hiram 30:10, die sein Wert für die Zahl Pi also 3. Das ist einigermaßen ungenau, daher vielleicht nur ein Schätzwert[41]. Es kann jedoch ohne weiteres behauptet werden, dass im Reich des Königs Salomo noch vieles an ägyptischem mathematischem Wissen erhalten und in Benutzung war. Aber auch den Griechen wird ein wissenschaftlicher Austauch

---

[38] Hiram, auch Chiram oder Hiram Abif aus Tyrus war gemäß des Alten Testaments als Sohn eines Bronzeschmiedes „...mit Weisheit, Verstand und Geschick begabt, um jede Bronzearbeit auszuführen" [24].

[39] König Salomo, auch Solomon (10. Jhdt. v. Chr.), König von Israel und Erbauer des jüdischen Tempels in Jerusalem.

[40] Ehern: aus Erz bestehend.

[41] Es wäre wohl für die meisten Leser der Bibel, verwirrend gewesen, den Umfang des Beckens mit 31,4 Ellen zu erfahren. Einige historische Theorien, warum der biblische Wert 3 dennoch richtig sein könnte hat Engelson in dem Artikel „The Pool of Shlomo HaMelech and the Value of π" zusammengestellt [26].

mit den Ägyptern nachgesagt. Thales[42], einer der Sieben Weisen von Griechenland, erlernt demnach die Geometrie der Ägypter (aus [27] S. 31).

„Pamfilas[43] sagt, dass er von den Ägyptern die Erdmesskunst erlernt…"

Beim griech. Philosophen Platon[44] findet sich ein Hinweis auf Anaxagoras' Beschäftigung mit den Kreisen. In dem Stück „Die Nebenbuhler" lässt er den Sokrates[45] den Disput zweier Jünglinge beobachten (aus [30] S. 55).

„Sie schienen mir indessen über Anaxagoras oder über Oinopides[46] zu streiten; wenigstens sah man sie Kreise beschreiben und gewisse Neigungen mit den Händen nachahmen…"

Plutarch[47] berichtet in einem Teil seiner umfangreichen Schriftensammlung „Moralia" mit dem Titel „De exilio" findet sich der Text „…Anaxagoras im Gefängnis war mit der Quadratur des Kreises beschäftigt…" (aus [31] S. 571).

Dem Archimedes[48] verdanken wir schließlich eine genauere Berechnung des Kreises. Von Bedeutung für die Quadratur des Kreises sind hier zwei Lehrsätze der „Kreismessung" (aus [32], 1. Satz, S. 64)

„Der Kreis verhält sich zu dem Quadrat seines Durchmessers beinahe wie 11 zu 14."

Unter der Annahme mit „Der Kreis" sei dessen Fläche A gemeint, ergibt das eine einfache Verhältnisgleichung (Gl. 1.5).

$$\frac{A_{Kreis}}{d_{Kreis}{}^2} = \frac{11}{14} \tag{1.5}$$

Mit $A_{Kreis} = \frac{\pi}{4} d_{Kreis}{}^2$ ergibt sich nach Umstellung die Gleichung (Gl. 1.6).

$$\pi_{Archimedes} = \frac{11}{14} 4 = 3{,}143 \tag{1.6}$$

---

[42] Thales von Milet (um 623 v. Chr. – 548 v. Chr.), griechischer Philosoph.
[43] Vermutl. Pamphile (auch Pamphila) von Epidaurus (1. Jhdt. n. Chr.), griechische Historikerin ägyptischer Abstammung, der Name findet sich in der byzantinischen Enzyklopädie „Suda" aus dem 10. Jhdt. ([28] S. 15, s.a. [29]).
[44] Platon, lat. Plato (427–348 v. Chr.), griechischer Philosoph, Schüler des Sokrates.
[45] Sokrates (469–399 v. Chr.), griechischer Philosoph, Schüler des Archelaos (der wiederum Schüler des Anaxagoras war), Lehrer des Platon und Xenophon, im Alter zum Tode verurteilt.
[46] Oinopides von Chios (5. Jhdt. v. Chr.), antiker griechischer Astronom und Mathematiker.
[47] Plutarch, auch Plutarchos, lat. Plutarchus (45–125), griechischer Schriftsteller.
[48] Archimedes von Syrakus (287–212 v. Chr.), griechischer Mathematiker und Naturwissenschaftler.

1.2 Wahrhaftige Größe

Das ist besser als die Erklärung der Bibel und genauer als der ägyptische Papyrus Rhind. Interessanterweise gab Archimedes den Bereich der Kreiszahl noch genauer an (aus [32], II. Satz, S. 66).

> „Die Peripherie eines jeden Kreises ist gleich dem Dreifachen des Durchmessers, und einem Teil welcher kleiner ist al 1/7 und 10/71 des Durchmessers."

Damit läge Pi zwischen den Werten 3,141 und 3,143. Und das ist absolut korrekt. (zur Erinnerung, Pi ~ 3,142).

Dem Namensgeber der Algebra[49] und des Algorithmus, Mohammed al-Chwarizmi[50], errechnete den Wert sogar noch etwas genauer. In seiner eigenen Algebra beschreibt al-Chwarizmi drei Methoden, wie man bei einem Kreis vom Durchmesser auf den Umfang schließen kann (aus [35] S. 71–72[51]). Zunächst beginnt al-Chwarizmi mit dem, was schon von Archimedes bekannt war.

> „Bei jedem Kreis ist das Produkt aus dem Durchmesser, multipliziert mit drei und einem Siebtel, gleich dem Umfang. Dies ist die Regel, die in der Praxis allgemein befolgt wird, auch wenn sie nicht ganz genau ist.

Dann folgen zwei weitere Algorithmen.

> Die Geometriker haben zwei andere Methoden. Eine davon ist, dass man den Durchmesser mit sich selbst multipliziert, dann mit zehn, und danach die Wurzel aus dem Produkt zieht; die Wurzel ist dann der Umfang. Die andere Methode wird von den Astronomen unter ihnen angewandt: Sie besteht darin, dass man den Durchmesser mit zweiundsechzigtausendachthundertzweiunddreißig multipliziert und dann das Produkt durch zwanzigtausend teilt; der Quotient ist die Peripherie. Beide Methoden kommen sehr nahe an das gleiche Ergebnis heran."

In mathematischer Schreibweise sähe das so aus (Gl. 1.7):

$$\sqrt{d_{Kreis}^2 \cdot 10} = u_{Kreis} \qquad (1.7)$$

Natürlich gilt auch hier $u_{Kreis} = \pi \cdot d_{Kreis}$ wodurch sich die Formel für Pi auf $\sqrt{10}$ reduziert. Das Ergebnis mit etwa 3,162 ist allerdings noch etwas schlechter als das der alten Ägypter. Deshalb soll ohne Umschweife auch die letzte Methode geprüft werden, die vereinfacht Pi mit 62.832/20.000 gleichsetzt und 3,1416 ergibt. Und das ist genau der auf diese Stelle gerundete Wert von Pi.

---

[49] Nach der lat. Übersetzung „Liber algebr(a)e et almuchabala" des „al-Kitab al-muḫtaṣar fi ḥisab al-gabr wa-l-muqabala" durch Robert von Chester (Robertus Castrensis, um 1145, [33]) oder Gerhard von Cremona (Gerardus Cremonensis, um 1150, [34]).
[50] Abu Dschaʿfar Muhammad ibn Musa al-Chwarizmi, lat. Algorismi (780 -850), arabischer Mathematiker.
[51] Nach der engl. Übersetzung von Rosen.

1.3 Natürliche Lichterscheinungen

1.3.1 Dämmerungsstrahlen und Gegendämmerung

Auch ohne die optische Wirkung von Lichtschlitzen oder Lochblenden kann man mitunter ungewöhnliche Lichterscheinungen am Himmel wahrnehmen. Durch dunkle Wolken oder Nebel fächert sich das Licht in leuchtende Strahlenbündel auf,

Die im Englischen glatt bezeichnend auch „crepuscular[52] rays" genannten Lichtstrahlen haben schon früh die investigative Neugier der Philosophen angeregt. Thales nahm im 6. vorchristlichen Jahrhundert an, dass Wasser der Urstoff der Natur sei, wie Aristoteles in seiner Metaphysik [36] berichtet. Als der erste Naturphilosoph erkannte Thales, dass nicht nur Göttliches, sondern auch etwas zutiefst Natürliches am Entstehen und Lauf der Welt beteiligt ist. Anaximander, ein Schüler des Thales, machte einen anderen Stoff als Ursprung von Allem aus, das Apeiron, als etwas Unbestimmtes und Unendliches [37].

Einem der der großen arabischen Optiker des 1. Jahrtausends nach Christus, Alhazen[53], wird eine Abhandlung über Dämmerung und Zwielicht zugeschrieben[54]. Der mutmaßlich wahre Verfasser al-Dschaiyani lebte etwa um die gleiche Zeit wie Alhazen in Andalusien und hatte sich wie dieser ebenfalls mit Euklids Mathematik auseinandergesetzt [42]. In seiner Betrachtung beschäftigte sich al-Dschaiyani mit dem Problem der Helligkeit des Abendhimmels während der Dämmerung nach Sonnenuntergang, die im Konflikt zur euklidischen geradlinigen Ausbreitung des Lichtes zu stehen schien. Da die Luft selbst unsichtbar ist, müsste es sich demnach um leuchtende Dämpfe hoch am Himmel in der Atmosphäre handeln. Wenn die Sonne untergegangen ist, wird der Himmel in den hohen Schichten der Atmosphäre, die eben jene leuchtfähigen Dämpfe enthält, beleuchtet. Diese Beleuchtung funktioniert so lange, bis die Sonne etwa 20 Grad unter den unter den Horizont gesunken ist. Nimmt man nun einen kleineren Wert, also 19 Grad an, lässt sich mit einer kleinen geometrischen Betrachtung die Höhe der Atmosphäre berechnen. Wenn man als Durchmesser der Erde, wie al-Dschaiyani, 24.000 italienische Meilen[55] annimmt, erhält man eine Dicke der Atmosphäre von etwa

---

[52] Aus lat. crepusculum = Abenddämmerung, Zwielicht.
[53] Alhazens bekanntestes Werk ist sicher der „Schatz der Optik" (arab. Kitab al-Manazir [38]).
[54] Risner hatte in seiner lateinischen Abhandlung „Opticae thesaurus" [39] dem Alhazen auch das Buch über die Dämmerung „De crepusculis liber" zugeschrieben, es stammt aber nach Sabras Ansicht [40] von Ibn Muʿadh al-Dschaiyānī, wurde von Gerhard von Cremona ins Lateinische übersetzt und fälschlicherweise Alhazen zugeordnet [41].
[55] Eine italienische Meile entspricht dem 60. Teil eines Äquatorialgrades, entspricht 0,25 geographischer Meile = 1, 851 km (nach [43] S. 168). Al-Dschaiyani nimmt den Erdumfang also mit 44 km an, was recht gut mit den tatsächlichen 40 km korreliert.

86 km[56]. Damit wäre man noch innerhalb der Atmosphäreschichten (genaugenommen in der Thermosphäre).

1.3.2 Halo und Regenbogen

„Die Substanz, aus der Himmel und Gestirne bestehen nennt man Äther..." definierte Aristoteles (aus [45], S. 66). Bewegt man sich gedanklich vom Weltall aus Richtung Erde, so gelangt man von dem Äther in eine „... aus feinen Teilchen bestehende flammenartige Substanz..." (aus [45], S. 67 u. 68). In dieser Schicht entstehen diverse Lichterscheinungen – Blitze, Flammen, Lichtbalken und Meteore werden sichtbar. Dies in der Schrift „Über die Welt"[57] genannte atmosphärische Licht wird in der „Meteorologica" [19] bereits vorher von Aristoteles untersucht. „Erklären wir nun die Natur und Ursache von Halo[58], Regenbogen, Nebensonnen (Parhelia) und Lichtstreifen[59]...".

Ein Halo-Phänomen ist scheinbar nichts Alltägliches. Erfahrene Beobachter können jedoch an mehr als einhundert Tagen im Jahr mehr oder minder lichtstarke Halos im Jahr registrieren. Ein schönes Beispiel dafür ist ein Bild des Jenaer Eisnebelhalos vom Winter 2017 (Abb. 1.9).

In diesem Bild finden sich auch die von Aristoteles genannten Nebensonnen und Lichtstreifen[60].

Brockengespenst und Glorienschein
Wer bei Nebel im Harz auf den Brocken wandert, kann dort einem Gespenst begegnen. Eine solche Begegnung hatte im Jahre 1780 der Theologe Silberschlag[61]. Der Verleger Creutz berichtet in seinen Jahrbüchern von diesem Treffen. Silberschlag erzählt (aus [50], S. 5–6): „Eben als die Sonnenscheibe den Anfang machte, im Abendhorizonte zu verschwinden, ..., und plötzlich erschien der Schattenriss des Berges vielmal größer, als der Berg war, schwebend in der Gegend von Halberstadt." Nicht nur der Berg, auch die Wanderer erschienen als „kolossalisch" vergrößerte Gespenster, die an den Konturen die Farben der Abendröte aufwiesen und die Bewegungen der Personen nachzuahmen schienen. Da Silberschlag aber zudem auch Naturforscher war, versuchte er hierzu eine vernünftige Erklärung zu geben. Der dünne Nebel stellt eine Wand dar, auf der die Schattenrisse von Personen und Objekten durch die tiefstehende Sonne projiziert

---

[56] S.a. [44] zur Berechnung der atmosphärischen Dicke.

[57] Obgleich auch diese Schrift vermutlich nicht von Aristoteles selbst stammt. Von Capelle wird Sie stilistisch dem Poseidonius zugeordnet ([45], der lange nach Aristoteles lebte. Der in der Schrift gepriesene Alexander ist demzufolge nicht Alexander der Große, sondern vielleicht Tiberius Julius Alexander, Prokurator von Judäa und Präfekt von Ägypten (s. [46], Preface).

[58] Aus griech. halos = ursprüngl. (runde) Tenne, häufiger in der Bedeutung für den (runden) Lichthof um Sonne oder Mond (s. z. B. [47]).

[59] Aristoteles Bezeichnung „ραβδί", griech. für Stock oder Stab, ist heute ein wenig unklar. Die Begründung, es seien damit Lowitz-Bögen gemeint [48], scheint die Übersetzung ein wenig in Richtung der heutigen Einteilung von Halo-Lichteffekten zu zwingen (s.a. Haloschlüssel [49]).

[60] Im Bild Lichtsäulen und -bögen.

[61] Johann Silberschlag (1721–1791), deutscher Pfarrer, Lehrer und Baurat.

Abb. 1.9 Halo-Phänomen über Jena-Maua am 22.01.2017, mit freundlicher Genehmigung von Marco Rank

wurden. Silberschlag beschrieb dieses Phänomen noch einmal in seiner Erklärung der Erderschaffung ([51], S. 139–140).

Ein Glorienschein kann nicht nur den Kopf von Heiligen zieren, sondern auch auf ganz gewöhnliche Weise entstehen. Dabei muss sich der Kopf des zu Betrachtenden innerhalb einer hellen Fläche befinden, zum Beispiel vor der tiefstehenden Sonne. Wenn die Person gleichzeitig von feinen Wassertröpfchen umgeben ist (z. B. bei Nebel), kann durch Streuung des Lichtes an dieses Tröpfchen ein regenbogenfarbiger Lichtkranz um den Kopf -wie bei einem Heiligenschein- entstehen.

Anaximenes[62] soll den Mondregenbogen beobachtet (s. [52] S. 26) haben und führte dies und andere Lichtphänomene auf die Beschaffenheit der Luft und insbesondere deren sich zusammenziehende, verdichtende Materie zurück. Er vermutete, dass die Farben eines Regenbogens durch das Auftreffen von Sonnenstrahlen auf die Luft entstünden, was möglicherweise durch die Reflexion an der verdichteten Luft interpretierbar wäre (s.[53] S. 328). Für Anaxagoras war der Regenbogen „der Abglanz des Sonnenlichtes an einer dicken Wolke" (nach [53] S. 329, Fußnote 12[63]). Auch Aristoteles führte seine Beobachtungen von Halo und Regenbogen auf Reflexionen zurück, aber beschrieb hier schon die Wirkung

---

[62] Anaximenes (585–524 v. Chr.), griechischer Philosoph und Naturbeobachter, möglicherweise einSchüler des Anaximander.
[63] Freie Interpretation.

1.3 Natürliche Lichterscheinungen

einzelner Regentropfen. Er erkannte, Wolken und Nebel aus einzelnen Tröpfchen bestehen, die wie Spiegel das Licht der himmlischen Körper farbig reflektieren ([19] 372b). Diese Betrachtung hatte lange Zeit Bestand. Auch Seneca[64] bezog sich auf Aristoteles und erläuterte in seinem Meteorbuch die damals verbreiteten Erklärungen. Basierend auf der Annahme, jeder Tropfen sei ein winziger Spiegel[65], erläuterte er die Unmöglichkeit, diese kleinen Objekte aus großer Entfernung zu unterscheiden. Das beschreibt schon in etwa die Sehschärfe des Auges.

Hintergrundinformation
„He can see Alcor, but not the full moon"[66]
  Bei der Beobachtung von Objekten mit bloßem Auge können feine Strukturen mitunter nicht mehr wahrgenommen werden. Bereits im alten Persien wurden zur Prüfung des Sehens ein Test verwendet. Dabei mussten die einzelnen Sterne vom Doppelstern im Großen Wagens im Sternbild Großer Bär auseinandergehalten werden. Nur wer den Test bestand und Mizar und Alkor („Pferd und Reiter") getrennt sah, konnte Elitekrieger in der antiken persischen Armee werden. Die Trennung dieser beiden Sterne wurde als arabischer Augentest bekannt. Damit beide Sterne einzeln gesehen werden können, benötigt man eine Sehschärfe von 100 % [55].
  Um generell zwei winzige Objekte wie beim Augenprüfstern noch voneinander unterscheiden zu können, müssen diese sich in einem bestimmten Verhältnis zwischen Sehabstand und Entfernung der (sich nicht überlappenden) Objekte zueinander befinden. Die beiden Objekte vom Augpunkt aus betrachtet, schließen einen Winkel ein, der sich nur aus dem Verhältnis dieser beiden Parameter berechnen lässt. Das übliche Maß der Sehschärfe ist der Visus, der beim Optiker durch die Betrachtung eines standardisierten Prüfzeichens ermittelt wird. Ein Visus von 1 (die oben genannte Sehschärfe von 100 %) entspricht dabei einer Winkelauflösung von einer Winkelminute (1'). Die Begründung für diesen Wert liegt an der Größe des Netzhautbildes. In Abb. 1.10 wird auf der Netzhaut des Auges, der Retina, ein Objekt A mit der Größe β abgebildet. Befinden sich an den Außenpunkten von A zwei Punkte (natürlich im Abstand A zueinander), dann werden diese im Abstand β zueinander auf der Retina abgebildet. Seit der Mitte des 19. Jahrhunderts wurden zur objektiven Bestimmung der Sehschärfe zahlreiche Experimente durchgeführt, in dessen Verlauf der Abstand zweier gerade noch auflösbarer Punkte bestimmt wurde. Diese Punkte schließen bei einem normalsichtigen (emmetropen) Auge dann einen Winkel von ungefähr einer Winkelminute ein (s. z. B. [56] S. 148).
  Diese historisch wie experimentell nachgewiesene Winkelminute bildete die Basis für die Sehtests von Snellen[67] oder Landolt[68]. Die Größe der Buchstaben haben bei Snellen zunächst eine Größe von 5 Winkelminuten (aus [58])

„Die Sehschärfe (visus, v). wird ausgedrückt durch das Verhältnis der größten Distanz in der die Buchstaben noch deutlich erkannt werden (d), zu der Distanz, in welcher sich die Buchstaben in einem Winkel von 5' zeigen (D)."

---

[64] Lucius Annaeus Seneca (1–65), römischer Philosoph, Naturforscher und Politiker.
[65] Wobei er dies gleichzeitig bestreitet: „Zugegeben, doch leugne ich, dass ein Wolke aus Wasser besteht. Wolken besitzen freilich Stoffe, die zu Wasser werden können…" (aus [54]S. 41).
[66] Ein arabisches Sprichwort besagt: „Er sieht Alkor, aber nicht den Vollmond", etwa als ob man den Wald nicht vor lauter Bäumen sieht.
[67] Herman Snellen (1834–1908), niederländischer Augenarzt, wird häufig mit dem Zusatz „der Ältere" genannt, da auch sein gleichnamiger Sohn (der Jüngere) ein bekannter Augenarzt und Ophthalmologe war.
[68] Edmund Landolt (1846–1926), Schweizer Augenarzt.

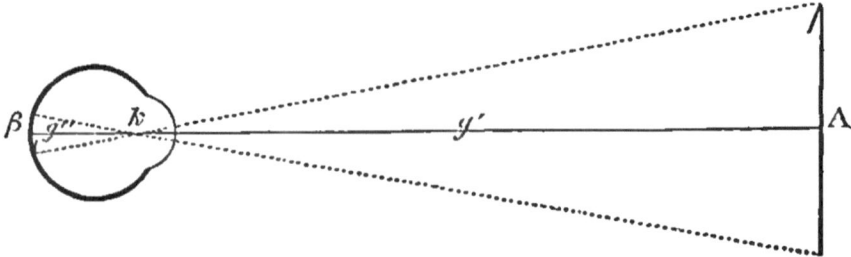

Abb. 1.10 Abbildung im Auge, Edmund Landolt (1879), aus [57] S. 6

Snell ging davon aus, dass der kleinste Winkel der Sehschärfe durch die Erkennung bekannter Objekte bestimmt werden kann. Wenn der Winkel sehr klein ist, genügt zu dessen Bestimmung die reziproke Entfernung. Damit errechnet sich der Visus nur aus der Normalsicht-Entfernung (D) und der Test-Entfernung (d), in der das Objekt wirklich erkannt wird.

$$v = \frac{d}{D}$$

Wenn das Objekt zum Beispiel ein Buchstabe ist, müssen für dessen Bestimmung Einzelheiten erkennbar sein (Abb. 1.11).

Heute darf eine gutachterliche korrekte Visusprüfung gemäß DIN 58220 ausschließlich mit den Landolt-Ring durchgeführt werden ([59] S. 1061).

Ein Regenbogen ist zweifelsohne eine ganz außergewöhnliche Himmelserscheinung und nur dann zu beobachten, wenn Licht und eine große Menge an Wassertropfen in einer bestimmten geometrischen Anordnung zusammenkommen. So verwundert es nicht, dass seit den Zeiten des Aristoteles der Regenbogen immer wieder Anlass zu naturphilosophischer Betrachtung gab. Der grundsätzliche Zusammenhang der Positionierung von Tropfen, Sonne und Betrachter war dabei auch alltäglich beobachtbar und damit erklärbar. Seneca schrieb in seinen „Naturales Quaestiones" ([54], S. 29).

> „Wir sehen, wenn eine Röhre irgendwo ein Loch hat, dass das Wasser durch die dünne Öffnung hervorspritzt, und wenn es vor der schräg gegenüberstehenden Sonne herabregnet, sieht es wie ein Regenbogen aus."

Hier finden sich alle notwendigen Zutaten für einen Regenbogen: Sonne und viele kleine Wassertropfen in geeigneter Positionierung zueinander. Seneca erklärt sich die farbige Erscheinung im Sinne des Aristoteles, indem er annimmt, jeder Tropfen sei ein kleiner Spiegel. Eine Wolke von Tropfen besteht nun aus unzähligen winzigen Spiegeln, die jeweils Abbilder der Sonne liefern. Dabei entstünden so viele Farbtönungen, wie es Arten von Verstärkung und Abschwächung gibt.

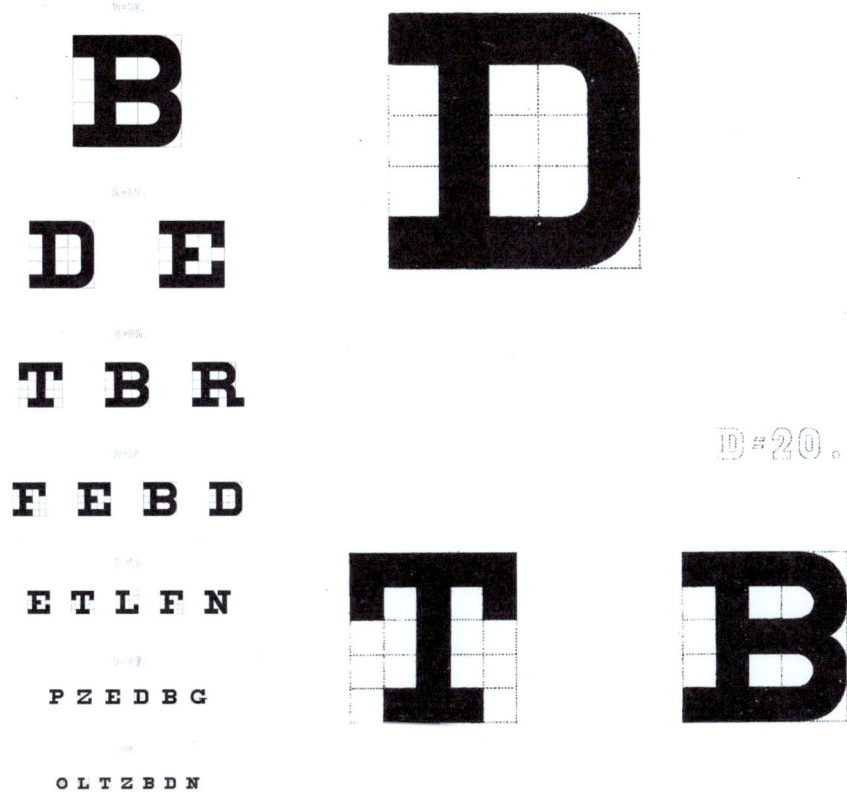

Abb. 1.11 Snellen Test, Herman Snellen (1868) aus

Tatsächlich entsteht ein Regenbogen, wenn ein den Regentropfen zugewandter Beobachter mit der Sonne im Rücken auf die beleuchteten Tropfen schaut. Hinter dem Betrachter muss es dabei regenfrei sein, das Phänomen spielt sich dann in der Sehrichtung ab. Von dem Auge des Betrachters ausgehend kann ein virtueller Kreiskegel mit einem Öffnungswinkel von 42° angenommen werden, an dessen oberen Rand dann der Regenbogen erscheint. Die Winkelweite des Regenbogens im Farbspiel vom äußeren Rot zum inneren Blau beträgt etwa 2° [60]. Neben diesem primären Regenbogen ist mitunter noch ein weiterer, schwächerer sekundärer Regenbogen auszumachen, bei dem die Farben vertauscht sind.

Der Regenbogen war über die Jahrhunderte immer wieder Anlass zur Aufstellung verschiedener Theorien. Roger Bacon berechnete im 13. Jahrhundert den Winkel auf 42° ([61], S. 592–593), allerdings konnte erst Isaac Newton durch die Entdeckung der Farbzerlegung des Lichtes (Dispersion), die Farben des Regenbogens zufriedenstellend erklären ([62], S. 168–178). In seltenen Fällen erscheinen innerhalb des Regenbogens oder außerhalb des Nebenregenbogens sogenannte überzählige Regenbögen[69] auf, die anstelle der normalen Farben des Spektrums, andersfarbige (zusätzliche) Bögen aufweisen. Thomas Young, der mit seinem Doppelspaltexperiment Christiaan Huygens Wellentheorie des Lichtes bestätigte, hatte zu Beginn des 19. Jahrhundert hierzu eine Erklärung auf Basis von Beugung und Interferenz gegeben [63]. Die „Krönung" der Regenbogentheorien ([60], S. 129) stellt vielleicht die von Gustav Mie[70] 1908 vorgeschlagene Methode zur Berechnung der „Optik trüber Medien" anhand der Maxwell-Gleichungen. Wie Mie selbst einräumte, müsste zur Lösung des „Regenbogenproblems" eine große Zahl von einzelnen Ergebnissen berechnet werden, was zu seiner Zeit auf sehr große rechnerische Schwierigkeiten gestoßen wäre ([64] S. 402). Heute reicht dazu schon die Rechenleistung einen Mobiltelefons aus [65].

1.3.3 Spiegelnde Natur

In der Natur kann es bei geeigneten Verhältnissen zur Spiegelung kommen. Stille oder schwach bewegte Wasser können die Umgebung spiegeln und so bei guten Verhältnissen den Eindruck erwecken, die Objekte seien doppelt vorhanden. Die Fähigkeit zur Reflexion wohnt prinzipiell alle glatten Oberflächen inne. Das gilt nicht nur für verschiedene unbewegte Flüssigkeiten, sondern auch für feste Flächen wie z. B. Eis oder glatte Oberflächen. Der Grad der Reflexion hängt von mehreren Faktoren ab. Ganz allgemein ist eine raue Fläche oder eine verwirbelte Flüssigkeit geringer gerichtet reflektiv als eine vollständig plane Oberfläche. Ein häufig benutztes Modell zur Beschreibung der Reflexion an rauen Oberflächen ist in der Computergrafik das BRDF-Modell (Bidirektionale Reflexionsverteilungsfunktion[71]). Es beschreibt das Verhältnis des reflektierten Lichts in Abhängigkeit vom Einfallswinkel und der Oberflächenorientierung. Hierbei wird der Reflexionsgrad einer Oberfläche als Funktion des Materials und der mikroskopischen Eigenschaften, nicht mehr nur als Funktion der übergeordneten Form (z. B. Krümmung) der Oberfläche betrachtet. Das Licht trifft aus einer bestimmten Richtung (von einem definierten Punkt) auf einem Flächenelement auf und wird richtungsabhängig reflektiert. Grad und Richtung der Reflexion hängen nun von den Eigenschaften der Oberfläche ab. Die Oberfläche reflektiert mehr oder minder gerichtet oder diffus (streuend). Wenn das eintreffende Licht in alle Richtungen gleich stark gestreut wird, spricht man von einer Lambert-Oberfläche, einem idealen Diffusor. Dabei wird das auf das Material eintreffende Licht an den mikroskopischen Unebenheiten der Oberfläche oder an den unterschiedlichen Dichten

---

[69] Auch Interferenzbögen oder „Supernumerary Bows".
[70] Gustav Mie (1868–1957), deutscher Physiker.
[71] Bidirectional reflectance distribution function, s. hierzu [66].

innerhalb des Materials vielfach reflektiert. Durch diese mehrfache Reflexion, die an jeder Stelle des Materials unterschiedlich ist, wird das Licht im Endeffekt gleichmäßig (zufällig) in unterschiedliche Raumrichtungen gestreut. Natürlich wird auch ein Teil des auftreffenden Lichtes vom beleuchteten Körper absorbiert, sodass von einem verringerten Rückstrahlvermögen der Fläche gesprochen werden kann. Das Rückstrahlvermögen kann Werte zwischen 0 (vollständige Absorption) und 1 (vollständig diffuse Reflexion) annehmen. Lambert selbst nutzte hierfür den Begriff Albedo[72], mit der er z. B. den Mittelwert der Helligkeit der Mondoberfläche beschrieb([67], S. 3). Von den auf der Erde vorkommenden Materialien haben Kreide und Neuschnee die größte Albedo, da diese das auftreffende Licht fast vollständig diffus reflektieren.

In der Natur tritt ein idealer Diffusor kaum auf, sondern besteht immer aus einer Kombination aus diffusem und gerichtetem Reflexionsverhalten. Dies wird durch Modelle wie Phong [68], Blinn [69] oder Cook-Torrance [70] in der Computergrafik als Shading beschrieben. In diesen Modellen wird die Reflektion als Summe aus diffuser und spekularer (gerichteter) Reflektion dargestellt, jede mit ihrem eigenen Reflexionsgrad. Interessant für Spiegelungen ist jedoch vor allem die spekulare Reflexion. Wenn die Oberfläche also mikroskopisch ausreichend glatt ist, dann wird das Licht nicht mehr mehrfach zwischen den Oberflächenstrukturen reflektiert, sondern an der Oberfläche direkt gerichtet nach dem Reflexionsgesetz gespiegelt und ein Spiegelbild der Umgebung kann wahrgenommen werden. Das ist der Fall, wenn die Rauheit der Oberfläche unterhalb der Lichtwellenlänge liegt. Wenn eine einigermaßen ebene Fläche von einer dünnen Wasserschicht überzogen wird, dann verschwinden die Rauheiten der Oberfläche und die Stelle wird zu einem natürlichen Spiegel. Das lässt sich nach einem Regen an jeder Pfütze beobachten. In größerem Maßstab findet sich dieser Effekt zum Beispiel am Salar de Uyuni in Bolivien. Wenn der Salzsee nach einem Regen mit einer dünnen Wasserschicht bedeckt ist, wird er zu einem riesigen Natur-Spiegel.

Die Erscheinungen von Luftspiegelungen, die als Mirage oder Fata Morgana bekannt sind, müssen eigentlich der Brechung zugeordnet werden. Bei einer Mirage wird das Licht gebrochen, wenn es von einer kühleren Luftschicht in eine wärmere übergeht. Dies führt dazu, dass entfernte Objekte erhöht oder vergrößert erscheinen oder Objekte, die sich eigentlich unterhalb des Gesichtsfeldes befinden, sichtbar werden. Ein typisches Beispiel ist die scheinbare Wasserspiegelung auf einer heißen Straße.

Die Fata Morgana ist eine etwas kompliziertere Form der Luftspiegelung, bei der das Licht mehrfach gebrochen wird. Das führt nicht nur dazu, dass Objekte höher erscheinen oder sichtbar werden, sondern es kann zusätzlich zu gestreckten, verzerrten oder sogar umgekehrten Bildern führen. Hier spielt der Wechsel des Brechungsindex durch in den unterschiedlich warmen Luftschichten eine entscheidende Rolle.

---

[72] Lat. albedo, Weiße.

1.3.4 Brechendes Wasser

Das scheinbare Abknicken eines geraden Stabes war jenen, die sich an oder auf dem Wasser verdingten, eine alltägliche Beobachtung. Sencea schrieb in seinen naturwissenschaftlichen Untersuchungen (aus [54] S. 35):

> „Ist ein Ruder nur von dünnem Wasser bedeckt, sieht es wie abgebrochen aus."

Diese Wahrnehmung lässt sich auch anhand eines Strohhalmes im Wasserglas zu Hause gut illustrieren, das dem Seneca auffälligen abknicken des Ruders wurde hier noch einmal praktisch nachgestellt (s. Abb. 1.12). Tatsächlich wirkt das Ruder direkt an der Wasseroberfläche von oben betrachtet so aus, als würde das vor dem Eintauchen ins Wasser noch völlig gerade Ruder durch unbekannte Kräfte an der Grenzfläche zum Wasser in eine bestimmte Richtung hin gebrochen.

Die natürliche Brechung bezieht sich auf das Phänomen, bei dem Lichtstrahlen ihre Geschwindigkeit und Richtung ändern, wenn sie von einem Medium in ein anderes übergehen, zum Beispiel von Luft in Wasser oder von Glas in Luft. Dies geschieht aufgrund der unterschiedlichen optischen Dichten der beteiligten Materialien. Eine atmosphärische Lichtleitung tritt beim sogenannten Novaya-Zemlya-Effekt auf. Dieser wurde am 24. Januar 1597 während einer Polarexpedition von

Abb. 1.12 Ruderknick im Wasser, Armin Grasnick (2023)

Willem Barents[73] beobachtet. Einige Matrosen sahen die Sonne, die auf diesem Breitengrad in der Polarnacht eigentlich nicht sichtbar sein sollte ([71] S. 87). Der Effekt tritt auf, wenn das Licht zwischen verschiedenen Schichten der arktischen Atmosphäre mit verschiedenen Brechzahlen kontinuierlich gebrochen wird. Dadurch kann das Licht hunderte von Kilometern weit geleitet werden, was es ermöglicht, die Sonne über den geographischen Horizont hinaus zu sehen. Auch der Hillingar-Effekt beruht auf Brechungsunterschieden, die insbesondere in den unteren Luftschichten eine gleichmäßige Brechung über weite Entfernungen verursachen. Dadurch scheinen weiter entfernte Objekte höher über dem Horizont zu stehen, als es in Wirklichkeit der Fall ist. Im Resultat scheint der gekrümmte Horizont der Erde flach zu sein.

Der seit dem Mittelalter beschriebene optische Effekt des „Hafgerdingar" führt durch ungleichmäßige, irreguläre Änderung der Brechungsindizes zu einer unregelmäßigen Darstellung des Horizontes[74] oder mehrfachen Abbildungen von Objekten [72]. Solche Erscheinungen sind nicht nur in besonders kalten Gegenden zu beobachten. Mirage und Fata Morgana sind Phänomene, die durch Lichtbrechung in Schichten unterschiedlicher Temperatur in der Atmosphäre in wärmeren Gefilden erzeugt werden.

Die natürliche Brechung folgt dem Snelliusschen Brechungsgesetz das die Beziehung zwischen den Einfallswinkeln, den Ausfallswinkeln und den Brechungsindizes der beteiligten Medien beschreibt. Wie bei vielen anderen Entdeckungen, kann auch diese Gesetzmäßigkeit sicherlich nicht einem einigen Wissenschaftler zugeordnet werden. Snellius stützt sich auf die Vorarbeiten von Platon, Aristoteles, Cicero, Alhazen oder Witelo, auch Thomas Harriot und Rene Descartes hatten sich mit dem Thema befasst [73]. Unabhängig vom wahren Entdecker ist heute dieser Zusammenhang eng mit dem Namen Snellius verknüpft. Das Gesetz besagt, dass das Produkt aus dem Brechungsindex des ersten Mediums n_1 und dem Sinus des Einfallswinkels α_1 gleich zu dem Produkt des Brechungsindex des zweiten Mediums n_2 und dem Sinus des Brechungswinkels ist α_2.

$$n_1 \sin \alpha_1 = n_2 \sin \alpha_2$$

Damit existiert über den Brechungsindex durchsichtiger Medium eine mathematische Beschreibung, die das Maß des optischen Brechens der Ruder auf eine scheinbare Kraft zurückführt – die Brechkraft.

Literatur

1. Aristoteles. Problemata Physica. Grumach E, Herausgeber. Berlin: Akademie-Verlag; 1962.
2. Wagenschein M. Zum Begriff des Exemplarischen Lehrens. 2. Aufl. Weinheim a.d.B.: Beltz; 1959.

---

[73] Willem Barents (1550–1597), niederländischer Seefahrer.
[74] Daher scheint die isländische Bedeutung „Seezäune" recht illustrativ.

3. Ibn-al-Haitam al-H ibn-al-Hasan, Witelo. Opticae thesaurus. Alhazeni Arabis libri septem, nunc primum editi. Basileae: per Episcopios; 1572.
4. Wiedemann E. Ueber die erste Erwähnung der Dunkelkammer durch Ibn al Haitam. Jahrbuch für Photographie und Reproduktionstechnik. 1910;24:12–3.
5. Shen K. Pinselunterhaltungen am Traumbach: Das gesamte Wissen des alten China. Herrmann K, Herausgeber. München: Diederichs; 1997.
6. Gershon L ben. Ms. lat. oct. 32 – De sinibus, chordis et arcubus, item instrumento revelatore secretorum. Leipzig; 1549.
7. Dupré S. Inside the Camera Obscura: Kepler's experiment and theory of optical imagery. Early Sci Med. 2008;13:219–44.
8. Kepler J. Ad Vitellionem Paralipomena: Astronomiae pars Optica Traditur. Frankfurt a. M.: Claude de Marne & Johann Aubry; 1604.
9. Kepler J. J. Keplers Grundlagen der geometrischen Optik : (im Anschluß an die Optik des Witelo). von Rohr M, Herausgeber. Leipzig: Akademische Verlagsgesellschaft; 1922.
10. Alexi C. Anaxagoras und seine Philosophie nach den Fragmenten bei Simplic. ad Arist. Programm zu der öffentlichen Prüfung der Zöglinge des Friedrich-Wilhelm-Gymansiums. Neu-Ruppin: Gustav Kühn; 1867.
11. Gemelli Marciano ML, Herausgeber. Die Vorsokratiker: griechisch-lateinisch-deutsch. 3: Anaxagoras, Melissos, Diogenes von Apollonia, Die antiken Atomisten: Leukipp und Demokrit. 2. überarb. Aufl. Düsseldorf: Artemis et Winkler; 2013.
12. Couprie DL. Anaxagoras und die Größe der Sonne. Hyperboreus. 2006;12:55–76.
13. Plutarch, Prickard AO. PLUTARCH on the face which appears on the Orb of the Moon. Winchester: Warren and Son; 1911.
14. William DR. Moon Fact Sheet [Internet]. NASA Goddard Space Flight Center. [zitiert 2022 Apr. 3]. Verfügbar unter:https://nssdc.gsfc.nasa.gov/planetary/factsheet/moonfact.html.
15. Diels H., Ueber Anaximanders Kosmos. Archiv für Geschichte der Philosophie. Berlin: Georg Reimer; 1897. S. 228–37.
16. Aristoteles. Vier Bücher über das Himmelsgebäude und zwei Bücher über Entstehen und Vergehen. Leipzig: Wilhelm Engelmann; 1857.
17. Heath TL, Aristarchus. Aristarchus of Samos, the ancient Copernicus. Oxford: Clarendon Press; 1911.
18. International Astronomical Union. IAU RESOLUTION B2 on the re-definition of the astronomical unit of length. [Internet]. 2012 [zitiert 2023 Apr. 14]. Verfügbar unter: https://www.iau.org/public/themes/measuring/.
19. Aristoteles. Meteorologica. Oxford: Clarendon Press; 1923.
20. Cleomedes, Bowen AC, Todd RB. Cleomedes' lectures on astronomy: a translation of The heavens. Berkeley: University of California Press; 2004.
21. Ahmose. Rhind Mathematical Papyrus [Internet]. Theben; 1550. https://www.britishmuseum.org/collection/object/Y_EA10057.
22. Sethe K. Von Zahlen und Zahlworten bei den alten Ägyptern. Straßburg: Karl J. Trübner; 1916.
23. Eisenlohr A. Ein mathematisches Handbuch der alten Aegypter (Papyrus Rhind des British Museum). Leipzig: J. C. Hinrichs' Buchhandlung; 1877.
24. 1.Könige 7,13 | Lutherbibel 2017 :: ERF Bibleserver [Internet]. [zitiert 2024 Juni 7]. Verfügbar unter: https://www.bibleserver.com/LUT/1.K%C3%B6nige7.
25. 1.Könige 7,23 | Lutherbibel 2017 :: ER Bibleserver [Internet]. [zitiert 2023 Juli 8]. Verfügbar unter: https://www.bibleserver.com/LUT/1.K%C3%B6nige7.
26. Engelson M. The Pool of Shlomo HaMelech and the Value of π. Hakirah. 2017;22:233–45.
27. Laertius D. Diogenes Laertius: Von den Leben und Meinungen berühmter Philosophen. Borheck A, Herausgeber. Wien und Prag: Franz Haas; 1807.
28. Adler A, Herausgeber. Lexicographi Graeci. Vol I: Suidae Lexicon Pars 4: P-PS. München und Leipzig: K G Saur; 2001.
29. Stoa Consortium. Pamphile, Pamphila [Internet]. Suda Online Search (SOL). 2002 [zitiert 2022 Mai 8]. Verfügbar unter: https://www.cs.uky.edu/~raphael/sol/sol-cgi-bin/search.cgi?se-

arch_method=QUERY&login=guest&enlogin=guest&page_num=1&user_list=LIST&searchstr=pamphila&field=any&num_per_page=25&db=REAL.
30. Platon. Platon's Theages, Nebenbuhler, Hipparchos, Minos und Kleitophon. Wagner W, Herausgeber. Leipzig: Wilhelm ngelmann; 1857.
31. Plutarch. Plutarch's Moralia VII 523 C – 612 B. Cambridge, Massachusetts: Harvard Universitzy Press; 1959.
32. Gutenäcker J. Kreis-Messung des Archimedes von Syrakus nebst dem dazu gehörigen Kommentare des Eutokius von Askalon. Würzburg: Etlinger'sche Buch- und Kunsthandlung; 1825.
33. al-Chwarizmi ADM ibn M, Karpinski LC. Robert of Chester's Latin Translation of the Algebra of Al-Khowarizmi. New York: The Macmillian Company; 1915.
34. Cremona G, Hughes B. Gerard of Cremona's translation of al-Khwārizmī's al-Jabr: a critical edition. Mediaeval Studies. Toronto: Pontifical Institute of Mediaval Studies; 1986. S. 211–63.
35. al-Chwarizmi ADM ibn M. The Algebra of Mohammed ben Musa. London: The Oriental Translation Fund; 1831.
36. Aristoteles. Die Metaphysik des Aristoteles. Berlin: L. Heimann; 1871.
37. Diels H. Die Fragmente der Vorsokratiker. 2. Aufl. Berlin: Weidmannsche Buchhandlung; 1906.
38. Alhazen. Kitab-al-Manazir (Liber de aspectiibus et vocatur prospectiva). Handschrift; 14. Jhd.
39. Alhazen, Witelo. Opticae thesaurus. Risner F, Herausgeber. Basel: Episcopios; 1572.
40. Sabra AI. The Authorship of the Liber de crepusculis, an Eleventh-Century Work on Atmospheric Refraction. Isis. 1967;58:77–85.
41. Nuñez P. Petri Nonii Salaciēsis [Salaciensis] De crepusculis liber unus : nūc [nunc] recēs [recens] & natus et editus. Olyssipone (Lissabon): Ludovicus Rodericu; 1542.
42. Calvo E, Fazlıoğlu İ, Comes M, Casulleras J, Forcada M, Samsó J, u. a. Ibn Muʿādh: Abū ʿAbd Allāh Muḥammad ibn Muʿādh al-Jayyānī. In: Hockey T, Trimble V, Williams TR, Bracher K, Jarrell RA, Marché JD, u. a., Herausgeber. The Biographical Encyclopedia of Astronomers [Internet]. New York, NY: Springer New York; 2007. S. 562–3.
43. Pierer HA. Pierer's Universal-Lexikon der Vergangenheit und Gegenwart oder Neuestes encyclopädisches Wörterbuch der Wissenschaften, Künste und Gewerbe. Altenburg; 1860.
44. Lehn WH, van der Werf S. Atmospheric refraction: a history. Appl Opt. 2005;44:5624.
45. Capelle W. Die Schrift von der Welt. Ein Weltbild im Umriss aus dem 1. Jahrhundert nach Chr. Jena: Eugen Diederichs; 1907.
46. (Pseudo-) Aristoteles. De Mundo. Oxford: Clarendon Press; 1914.
47. Brockhaus. Halo [Internet]. 14. Aufl. Brockhaus Konversations-Lexikon. Leipzig: F.A. Brockhaus; 1894 [zitiert 2021 Dez. 29]: [690 S.]. Verfügbar unter: https://www.retrobibliothek.de/retrobib/seite.html?id=121131.
48. Johnson MR. The Aristotelian Explanation of the Halo. Apeiron. 2009.
49. Molau S. Haloschlüssel [Internet]. Schwarzenberg: Arbeitskreises Meteore e. V.; 2021. Report No.: haloschl-gro\337. Verfügbar unter: https://www.meteoros.de/fileadmin/user_upload/halos/other/haloschl.pdf
50. Creutz JA. Jahrbücher des Brockens von 1753 bis 1790. Magdeburg: Johann Adam Creutz; 1791.
51. Silberschlag JE. Geogenie oder Erklärung der mosaischen Erdschaffung nach physikalischen und mathematischen Grundlagen. Berlin: Verlag der Buchhandlung der Realschule; 1780.
52. Nestle W, Herausgeber. Die Vorsokratiker in Auswahl übersetzt und herausgegeben. Jena: Eugene Diederichs; 1908.
53. Johnson MR. The Aristotelian Explanation of the Halo. Apeiron. 2009;42:325–57.
54. Seneca LA, Schönberger O, Schönberger E. Naturales quaestiones: = Naturwissenschaftliche Untersuchungen: lateinisch/deutsch. Stuttgart: Philipp Reclam jun. Stuttgart; 1998.
55. Bohigian GM. An Ancient Eye Test—Using the Stars. Surv Ophthalmol. 2008;53:536–9.

56. Landolt E. A Manual of Examination of the Eyes. A course of Lectures delivered at the „École Pratique". Philadelphia: D. G. Brinton; 1879.
57. Landolt E. The Artificial Eye. London: Trübner & Co.; 1879.
58. Snellen H. Test-Types for the Determination of the Acuteness of Vision. 4. Aufl. London, Edinburgh, Paris, New York: Williams and Norgate, Germer Baillière; 1868.
59. Rohrschneider K, Spittler AR, Bach M. Vergleich der Sehschärfenbestimmung mit Landolt-Ringen versus Zahlen. Ophthalmologe. 2019;116:1058–63.
60. Vollmer M. Atmosphärische Optik Für Einsteiger: Lichtspiele in der Luft. 2nd ed. Berlin, Heidelberg: Springer Berlin/Heidelberg; 2019.
61. Bacon R, Burke RB. The Opus Majus of Roger Bacon. New Yourk: Russel & Russel; 1962.
62. Newton I. Opticks or A Treatise of the Reflections, Refractions, Inflections & Colours of Light. New York: Dover Publications; 1979.
63. Young T. The Bakerian Lecture. Experiments and Calculations relative to physical Optics. Philos Trans R Soc Lond. London: G. and W. Nicol; 1804. S. 1–16.
64. Mie G. Beiträge zur Optik trüber Medien, speziell kolloidaler Metallösungen. Ann Phys. 1908;330:377–445.
65. Wriedt T. Mie theory 1908, on the mobile phone 2008. J Quant Spectrosc Radiat Transfer. 2008;109:1543–8.
66. Nicodemus FE, Richmond JC, Hsia JJ, Ginsberg IW, Limperis T. Geometric Considerations and Nomenclature for Reflectance. Washington: National Bureau of Standards; 1977.
67. Lambert JH. Lambert's Photometrie. Leipzig: Wilhelm Engelmann; 1892.
68. Phong BT. Illumination for computer generated pictures. Commun ACM. 1975;18:311–7.
69. Blinn JF. Models of light reflection for computer synthesized pictures. SIGGRAPH Comput Graph. 1977;11:192–8.
70. Cook RL, Torrance KE. A Reflectance Model for Computer Graphics. ACM Trans Graph. 1982;1:7–24.
71. Veer G. Warhafftige Relation. Der dreyen newen vnerhörten, seltzamen Schiffart, so die Holländischen vnd Seeländischen Schiff gegen Mitternacht, drey Jar nacheinander, als Anno 1594. 1595. vnd 1596 verricht : Wie sie Nortvvegen, Lappiam, Biarmiam, vnd Russian, oder Moscoviam (vorhabens ind Königreich Cathay vnd China zukommen) vmbsegelt haben. Noribergae: Hulsius; 1598.
72. Lehn WH. The Novaya Zemlya effect: An arctic mirage. J Opt Soc Am. 1979;69:776–81.
73. Hentschel K. Das Brechungsgesetz in der Fassung von Snellius. Arch Hist Exact Sci. 2001;55:297–344.

Spiegelkunst 2

Hintergrundinformation

Die Wahrnehmung der Umgebung, der Mitmenschen und des eigenen Körpers ist auf diejenigen Dinge begrenzt, die von den Augen direkt wahrgenommen werden können. Das eigene Gesicht kann ohne Hilfsmittel nicht gesehen werden. Wollten die Menschen der Steinzeit in ihr eigenes Antlitz blicken, so blieb dazu nur die Möglichkeit der natürlichen Spiegelung in einer ruhenden Flüssigkeit. Eine Wasserschale ist jedoch ein recht empfindlicher Spiegel und hat bei senkrechter Betrachtung nur einen geringen Reflexionsgrad. Die mechanische Herstellung haltbarer Spiegel als Luxusgegenstand zur Selbstbespiegelung war daher eine echte Marktlücke, die mit den ersten Obsidian-Spiegeln schon vor etwa 6000 Jahren geschlossen wurde.

Mit Beginn der Bronzezeit musste nicht mehr nur auf zufällig gefundene Materialien zurückgegriffen werden. Hochwertige Legierungen und verbesserte Herstellungsverfahren erlaubten die Manufaktur von Spiegeln für die gehobene Gesellschaft. Seit den Zeiten von Nofretete sind Spiegel allgegenwärtig und werden in biblischen Kontexten als unangebrachte Manifestation der Eitelkeit auch kritisch kommentiert.

In der griechischen Antike wurde begonnen, sich mit dem Prozess des Sehens und der Abbildung intensiver auseinanderzusetzen. Spiegel werden nun nicht mehr nur für eitle Zwecke verwendet, sondern dienen auch der bewussten Erzeugung von Feuer. Es wird offensichtlich, dass die Form des Brennspiegels Einfluss auf dessen Wirksamkeit hat und die Form der Flächen von einer Kugelform abweichen muss. Euklid legte die Grundlagen für die geometrische Beschreibung der Reflexion und spätestens seit Diokles ist der Parabolspiegel Stand der Technik.

2.1 Spiegel der Steinzeit

In der anatolischen Hochebene liegt die jungsteinzeitliche Siedlung „Çatalhöyük"[1] am Gabelhügel in der Nähe der Stadt Konya[2]. Dort lebten vor mehr als 6000 Jahren mehrere tausend Menschen in einer stadtähnlichen Gemeinschaft zusammen. Die Siedlung wies von der damaligen Bevölkerungszahl durchaus Merkmale

---

[1] Aus türkisch çatal „Gabel" und höyük „Hügel".
[2] Das antike Ikonion, heute ist Konya eine Stadt mit mehr als zwei Millionen Einwohnern.

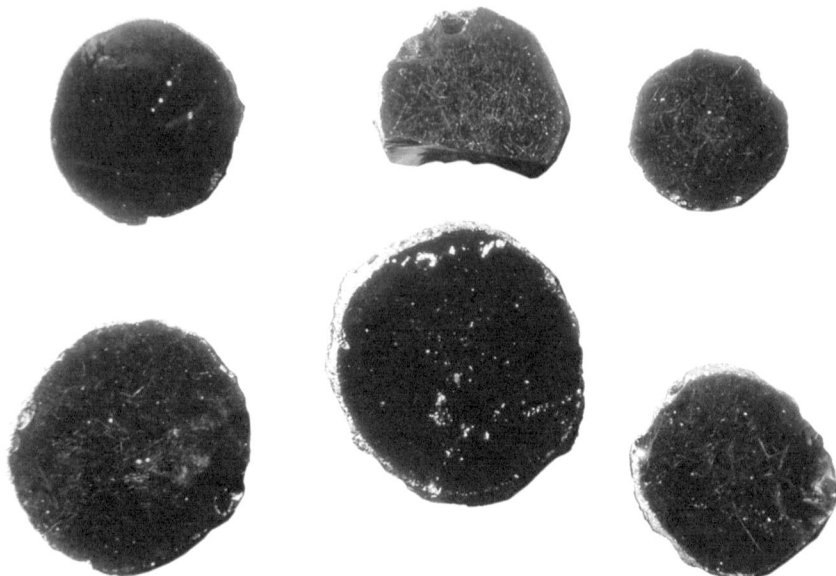

Abb. 2.1 Neolithic mirrors of obsidian excavated by James Mellaart and his team in Çatalhöyük, Omar Hoftun (2013), WikimediaCommons, freigestellt

einer Kleinstadt auf, jedoch fehlten den Häusern Fenster und Türen – nicht einmal Straßen zwischen den Gebäuden waren vorhanden. Vermutlich bewegte man sich einfach über die Dächer. Das ist für sich genommen schon erstaunlich, viel bemerkenswerter ist aber die Tatsache, dass die Bevölkerung erwiesenermaßen durchaus eitel war. Man grub allerlei Schminkutensilien aus, sogar etwas, das zur Färbung der Lippen gedient haben könnte [1]. Um sich selbst zu schminken, wird neben Rouge und Lippenstift auch eine technische Lösung zur eigenen Bespiegelung benötigt. Und tatsächlich fanden sich in Çatalhöyük auch einige Spiegel aus Obsidian[3]. Der erste Ausgräber war der britische Archäologe Mellaart[4], der in seinem Buch „Çatal Huyük" u. a. eine solche Fundstelle darstellt ([3], S. 156, Abb. XII). In diesem Fall wurde der Obsidianspiegel dem Grab eine Frau als Grabbeigabe beigelegt. Gleich daneben fand sich ein Körbchen, das nach Mellaarts Ansicht Rouge enthielt. Dies könnte eine Nutzung als Schminkspiegel nahelegen, ebenso ist aber auch eine rituelle Bedeutung denkbar. Da bisher nur wenige Spiegel gefunden wurden, ist anzunehmen, dass diese selten und wertvoll waren.

Die Spiegel sind über die Jahrtausende ein wenig blind geworden, die polierte Spiegelfläche lässt sich aber noch gut erkennen (s. Abb. 2.1).

---

[3] Es wurden einige Spiegel gefunden (s. [2] S. 16).
[4] James Mellaart (1925–2012), britischer Prähistoriker.

2.1 Spiegel der Steinzeit

Mellaart – Der dunkle Meister des archäologischen Schwindels[5]

Unumstritten ist, dass James Mellaart (1925–2012) in den 1960er Jahren maßgeblich an der Ausgrabung von Çatalhöyük beteiligt war. Allerdings war Mellaart zeitlebens als Wissenschaftler nicht unumstritten. Man warf ihm vor, in Çatalhöyük Zeichnungen von uralten Wandgemälden angefertigt zu haben, die in Wirklichkeit niemals existierten. Später „entdeckte" er die einzig verbliebene Abschrift der Hieroglyphen von Beyköy. Dabei handelt es sich um einen Text, der in anatolischem Luwisch verfasst gewesen sein soll. Der Geoarchäologe Zangger, der zu den Luwiern forscht, hatte gemeinsam mit Mellaarts Sohn den Nachlass von Mellaart untersucht und kommt zu einem vernichtenden Urteil: „Der Nachlass von James Mellaart offenbart dessen Archäophantasien" [5].

Seine bemerkenswerteste „Leistung" hatte Mellaart aber mit der Erfindung des „Dorak-Schatzes" erbracht. Mellaart hatte angeblich auf einer Zugfahrt von Istanbul nach Ismir eine junge Griechin namens Anna Papastrati kennengelernt, die ihn ohne Umschweife in ihr Familienhaus nach Izmir mitnahm. Dort zeigte ihm die Dame zahlreiche Artefakte aus der Yortan-Kultur[6], die er in Augenschein nehmen, nicht aber fotografieren durfte. Also blieb er mehrere Tage und zeichnete einige Stücke ab.

Er veröffentlichte seine Zeichnungen 1959 in den Illustrated London News und ermunterte so auch die türkischen Behörden, der Sache nachzugehen. Man konnte aber weder Frau Papastrati, noch die Adresse oder gar ein Teil des Schatzes finden. So beschuldigte man Mellaart, den Schatz außer Landes geschmuggelt zu haben und entzog ihm die Grabungslizenz.

Warum die türkischen Behörden diese Sache so ernsthaft betrieben, ergibt sich aus Mellaarts eigenem Bericht. Schon der Materialmix der Artefakte war fantastisch. Im Schatz waren feine Figuren aus Silber, Bronze oder Bernstein enthalten, dazu einige herrlich geschmückte Schwerter und das alles mit Gold und Silber verziert. Die kleinen Schwerter waren am Griff überaus reichlich mit Schmuckstücken Obsidian, Bergkristall, Lapislazuli und Karneol ausgestattet. Eines hat sogar einen Elfenbeingriff mit einer Karneolverzierung, die ein achtspitziges Kreuz bildet. Das ist heute als Malteserkreuz[7] bekannt und eher im christlichen Kontext zu finden.

Ungewöhnlich ist auch der beschriebene Erhaltungszustand der Objekte. Selbst bei den nur etwa handgroßen Figuren schien nach 4500 Jahren der filigrane Goldschmuck noch vollständig erhalten (s. Abb. 2.2).

All das machte Mellaarts „Schatz" zu einer abenteuerlichen Geschichte.

Die von Mellaart in Çatalhöyük ausgegrabenen Obsidianspiegel sind jedoch real. Auch der britische Archäologe Ian Hodder[8], der nach Mellaarts Abgang ab 1993 die Grabungen leitete, fand Obsidianspiegel (s. Abb. 2.3).

Das erstaunliche an den steinernen Zeitzeugen ist, dass diese noch nach ca. 6000 Jahren immer noch spiegeln und damit nach der ursprünglichen Absicht funktionieren. Der in Abb. 2.4 dargestellte Obsidianspiegel gibt deutlich das Bild der Betrachterin wieder. Allerdings ist Obsidian kein Stein im eigentlichen Sinne. Obsidian ist natürliches Glas, das mitunter bei der Abkühlung von Vulkanlava

---

[5] Nach einem Artikel aus „Ancient Origins": „The Posthumous Disgrace of the Dark Master of Archaeological Hoaxes" [4].

[6] Zwischen 3400 u. 2100 v. Chr., in der Nähe des Schliemannschen Troja gelegen.

[7] Die Malteser halten sich an die acht Tugenden aus der Bergpredigt des Matthäus-Evangelium; die Form des Kreuzes wurde vermutlich von den Kreuzrittern übernommen. Das Kreuz symbolisierte bei den Rittern eher die vier Kardinaltugenden Klugheit, Gerechtigkeit, Tapferkeit und Maßhaltung.

[8] Ian Richard Hodder (geb. 1948), britischer Archäologe.

Abb. 2.2 Figuren aus dem „Schatz von Dorak", Zeichnungen von James Mellaart (1958), aus [6], mit freundlicher Genehmigung der Mary Evans Library

Abb. 2.3 Ian untersucht einen Obsidianspiegel, Jason Quinlan (2012), Catalhoyuk Research Project, mit freundlicher Genehmigung von Prof. Ian Hodder, Stanford University

entsteht. In Çatalhöyük verwendete man schwarzen Obsidian, der vermutlich aus dem ca. 200 km entfernten Taurusgebirge stammt.

Die Steinzeit setzt man nicht unbedingt mit hochentwickelter Technik und optischer Fertigung gleich. Daher stellt sich die Frage, ob und wie diese Spiegel von den damaligen Menschen hergestellt sein könnten. Das vulkanische Glas des Obsidians hat immerhin eine Mohshärte[9] von etwa 5 bis 5,5 und lässt sich nur mit härterem Material bearbeiten.

Der amerikanische Physiker Vedder beschäftigte sich intensiver mit diesen Spiegeln und erprobte Ende der 1990er Jahre die Möglichkeit zu deren Herstellung experimentell. Vedder fertigte also mit den Mitteln der Steinzeit[10] einige

---

[9] Härteskala nach Friedrich Mohs (1773–1839); Mohs beschreibt in seinem Grundriß der Mineralogie [7] 10 Grade der Härte „…und das Verfahren, sie zu bestimmen".

[10] Z. B. Granit, Quarzit, Sandstein, Schiefer, Marmor, Sand, feinkörniger Stein, Ton oder Holzasche.

Abb. 2.4 An obsidian mirror found in the north area, Jason Quinlan (2012), Catalhoyuk Research Project

Obsidianspiegel. Grundsätzlich gelang die Politur recht ordentlich und Vedder erhielt nach eigener Auskunft gute Spiegelbilder (s. a. Abb. 2.6). Allerdings gerieten die Oberflächen immer ein wenig konvex. Vedder berichtete dazu, auch die in Çatalhöyük gefundenen und von ihm im Museum begutachteten Spiegel seien leicht konvex gewesen [8]. Die Begründung dafür liegt nach Vedder in der mechanischen Fertigung, da beim rotatorischen oder linearen Schleifen unbewusst und scheinbar zwangsläufig an den Rändern des Spiegelrohlings ein höherer Druck als an in der Mitte aufgewendet wurde. Dadurch fallen die Ränder zur Seite ab und der Spiegel wird ein wenig konvex. Vedder hatte diese Beobachtung an den Spiegel in Çatalhöyük überprüft und an mindestens zwei der Spiegel im Konya-Museum den erwarteten Effekt visuell bestätigt bekommen.

Interessant ist nun, wie sich die konvexe Oberfläche auf die Abbildung auswirkt. Eine polierte konvexe Oberfläche entspricht einem Wölb- bzw. Zerstreuungsspiegel, wie man heute mitunter an unübersichtlichen Straßenkreuzungen findet. Der Blickwinkel ist größer als bei einem Planspiegel, dafür ist das Bild verkleinert. Hier überlagern sich zwei Effekte gleichzeitig. Eine weitgehend konzentrische Verzeichnung geht mit einer Verkleinerung der Objekte einher. Beispielhaft ist das in Abb. 2.5 an einer fiktiven Szene vor 8000 Jahren dargestellt. Eine

2.1 Spiegel der Steinzeit

Abb. 2.5 Lisar in Çatalhöyük, Montage[11] und Bildverarbeitung Grasnick (2021)

steinzeitliche Frau steht vor der Siedlung Çatalhöyük auf einer Anhöhe. Die abgebildete Frau ist „Lisar", die anthropologische Nachbildung[12] einer neolithischen Töpferin[13]. Auf der linken Seite im Bild sieht man die Abbildung über einen Planspiegel. Auf der rechten Seite ist der Blick auf den konvexen Obsidianspiegel illustriert. Durch die leicht konvexe Oberfläche entsteht eine Wirkung, wie bei der Nutzung einer kürzeren Brennweite in der Fotografie. Der Bildwinkel wird größer. Dadurch wird wie bei einem Weitwinkelobjektiv ein größerer Bereich der Szene eingefangen, dafür erscheinen die Objekte etwas kleiner. Das kann man recht gut an den Häusern im Hintergrund sehen. Weiterhin fällt die zunehmende Verzeichnung auf. Das Bild ist leicht tonnenförmig verzerrt.

Der Effekt wurde in der Bildverarbeitung etwas übertrieben. Aber selbst in der Übertreibung kann man sehen, dass die geometrische Verzeichnung durch eine leicht konvexe Spiegelfläche absolut vertretbar ist.

Polierter Obsidian hat nur einen geringen Reflexionsgrad von etwa 4,5–5 %, was im Vergleich zu einem Silberspiegel (mit ca. 95 %) sehr gering ist. Trotzdem gibt der Spiegel bei ausreichend heller Beleuchtung ein gutes Bild. Vit und Rappenglueck gingen wie Vedder von der Fertigung des Spiegels aus und schlussfolgerten, dass die Gegenfläche des Spiegels nach dem Schleifen auch die gegenläufige Krümmung haben müsste [12]. Folgt man den praktischen Vorschlägen und beginnt mit zwei Obsidian-Planflächen, so wird am Ende des Schleifprozesses

---

[11] Im Hintergrund ein veränderter Ausschnitt einer künstlerischen Interpretation von Dan Lewandowski [11], im Vordergrund eine Fotografie der Lisar im Museum für Steinzeit und Gegenwart im Kastenhof Landau an der Isar von Manuel Birgmann.

[12] Erstellt von den Niederländern Adrie und Alfons Kennis auf Basis des 3D-Scans des Schädels [9, 10].

[13] Die Überreste der Frau wurden 2014 bei Bauarbeiten im bayerischen Essenbach bei Bauarbeiten gefunden. Aus der DNA ließen sich Augen-, Haar- und Hautfarbe rekonstruieren.

der eine Spiegel konvex, der andere Spiegel dagegen konkav werden. Dieses unbeabsichtigte Resultat kann auch absichtlich erzeugt werden. Vit und Rappenglueck erstellten einen Spiegel, der eine Brennweite von mehr als zwei Metern aufweist und konnten so ein einfaches Spiegelteleskop Herschel'scher Bauart (s. hierzu auch [13]) demonstrieren. Dabei wird nur ein einziger Spiegel verwendet, was bei einem Obsidianspiegel mit geringem Reflexionsgrad sinnvoll erscheint. Nutzte man einen zweiten Spiegel als Fangspiegel, würde auch der zweite Spiegel mit 5 % reflektieren, wodurch sich der Gesamt-Reflexionsgrad auf nur noch 0,25 % reduziert. Damit könnte man durchaus die Sonne beobachten[14], für eine Beobachtung des Mondes wäre ein solches Instrument jedoch ungeeignet. Um die Abbildung an einem einzigen Spiegel direkt ohne zusätzlichen Ablenkspiegel oder Okular[15] beobachten zu können, wird der Spiegel ein wenig aus der optischen Achse geneigt. Dadurch kann ein seitlich stehender Beobachter das vergrößerte Objekt über den Spiegel direkt betrachten. Befindet sich der Beobachter innerhalb der Brennweite des Spiegels, kann er ein vergrößertes Bild wahrnehmen. Der Spiegel würde in diesem Fall als Vergrößerungsspiegel funktionieren.

Es konnte bislang nicht nachgewiesen werden, dass die Çatalhöyükianer solche Spiegel zu Mond- oder Sternenbeobachtung eingesetzt hatten. Möglich wäre es aber mit der damals bekannten Technik gewesen.

2.2 Nofretete im Bronzespiegel

Bereits mit der Gründung der 1. Dynastie Alt-Ägyptens durch den ersten Pharao Menes um 3000 v. Chr. wird der Sonnengott Re verehrt. Spätere Pharaonen führten den Beinamen „Sohn des Re". Re wird in späteren Pyramidentexten mit der Verschmelzung mit Atum[16] zur maßgeblichen Gottheit Ägyptens. Eine verbreitete Hieroglyphe zeigt das Auge des Re als Spiegelung des linken Auges von Horus[17]. In der Abbildung 2.7 ist das Auge des Re identisch mit dem des Horus und damit sowohl auf der linken Seite als auch auf der rechten Seite (Abb. 2.7).

---

[14] Wobei für die Sonnenbeobachtung mit bloßem Auge ein Sonnenfilter mit einer optischen Dichte von mindestens 5 (0,001 % Transmission) empfohlen wird (siehe hierzu auch DIN EN ISO 12312–2 [14] bzw. „Physical and Visual Evaluation of Filters for Direct Observation of the Sun" [15]).

[15] Wenngleich Herschel in seinen Teleskopen durchaus Okulare einsetzte (vgl. [16, 17]).

[16] Horus war ein altägyptischer Hauptgott und Sohn des Atum (auch Atem) oder Re. Atum war der eigentliche Urgott, im Londoner „Papyrus Greenfield" aus der 21. Dynastie (ca. 950 v. Chr.) [18] der für alles Mögliche gepriesen wird (z. B. Herr des Himmels, der Erde, der Schöpfer). Interessant ist hier vor allem die Aussage, dass er „…sich selbst erschaffen hat…", womit er der Beginn von Allem sein muss. Hinweise zur Einheit von Ra und Atum finden sich u. a. in den Pyramidentexten (s. a.[19]).

[17] Der häufig als Falke oder mit Falkenkopf dargestellte Himmels-, Kriegs- oder Lichtgott, ein Hauptgott des Alten Ägypten.

Abb. 2.6 Die Darstellung eines Schiffs auf einer zypriotischen Vase wird deutlich in einer polierten Obsidianoberfläche reflektiert. James Forrest Vedder (2001), aus [8]

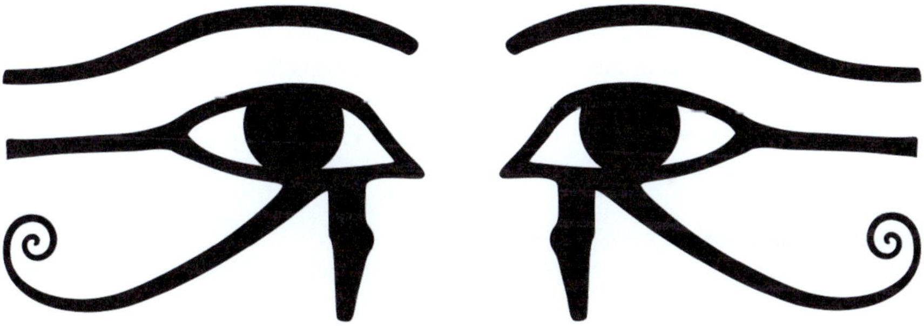

Abb. 2.7 Die Augen von Re und Horus, Armin Grasnick (2023), basierend auf Jeff Dahl (2007), WikimediaCommons CC BY-SA 4.0

Der Sonnengott Re

Der altägyptische Sonnengott ist allgemein unter dem Namen „Re" bekannt. Eine andere verbreitete Bezeichnung ist „Ra". Allerdings soll hier das „moderne", koptische Re verwendet werden. Die Modernität bezieht sich auf die Tatsache, das koptisch diejenige Sprache war, die in Ägypten vom ersten bis hinein ins 17. Jahrhundert gesprochen wurde und auch die Sprache der ägyptischen christlichen Kirche war.

Re war der altägyptische Sonnengott und eine der wichtigsten Gottheiten im ägyptischen Pantheon[18]. Er galt als Schöpfer der Welt und Spender des Lebens und wurde als Quelle von Licht, Wärme und Vitalität verehrt. Re wurde auch mit Ordnung, Gerechtigkeit und dem Sieg

---

[18] Ein Pantheon beschrieb in der Antike eine Heiligtum, das allen Göttern geweiht war.

über das Chaos in Verbindung gebracht und oft als falkenköpfiger Mann dargestellt, der in einem Sonnenboot über den Himmel reiste. Der Kult um Re war im gesamten alten Ägypten weit verbreitet, und er wurde unter vielen verschiedenen Formen und Namen verehrt, darunter Atum, Khepri und Ra-Horakhty. Re war auch mit den Pharaonen verbunden, die als seine irdischen Vertreter galten und sein Kult war eng mit der politischen und religiösen Macht des Staates verbunden.

Die Verehrung von Re spielte eine zentrale Rolle im religiösen Leben der alten Ägypter und seine Feste und Zeremonien gehörten zu den wichtigsten Ereignissen des religiösen Kalenders. Speise-, Weihrauch- und andere Opfergaben wurden Re dargebracht, um sich seine Gunst zu sichern und seine Tempel waren wichtige Zentren der Wallfahrt und der religiösen Verehrung.

Das Horusauge, auch bekannt als das „Auge des Re", ist ein altägyptisches Symbol für Schutz, königliche Macht und gute Gesundheit. Es findet sich schon im Papyrus Ebers[19], einem der frühesten medizinischen Lehrbücher im alten Ägypten, wo es mit dem Gott Thoth, dem Gott der Weisheit, der Schrift und der Heilung, in Verbindung gebracht wurde.

Georg Ebers[20] bezeichnete seine deutsche Übersetzung des Papyrus Ebers als „Das hermetische Buch über die Arzneimittel der alten Ägypter" [20]. Dieser Titel ist etwas irreführend, da der Papyrus Ebers üblicherweise nicht zu den Hermetischen Büchern gezählt wird und keine esoterischen oder philosophischen Lehren enthält. Es ist nicht ganz klar, warum Ebers den Begriff „hermetisch" im Titel seiner Übersetzung verwendet hatte. Möglicherweise hatte Ebers den Begriff in einem allgemeineren Sinne verwendet, um sich auf altes Wissen oder Weisheit zu beziehen. Vielleicht hat er den Begriff aber auch gebraucht, das Interesse an seiner Übersetzung zu steigern, da die Hermetischen Bücher zu seiner Zeit recht beliebt waren. Unabhängig von Ebers' Gründen für die Verwendung des Begriffs ist der Papyrus Ebers ein eher medizinischer Text.

Hermetische Bücher
Die „Hermetischen Bücher" sind eine Sammlung von Texten, die dem altägyptischen Gott Thoth zugeschrieben werden, der im Griechischen auch als Hermes Trismegistus bekannt ist. Diese Texte, die auf Griechisch verfasst und später in andere Sprachen übersetzt wurden, bilden die Grundlage der hermetischen Philosophie und gelten als einige der frühesten Ausdrucksformen esoterischen oder mystischen Denkens in der westlichen Tradition.

Die genaue Anzahl der hermetischen Bücher ist nicht ganz klar. Einige Quellen gehen davon aus, dass die ursprüngliche Sammlung 42 umfasste[21], andere wiederum vermuten, dass es mehr oder weniger waren. Die Bücher sollen Weisheit und Wissen zu einer Vielzahl von Themen enthalten, darunter Magie, Alchemie, Astrologie, Medizin und Ethik. Die hermetischen Bücher wurden in der Antike ausgiebig studiert und hatten einen bedeutenden Einfluss auf die spätere

---

[19] Benannt nach dem Ägyptologen Ebers, der diesen altägyptischen Papyrus erwarb und als das „Hermetische Buch über die Arzeneimittel der alten Ägypter" kommentiert herausgab ([20, 21]).
[20] Georg Moritz Ebers (1837–1898), deutscher Ägyptologe und Schriftsteller, Vertreter des sogenannten „Professorenromans".
[21] Z. B. berichtet Clemens von Alexandria, auch Titus Flavius Clemens (150–215) in der Textsammlung „Stromata" von 42 Schriften([22], S. 758).

2.2 Nofretete im Bronzespiegel

Entwicklung der esoterischen und mystischen Traditionen im Westen. Sie wurden auch ins Arabische übertragen, wo sie eine Rolle bei der Entwicklung der islamischen Alchemie und Wissenschaft spielten.

Auch heute noch sind die Hermetischen Bücher für Schüler der Philosophie und vor allem für Anhänger des Okkulten von Interesse. Viele moderne esoterische Bewegungen berufen sich auf eine Verbindung zur hermetischen Tradition. Die Authentizität und historische Genauigkeit der hermetischen Bücher ist jedoch weithin umstritten. Sie gelten heute eher hellenistisch-römisches Produkt, denn als Ausdruck altägyptischer Weisheit.

Das Symbol des Auges des Re hat seine Wurzeln in der altägyptischen Mythologie. Im Laufe der Zeit wurde das Symbol des Auges des Re mit dem Gott Horus in Verbindung gebracht, der oft mit einem Auge auf der Stirn dargestellt wurde. Die Verbindung zwischen den Augen des Re und denen des Horus entwickelte sich wahrscheinlich im Laufe der Zeit, da verschiedene Götter mit dem gleichen Symbol assoziiert, aber mit verschiedener Bedeutung und Symbolik belegt wurden. Die Vorstellung vom Auge als mächtiges Symbol für Schutz und Stärke wurde Teil der Mythologie. Man glaubte, dieses Auge besäße Schutz- und Heilkräfte und wirke sich so positiv auf Gesundheit und das Wohlergehen aus.

Das Auge des Horus ist häufig auf ägyptischen Statuen und Kunstwerken zu sehen, wo es als stilisiertes Auge dargestellt wird. In diesem Auge stehen verschiedene Teile für die unterschiedlichen Sinne. Das Auge des Horus wurde in der altägyptischen Kunst je nach Art des Objekts, auf dem es abgebildet war, durch verschiedene Materialien dargestellt. Einige gängige Materialien für die Darstellung des Auges des Horus waren vermutlich Stein, Fayence, Glas oder sogar Gold. Vermutlich werden jedoch Materialien verwendet worden sein, die sich gut polieren lassen und so eine deutliche Ähnlichkeit mit menschlichen oder tierischen Augen zeigten. Es ist heut kaum festzustellen, ob oder wie viele altägyptische Statuen ein derartiges Auge aus wertvollen Materialien hatten. Man darf annehmen, dass diese im Laufe Jahrtausende beschädigt, zerstört oder noch wahrscheinlicher gestohlen wurden. Die Informationen über die Materialien, die zur Herstellung altägyptischer Artefakte verwendet wurden, sind lückenhaft.

Das Verfahren zur Herstellung einer polierten, gekrümmten Oberfläche für das Auge des Horus in der altägyptischen Kunst wurde wahrscheinlich durch eine Kombination von Steinmetztechniken und Polieren mit Schleifmitteln erreicht. Der erste Schritt zur Schaffung einer polierten, gekrümmten Oberfläche bestand darin, die gewünschte Form mit Meißeln, Hämmern und anderen Werkzeugen aus einem Steinblock zu formen. Ein Steinmetz könnte so die gewünschten Konturen und Kurven erschaffen haben. Nachdem die Grundform des Auges gefertigt war, sollte die Oberfläche grob geschliffen worden sein, um raue oder unregelmäßige Stellen zu entfernen. Dieser Prozess kann mit natürlichen abrasiven Materialien wie grobem Sand oder feinem Kies erfolgen. Je feiner das Schleifmittel gewählt wird, umso glatter wird auch die Oberfläche. Zum Feinschleifen könnte noch feinerer Sand oder auch Bimsstein genutzt werden. Zum Polieren auf Hochglanz nutze man damals auch Tripoli.

Das Ergebnis wäre eine hochglanzpolierte, gewölbte Oberfläche gewesen, die das Licht gleichmäßig reflektierte.

Tripoli

Tripoli ist ein weiches Poliermittel, das sich gut für das Feinpolieren eignet. Es ist ein natürlich vorkommendes Gemisch, welches aus winzigen, kantigen Partikeln aus Kieselsäure, Feldspat und anderen Mineralien besteht. Es wurde als feines Schleifmittel in verschiedenen Handwerken verwendet, in der Metall- und Holzbearbeitung und diente sicherlich auch als Poliermittel bei der Herstellung von altägyptischer Kunst.

Die Weichheit des Poliermittels ermöglicht es, Kratzer und andere Unebenheiten von einer Oberfläche zu entfernen, ohne selbst tiefe Kratzer zu hinterlassen. Dies machte ihn besonders nützlich in den letzten Phasen des Polierens von Gegenständen, bei denen eine glatte, hochglänzende Oberfläche gewünscht war.

Namensgebend ist wahrscheinlich die Region um Tripolis im heutigen Libyen, wo es damals gewonnen und auch heute noch abgebaut wird. Tripoli war in der antiken Welt weit verbreitet und wurde von Handwerkern verschiedener Kulturen verwendet.

Trotz der weit verbreiteten Verwendung moderner synthetischer Poliermittel wird Tripoli auch heute noch verwendet, insbesondere von denen, die auf künstliche Produkte verzichten möchten.

Es kann angenommen werden, dass ein ägyptisches Horusauge eine charakteristische und erkennbare gekrümmte Form hatte. Die genaue Krümmung des Objekts kann je nach Darstellung variieren, aber typischerweise wird es mit einer deutlichen Ausbuchtung in der Mitte und einer eher runden, konkaven Form dargestellt.

Auch ein noch so gut poliertes Auge eignet sich kaum, um sich darin zu betrachten. Spiegel spielten aber im alten Ägypten eine bedeutende Rolle und wurden vielseitig sowohl im privaten als auch öffentlichen Leben genutzt. Archäologische Funde und Darstellungen in der ägyptischen Kunst zeugen von der allgegenwärtigen Präsenz von Spiegeln in der alltäglichen Lebenswelt. Das Project „Artefacts of Excavation" der Universität Oxford [23], das versuchte, die über verschiedene Museen weltweit verteilten Artefakte der britischen Ausgrabungen der Jahre 1880–1980 zu katalogisieren, enthält auch einige Einträge über ägyptische Spiegel. Diese werden zum Teil bereits der 6. Dynastie des Alten Reiches (2345–2184 v. Chr.) zugeordnet. Ein solcher Spiegel lässt sich im Pitt Rivers Museum betrachten [24]. Spätestens ab der 11. Dynastie um 2000 v. Chr. zeigen Reliefs auch Abbildungen von Spiegeln im täglichen Gebrauch. Im Grab der Kawit ist auf deren Sarkophag eine solche Szene dargestellt. Ein Diener frisiert die Haare der Königin[22], die einen Spiegel in der einen Hand und in der anderen eine Schale mit Milch hält ([25], S. 220). Neben verschiedenen Abbildungen fanden sich auch echte Spiegel, z. B. in den Gräbern der Frauen von Thutmosis III[23] (s. z. B. [26]). Damit kann als gesichert gelten, dass auch Nofretete[24] „die Schöne"[25], die mit

---

[22] Zumindest soll sie eine der Ehefrauen von Mentuhotep II (um 2061–2010 v. Chr.), Pharao der 11. Dynastie, gewesen sein.

[23] Thutmosis III. (um 1486–1425 v. Chr)., Pharao der 18. Dynastie.

[24] Nofretete, auch Nefertiti, Ehefrau des Pharaos Echnaton.

[25] Nicht nur dem Aussehen nach, wie Baikie schon 1926 begeistert schrieb („Nofretete selbst muss eine ungewöhnlich schöne und anmutige Frau gewesen sein", aus [27] S. 293) und Tyldesley noch heute mehrfach beteuert [28], sondern auch dem Namen nach. Nefertiti hat auch die Bedeutung „die Schöne ist gekommen".

dem späteren Pharao Echnaton[26] verheiratet war, einen Spiegel besaß. Die Mehrheit der bis heute aufgefundenen ägyptischen Spiegel bestanden aus polierter Bronze oder Kupfer, während der Griff oft aus Holz, Elfenbein oder Metall gefertigt wurde. Diese Griffe waren in vielen Fällen aufwendig verziert.

2.3 Biblische Spiegel

Nimmt man an, dass für die biblische Figur des Moses der Vizekönig der ägyptischen Provinz Kusch zu Zeiten des Pharao Merenptah[27] als Vorbild diente[28], dann kann der Exodus nicht vor dem 12. vorchristlichen Jahrhundert stattgefunden haben. Obgleich diese Erzählung vermutlich nicht auf einem einzelnen Ereignis, sondern auf einer Reihe von historischen Schilderungen beruht [30], können tatsächliche Auseinandersetzungen mit ägyptischen Herrschern durchaus zu dem Auszugs-Narrativ beigetragen haben. Finkelstein und Silbermann verweisen auf starke Parallelen zu dem Konflikt zwischen Pharao Necho II.[29] und Josia[30] [31], der im 7. Jahrhundert v. Chr. stattgefunden hatte und damit als eine mögliche historische Vorlage gelten könnte. Unabhängig vom konkreten Zeitpunkt und der Schwierigkeit, einen unzweifelhaften Beleg zu erlangen, liegen all diese Geschehnisse vor dem vermuteten Erstellungsdatum der Exodus-Geschichte im 6. Jhdt. v. Chr. In dieser Zeit waren die ägyptischen Spiegel bereits alltäglich. „Der HERR sprach zu Mose: Verfertige ein Becken aus Kupfer und ein Gestell aus Kupfer für die Waschungen und stell es zwischen das Offenbarungszelt und den Altar; dann füll Wasser ein!" (2. Mose 30,17 [32]). Moses beauftragte also die Kunsthandwerker Bezalel und Olihab mit der Errichtung der Stiftshütte[31]. Der Auftrag wurde ausgeführt (2. Mose 38,8 [34]):

„Und er machte das Becken aus Bronze und sein Gestell auch aus Bronze von den Spiegeln der Frauen, die vor dem Eingang der Stiftshütte Dienst taten."

Das Becken dient der Waschung der Priester vor dem Eintritt in die Stiftshütte und bestand nicht nur aus dem Material der Spiegel, sondern war durch das eingefüllte Wasser selbst zum Spiegel geworden.

---

[26] Echnaton, geb. als Amenophis IV, regierte von ca. 1351–1334 v. Chr. Als Pharao der 18. Dynastie.
[27] Der als Pharao der 19. Dynastie von 1213–1204 v. Chr. regierte.
[28] Wie zumindest der Ägyptologe Krauss vermutet [29].
[29] Necho II., Pharao der 26. Dynastie von 610–595 v. Chr.
[30] Auch Joschija, (um 647–609 v. Chr.), König von Juda.
[31] Ein zerlegbares und transportables Zeltheiligtum [33].

Kupfer oder Bronze?
Auf den ersten Blick hat Moses den Auftrag offenbar nicht vollständig erfüllt. Obwohl ein Kupferbecken gefordert wurde, entstand es schließlich aus den Bronzespiegeln der Frauen. Im Hebräischen wird das Wort „nechosheth"[32], sowohl für Kupfer als auch für Bronze verwendet. Kupfer war zur Zeit der judäischen Könige preiswert und reichlich vorhanden. Echte Bronze hingegen ist eine Legierung von Kupfer und Zinn, jedoch immer mit dem Hauptbestandteil Kupfer. Daher ist es wahrscheinlich, dass die jeweilige Verwendung von Bronze oder Kupfer in der Lutherbibel eine Frage der Übersetzung ist. Für den Kontext spielt es keine Rolle, wie hoch der Zinnanteil im Kupfer gewesen ist und ob man das aus heutiger Sicht als Bronze bezeichnen kann.

Vermutlich werden die meisten der im biblischen Text erwähnten Gegenstände aus Bronze gefertigt gewesen sein. Dies entspräche auch den bisher aufgefundenen antiken Artefakten jener Zeit und kann dem Stand der Fertigung der vorchristlichen Zeit zugeordnet werden [35].

In der Bibel ist an mehreren Stellen die Rede von Spiegeln, sodass angenommen werden kann, dass diese allgemein bekannt und gebräuchlich waren. In einer Stelle bei Jesaja findet sich aber auch ein Bezug zur Eitelkeit und eine deutliche Strafandrohung (Jesaja 3, 23 [36]).

„Weil die Töchter Zions stolz sind und gehen mit aufgerecktem Halse, mit lüsternen Augen, trippeln daher und tänzeln und klimpern mit den Spangen an ihren Füßen, deshalb wird der Herr den Scheitel der Töchter Zions kahl machen, und der HERR wird ihre Schläfe entblößen. Zu der Zeit wird der Herr den Schmuck der Fußspangen wegnehmen und die Stirnbänder, die kleinen Monde, die Ohrringe, die Armspangen, die Schleier, die Hauben, die Fußkettchen, die Gürtel, die Riechfläschchen, die Amulette, die Fingerringe, die Nasenringe, die Feierkleider, die Mäntel, die Tücher, die Täschchen, die Spiegel, die Hemden, die Kopftücher, die Überwürfe. Und es wird Gestank statt Wohlgeruch sein und ein Strick statt eines Gürtels und eine Glatze statt lockigen Haars und statt des Prachtgewandes ein Sack, Brandmal statt Schönheit."

2.4 Griechische Katoprik

Im antiken Griechenland wurde die Optik weitestgehend vom Standpunkt der Philosophie betrachtet. Etwa zu der Zeit, als die Bücher des Alten Testaments abgefasst wurden, wirkte in Griechenland der Philosoph Pythagoras von Samos[33]. Da Pythagaros keine eigenen Texte hinterlassen hat, existieren zu seinem Leben wenige verlässliche Quellen, dafür viele Legenden und Zuschreibungen. Viele der heutigen „Gewissheiten" verdanken wir dem Iamblichos[34], der allerdings erst etwa 750 Jahre nach Pythagors Tod geboren wurde und sicher nicht als Zeitzeuge gelten kann. Iamblichos berichtet, dass Pythagoras in seiner Jugend unter anderem auch Ägypten bereist habe [37]. Bei diesen Reisen ist es wahrscheinlich, dass Pythagoras auch mit dem uralten Wissen der Ägypter in Berührung kam. Ob es sich dabei

---

[32] Auch nehoshet.
[33] Pythagoras von Samos (570–510 v. Chr.), griechischer Philosoph und Mathematiker, Gründer einer philosophischen Schule.
[34] Iamblichos von Chalkis (um 240–325 n. Chr.), griechischer Philosoph unfd Neuplatoniker.

2.4 Griechische Katoprik

so abgespielt hat, wie in der unterhaltsamen Darstellung von Maréchal, kann bezweifelt werden. Hier erzählt Pythagoras selbst von seinen Reisen und trifft in der Schule von Memphis auf Oenopheus[35], einen Tempelpriester dritter Klasse, der ihn in die Geheimnisse von Heliopolis[36] einweiht und ihm von dem Sonnentempel erzählt (aus [39][37], S. 491).

> „Die Sonne selbst erfüllt ihren Tempel mit ihrem ganzen Glanze. Ihre, durch eherne Brennspiegel vervielfältigten Strahlen, bedecken den Altar, mitten unter den Wolken des unaufhörlichen dampfenden Weihrauchs mit Lichtströmen. Ein Spiegel, der größer als all übrigen, und von runder Gestalt ist, nimmt den Hintergrund des Sanktuariums ein, und stellt das Auge der Welt, oder die Sonne vor."

Pythagoras wird bei Laertios[38] eine Befassung mit dem Wesen des Lichts und des Sehens zugeschrieben. Die Sonnenstrahlen dringen dabei durch die kalten und dichten Äther (Luft und Wasser). Die Wahrnehmung erfolgt dann durch das Sehen durch Luft und Wasser ([41] S. 106). Wörtlich genommen, könnte daraus die höhere Brechzahl des dichteren Äthers interpretiert werden.

Die Schüler des Pythagoras entwickelten eine sehr langlebige Theorie, nach der das Auge selbst einen warmen Sehstrahl aussendet, der beim Auftreffen auf ein kühles Objekt einen Stoß verspürt. Dieser merkliche Stoß führt zur Wahrnehmung des Gegenstandes, vergleichbar mit dem Betasten mit einem Stock.

Anaxagoras schrieb das Feuer nicht nur dem Auge zu, sondern erkannte überdies, dass die Sonne aus heißer Materie bestand. Er erklärte die Naturereignisse auf eine mechanistische Art und grundsätzlich bestehend aus den vier Elementen Erde, Feuer, Wasser und Luft, die verschiedener Mischung auftreten und durch ihre elementaren Eigenschaften wirken. Die Empfindung entsteht bei Anaxagoras durch das Entgegengesetzte, wodurch Gleiches nicht wahrgenommen werden kann ([42] S. 330). Auch hier beginnt die Wahrnehmung durch die unterschiedliche Beschaffenheit der Objekte, was tatsächlich eine starke Logik in sich birgt. Fügt man einen Tropfen Wasser zu einem mit Wasser gefüllten Glas hinzu, so wird dieser unmöglich von dem Inhalt zu unterscheiden sein. Ist der Tropfen aber von unterschiedlicher Beschaffenheit, zum Beispiel aus dunklem Öl, so wird dieser wahrnehmbar. Bei Anaxagoras durchdringen die Rückwirkungen der Dinge allerdings die Sinnesorgane selbst und die Wahrnehmung entsteht erst durch das Empfinden des Verhältnisses von Ding und Organ zueinander. Die Ursache der Empfindung soll darauf zurückgeführt werden, dass die entgegengesetzte Beschaffenheit bemerkt werden kann, durch Erfüllung des Einen und den Mangel an Anderem. In Konsequenz führt diese Form der Wahrnehmung neben dem Erkenntnisgewinn je nach Verhältnis auch zur gleichzeitig gegensätzlichen Wahrnehmung eines gewissen Missvergnügens.

---

[35] Dieser wird bei Plutarch als ägyptischer Priester und Lehrer des Pythagoras genannt [38].
[36] Die Sonnenstadt der Pharaonen.
[37] Dt. Übersetzung des frz. Originals des Poeten und Revolutionärs Maréchal [40].
[38] Diogenes Laertios, auch lat. Laertius (3. Jhdt. n. Chr.), griech. Historiker.

Diese sehr anthropozentrische[39] Anschauung kollidiert jedoch mit der Tatsache, dass auch selbstleuchtende Körper Strahlen aussenden und angestrahlte Objekte im Hellen deutlicher erkannt werden [43]. Und müssten nicht auch die vom Auge ausgesendeten Lichtstrahlen wie die Sonne Schatten werfen?

Empedokles[40] versuchte diese Probleme zu verringern und begann zunächst mit dem bekannten Teil der Sehstrahlen, in dem er das Auge mit einer Laterne verglich. Jedoch trifft das im Auge eingeschlossene und über die Sehstrahlen nach außen dringende „Feuer" nicht direkt auf die zu sehenden Objekte. Die Sehstrahlen kollidieren auf ihrem Weg nach außen mit den Ausflüssen der Körper, die von denen ausgehen. Die Vermischung der Sehstrahlen mit dem von den Körpern ausgesendetem Licht in eine gemeinsame Theorie, die später als Zusammenstrahlung oder „Synaugie" bezeichnet werden sollte und sich bis auf Plutarch erhielt ([44] S. 372). Die Fühlstrahlen des Auges treffen auf die Ausflüsse der Körper und werden durch das Auftreffen erschüttert, was letztlich zu der Sehempfindung führen soll. Dass Empedokles Theorien in der Antike so einflussreich waren liegt nicht nur an seinem naturphilosophischen Werk, sondern auch an seinem Wirken als Mediziner und Politiker. Aristoteles soll ihn als Erfinder der Rhetorik bezeichnet haben ([45] S. 79).

Es ist nicht bekannt ob Sokrates den Anaxagoras je getroffen hat, zumindest wird behauptet, der Archelaos, ein Schüler des Anaxagoras, sei ein Lehrer des Sokrates gewesen ([41] S. 69). Sokrates hatte vermutlich großen Einfluss auf seinen Schüler Platon und dessen philosophisches Denken. Dasjenige, was von Sokrates bekannt ist, stammt aus dem Werk seiner Schüler. Platon verfasste einen Dialog, in dem Phaidon mit Sokrates auch über das Wesen der Sinne und Wahrnehmung diskutiert. Sokrates erwähnt unter anderem, dass er glaubte, in Anaxagoras einen Lehrer gefunden zu haben, weil ihm dessen Verknüpfung von Naturphilosophie und Vernunfterkenntnis vielversprechend erschien ([46] S. 99). Schließlich wendet sich Sokrates enttäuscht ab (aus [46] S. 100).

> „Welche Enttäuschung also, als ich bei fortschreitendem Lesen sehe, dass der Mann von der Vernunft gar keinen Gebrauch macht und ihr nicht die geringste Ursächlichkeit für die Anordnung der Dinge zuschreibt, sondern Luft und Äther und Wasser als Ursachen anführt und noch viele andere ungereimte Sachen."

Platon schloss sich eher der Idee des Empedokles an, da die alleinige Lehre der Fühlstrahlen einige Probleme bei der Erklärung des Sehens bereitete. Die pythagoreische Sehtheorie ließ den Sehprozess als eine Wahrnehmung ohne den Einfluss der Beleuchtung erscheinen. Auch Platon beginnt mit dem inneren Licht des Auges, dass permanent aus dem geöffneten Auge strahlt. Allein, das „Befühlen" der Dinge mit den Sehstrahlen übt noch keine wahrnehmende Wirkung aus. Auch hier ist es notwendig, dass von den Objekten selbst etwas Entgegenkommendes

---

[39] Menschzentrierte.
[40] Empedokles (495–435 v. Chr.), griechischer Naturphilosoph und Redner.

2.4 Griechische Katoprik

austrat. Wenn das Feuer des Auges mit der Ausströmung des Gegenstands in Richtung der Augen in Berührung kommt, so wird eine Empfindung erzeugt, die als „Sehen" bezeichnet wird. Dadurch, dass in der Nacht das dem Feuer des Auges verwandte Feuer eines unbeleuchteten Gegenstands nicht ausströmt, kann es keine Verbindung zu den Augen aufnehmen und es ist nicht zu sehen ([47] S. 44–45). Platon geht dort auch auf die Abbildung im Spiegel ein.

> „Was aber die Erzeugung von Bildern in Spiegeln ... betrifft, so ist das auch nicht weiter schwierig einzusehen. Denn aus der Gemeinschaft der beiden Feuer, des von innen und des von außen und wiederum aus dem einen, welches jedes Mal in Beziehung auf die glatte Fläche entstanden ist und vielfach umgestaltet wurde, muss notwendig alles derartige deutlich werden, da ja das Feuer im Bezug auf das Glatte und Glänzende fest verbunden ist. Alles links befindliche scheint rechts, weil gegen die bestehende Regel der Annäherung an den entgegengesetzten Teilen des Gesichts hinsichtlich der entgegengesetzten Teile eine Berührung stattfindet."

Die Reflexion an einem Spiegel entsteht, wenn das innere Feuer des Auges glatten und glänzenden Gegenstand trifft und dann zurück ins Auge gelangt. Weil das Licht auf eine flache Oberfläche trifft, behält es seine Form bei und erzeugt so ein ziemlich genaues Abbild des ursprünglichen Gegenstands. Die Seitenumkehr ist zu beobachten, weil das Licht auf eine Oberfläche trifft, die gegensätzlich zu der Orientierung desabzubildenden Gegenstands angeordnet ist. Der Spiegel stellt die Vereinigung der Sehstrahlen mit den Objektstrahlen dar. Platon führt danach noch kurz die Bildveränderung am Konkav- und Konvexspiegel[41] aus, was etwas umständlich formuliert, aber dafür gut beobachtet ist.

Aristoteles, Platons Schüler, sprach sich gegen die Theorie der Sehstrahlen aus. Das Sehen eines Objektes wird durch ein Medium vermittelt. Dieses Medium bezeichnet er als das „Durchsichtige", wobei er zwischen dem potenziell Durchsichtigen (aktuell Dunklem) und dem tatsächlich Durchsichtigen (aktuell durchsichtig) unterscheidet. Aus dem Dunklem entsteht durch Einwirkung der Körper (durch Feuer oder Äther[42]) eine Helligkeit, die zur Durchsichtigkeit führt. Das Licht ist dem Aristoteles die Verwirklichung der dem Dunklen innewohnenden Kraft zur Durchsichtigkeit, die Aristoteles als Entelechie bezeichnet. Die Durchsichtigkeit erlaubt dem Medium nun die Farben des Objektes an das Auge zu vermitteln. Wenn das Licht die Farbe des Durchsichtigen des primären Vorgangs ist, kann die Farbe beim sekundären Sehprozess als das zweite Licht angesehen werden. Da die Farben bei Aristoteles die eigentliche Ursache des Sehens sind, kann das rein Durchsichtige (farblose) nicht gesehen werden. (s. [48] S. 77–81). Aristoteles Theorie ist eine grundsätzliche Ablehnung der Sehstrahltheorie, die von vorsokratischen[43] Philosophen sowie von seinem Lehrer Platon vertreten wurde. Den

---

[41] Zumindest am gewölbten Spiegel.

[42] Das fünfte Element, die Quintessenz

[43] Sammelbezeichnung der Philosophen vor Sokrates (ante Socratem), von Schleiermacher und Diels etabliert.

schlussendlichen „Beweis" für seine Theorie gab Aristoteles selbst, indem er darauf hinwies, dass ein direkt auf das Auge gelegter Gegenstand nicht sichtbar sei, weil das sehvermittelnde Medium dazwischen fehle ([44] S. 378). Aristoteles hatte sich in seiner Abhandlung „Meteorologica" (s. Buch II 4. 5 [49]) auch intensiv mit der Reflexion beschäftigt, sodass das Reflexionsgesetz spätestens mit ihm als bekannt gelten kann.

Euklid ist nicht nur für seine bahnbrechenden Arbeiten zur Mathematik bekannt[44], sondern auch für seine Beträge der Optik. Euklid kann den Sehstrahlen etwas abgewinnen, weil diese sich ausgezeichnet in seine geometrische Sichtweise einfügen und so beginnt er seine Erläuterungen zur Optik mit folgenden Definitionen (nach Hirschberg [50] S. 152):

> „Wir müssen annehmen, dass die vom Auge ausgehenden Sehstrahlen fortziehen in geraden Linien. ... Die von den Sehstrahlen gebildete Figur ist ein Kegel, dessen Spitze im Auge liegt. ....Wir sehen nur das, worauf die Sehstahlen fallen."

Allein aus diesen Sätzen lässt sich schon einiges entwickeln. Die in geraden Linien fortlaufenden Sehstrahlen ermöglichen vom Auge aus eine einfache Angabe Skizze überstrichenen Raums und erlauben prinzipiell die Konstruktion der Zentralperspektive. Euklid klammert in seiner Optik all diejenigen Aspekte aus, die sich nicht geometrisch erklären lassen. Das führt zu einer radikal einfachen Beschreibung und der tatsächlichen Erweiterung der philosophischen Sehstrahlentheorie hin zu einer geometrischen Abhandlung. Die Sehstrahlen werden zu Projektionslinien, bei denen die Lichtrichtung unbedeutend wird. Auch wenn Euklid es nicht explizit erwähnt, ist es gleichgültig, ob das Licht vom Auge oder vom Gegenstand ausgeht. Eine nicht zu unterschätzende Vereinfachung war die Reduktion der Betrachtung auf Grenzflächen. Da ihm sowohl das Reflexionsgesetz bekannt (s. [51] S. 46, Abb. 2.8) als auch die Geometrie von Kreisflächen vertraut war, konnte er sogar die Reflexion an verschieden sphärischen Spiegeln erklären.

Herons Katoptrik wurde für die des Ptolemäus[45] gehalten, wie Schmidt in seiner Übersetzung von „[Claudii Ptolomei] De Speculis" schreibt und ausführlich begründet [52]. Wenn Heron gegenüber dem Ptolemäus als der praktische Ingenieur angesehen wird, so weisen die praktischen Anwendungen der Spiegel tatsächlich eher auf Heron hin. Mittlerweile scheint akzeptiert, dass es sich bei „de speculis" um einen Pseudo-Ptolemäus handelt, obgleich die Zuschreibung zu Heron nicht vollständig sicher ist ([53] S. 151). In der Einleitung der Katoptrik geht Heron auf die wichtigsten Sinne auf dem Weg zur Erkenntnis ein; das Sehen und das Hören. Interessanterweise schreibt er hier die wahrgenommene Tonhöhe deren Ausbreitungsgeschwindigkeit zu. Zwar ist die Schallgeschwindigkeit im selben Medium von der Tonhöhe unabhängig, jedoch könnte die Frequenz eines Tones als Metapher für Geschwindigkeit gelten. Die Beobachtung des schnelleren

---

[44] Die Elemente.
[45] Claudius Ptolemäus (ca. 100–160 n. Chr.), griech. Mathematiker und Astronom.

2.4 Griechische Katoprik

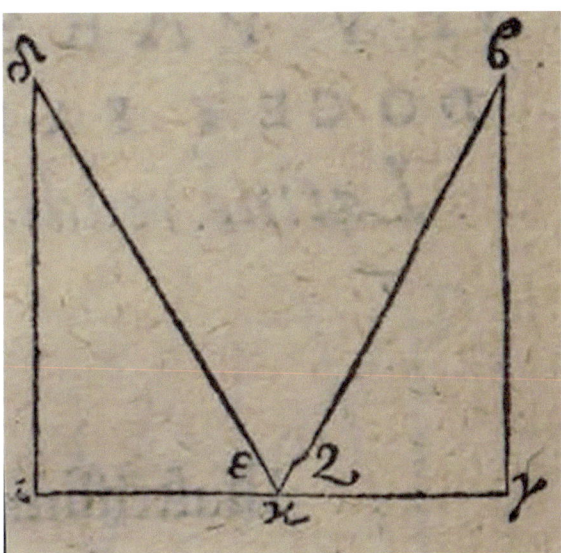

Abb. 2.8 Reflexion an einer Planfläche in Euklids Optica, Dionysii Duavallii (1604)

Schwingens einer Saite der Lyra bei hohen Tönen erscheint hier als der Zusammenhang zwischen Geschwindigkeit und Frequenz. Der Zusammenhang wird auf den Pythagoreer Philolaos zurückgeführt, der den Zusammenhang von Tonhöhe und Seitenlänge erläuterte ([54] S. 215).

Der zweite Sinn bezieht sich auf die Theorie des Sehens, die gewöhnlich in die Dioptrik, der eigentlichen Lehre vom Sehen und Nivellieren, und die Katoptrik, der Lehre von den Spiegelungen, unterteilt werden. Die Katoptrik wird nachfolgend an ganz praktischen Beispielen erläutert ([52] S. 319).

> „Denn mit Hilfe der Katoptrik werden Spiegel hergestellt, welche das Rechte rechts und das Linke … links zeigen, während die gewöhnlichen Spiegel … das Gegenteil zeigen. Man kann aber mit Hilfe der Spiegel sich von hinten sehen, umgekehrt, mit dem Kopfe nach unten, mit drei Augen und zwei Nasen …"

Das zeigt schon die Abweichung vom einfachen Planspiegel und eine kreative Anwendung mehrerer oder gekrümmter Oberflächen. Heron gibt einen Hinweis auf die „unendliche Schnelligkeit" der Sehstrahlen und erläutert dann die Bedingungen für das Zustandekommen von Spiegelungen ([52] S. 323).

> „Die Eigentümlichkeit der polierten Körper besteht darin, dass ihre Oberflächen glatt (ohne Zwischenräume) sind."

Das ließe sich aus heutiger Sicht so interpretieren, dass eine gerichtete Reflexion nur dann auftreten kann, wenn die Oberfläche mikroskopisch glatt ist. Gewöhnlich sind polierte Oberflächen auf harten Körpern anzutreffen, während weiche Körper sich einer Politur widersetzen. Das Verhältnis von Transmission und Reflexion wird durch die „Poren" der Materialien bestimmt. Glas und Wasser sind aus feinteiligen (weichen) Molekülen und festen (harten Stoffen) zusammengesetzt, wodurch sich die teilweise Spiegelung beim gleichzeitigen Hindurchsehen erläutern lässt.

Heron erkannte, dass die Strahlen an ebenen und auch an gekrümmten Spiegel am Auftreffpunkt unter dem gleichen Winkel reflektiert werden, unter dem sie auftreffen. Heron behauptete dazu, dass von allen einfallenden und nach demselben Punkt reflektierten Lichtstrahlen, diejenigen den kürzesten Weg zurücklegen, die den identischen Einfalls- und Reflexionswinkel haben.

Die Begründung dafür gibt Heron mit der Geschwindigkeit des Einfalls und der Reflexion an.

Das Fermatsche Prinzip
Die Veröffentlichung von Descartes[46] „Dioptrique" regte Fermat[47] zu einigem Widerspruch an. Descartes These, dass die Geschwindigkeit des Lichtes beim Übergang von Luft in ein dichteres Medium zunimmt, war der Beginn einer jahrzehntelangen Kontroverse. Die intuitive Vorstellung, dass Licht sich in einem dichteren Medium gegen einen größeren Widerstand fortbewegen muss, stand im in völligem Widerspruch zu der Vorstellung einer gleichzeitig schnelleren Bewegung. Descartes schrieb 1637 (aus [55] S. 23).

> „Sie werden dies vielleicht seltsam finden, wenn Sie sich an die Natur erinnern, die ich dem Licht zugeschrieben habe, als ich sagte, dass es nichts anderes als eine bestimmte Bewegung oder eine in einem sehr subtilen Material aufgenommene Aktion ist, die die Poren anderer Körper füllt. Wenn Sie bedenken, dass ein Ball mehr von seiner Bewegung verliert, wenn er auf einen weichen Körper stößt, als auf einen harten, und dass er auf einem Teppich weniger leicht rollt als auf einem glatten Tisch, so kann die Wirkung dieses subtilen Materials viel stärker durch die Teile der Luft behindert werden, die weich und schlecht miteinander verbunden sind und ihm nicht viel Widerstand leisten, als durch die Teile des Wassers, die ihm mehr Widerstand bieten, und noch mehr durch die Teile des Wassers als durch die Teile von Glas oder Kristall."

Die Erklärung Descartes zur Begründung der Brechung erschien Fermat besonders hinsichtlich der inhärenten Geschwindigkeitszunahme zweifelhaft und er postulierte das „Prinzip der kürzesten Zeit". Hierbei stütze er sich auf den Grundsatz, dass Natur immer auf einfachste und effektivste Weise agiert (Sabra ([56] S. 138).

> „Ich erkenne ... zunächst die Wahrheit dieses Grundsatzes an, dass die Natur immer auf dem kürzesten Weg handelt"[48]

Dieser zunächst metaphysische Ansatz führte Fermat jedoch schließlich zum Brechungsgesetz.

Das Fermatsche Prinzip lässt sich auch auf die Reflexion anwenden. Eine gerichtete Reflexion am Planspiegel ergibt sich als der kürzeste Weg des reflektierten Strahls vom Objekt zum Auge. Mathematisch beschrieben, ist das der Fall, wenn der einfallende und der reflektierte Strahl den gleichen Einfallswinkel zum Spiegel haben. In Abb. 2.9 ist das dargestellt.

---

[46] René Descartes, lat. Renatus Cartesius (1596–1650), französischer Philosoph und Mathematiker, Namensgeber des kartesischen Koordinatensystems.
[47] Pierre de Fermat (1607–1665), französischer Mathematiker und Jurist.
[48] „...que le nature agit toujours par les voies le plus courtes".

2.4 Griechische Katoprik

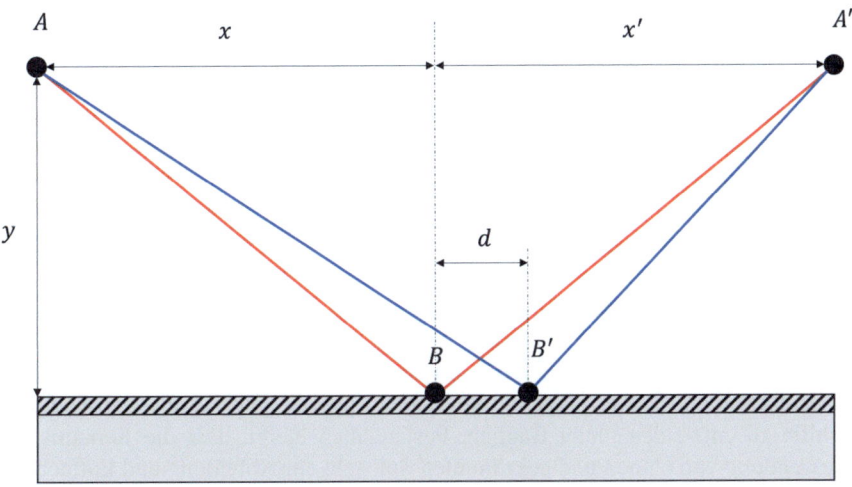

Abb. 2.9 Prinzip des kürzesten Weges, Armin Grasnick (2023)

In der Zeichnung sind trifft das Licht vom Punkt A auf die Fläche auf und wird von dort in den Punkt A' reflektiert. Um Auftreffpunkt B wird das Licht im gleichen Winkel wie beim Auftreffen reflektiert. Der Punkt B' ist um den Wert d verschoben, wodurch beide Winkel nicht mehr gleich sind. Nach dem Fermatschen Prinzip kann der kürzeste Lichtweg geometrisch gefunden werden.

Die Länge der roten Lichtstrecke $\overline{AB} + \overline{BA'}$ berechnet sich nach dem Satz des Pythagoras zu $2\sqrt{x^2 + y^2}$. Verschiebt man den Auftreffunkt B um den Wert d rechts zum Punkt B', verändert sich die Länge der Strecke $\overline{AB'} + \overline{B'A'}$ (jetzt in blau) zu $\sqrt{(x+d)^2 + y^2} + \sqrt{(x-d)^2 + y^2}$. Dieser Weg ist immer ein wenig länger als der Weg, bei dem Einfalls- und Reflexionswinkel identisch sind. Die Herleitung genügt dem Nachweis minimalen optischen Weges gemäß des Fermatschen Prinzip (s. z. B. Zinth & Zinth [57] S. 70–77).

Archimedes war unbestritten einer der bedeutendste Mathematiker der Antike, ist aber heute vor allem durch seine praktischen physikalischen Experimente bekannt. Er gilt als derjenige, der das Hebelgesetze formuliert ([58] ab S. 1) und das Verhältnis von Auftrieb zu verdrängtem Gewicht ([58] ab S. 224) beschrieben hat. Aus optischer Sicht sind besonders seine Brennspiegel interessant, mit denen er die gegnerische Flotte in Brand gesteckt haben soll – was wohl eher ein Mythos als eine geschichtliche Wahrheit sein dürfte. Für antike Historiker wie Livius[49] oder Plutarch schien es zumindest unumstritten gewesen zu sein, dass die Erfindungen des Archimedes den Widerstand gegen die Belagerung von Syrakus erheblich verlängert habe [59]. Das Experiment mit den Brennspiegeln wurde oft, mit mehr oder minder zufriedenstellenden Ergebnissen durchgeführt, die grundsätzliche Idee scheint jedoch in dieser Zeit bekannt gewesen zu sein. Dem

---

[49] Titus Livius (um 59 v. Chr. – 17 n.Chr.), römischer Historiker.

Diokles[50] wird eine Schrift über die Brennspiegel zugeschrieben, die noch in der Spätantike zitiert[51] wird. Obgleich der griechische Urtext v verlorenging, ist in Teilen eine arabische Übersetzung erhalten geblieben [62]. Toomer hat von den Fragmenten eine englische Übersetzung angefertigt, die deutlich zeigt, dass Diokles mit der Spiegelung soweit vertraut war, dass er eine sich für eine parabolische Spiegelfläche entschied, um den Brennpunkt möglichst stark zu fokussieren [63]. Diokles' Definition eines Brennspiegels ist auch nach heutigen Maßstäben nicht zu beanstanden: „Ein Spiegel, der dafür sorgt, dass sich alle Strahlen in einem Punkt treffen."[52]. Aber selbst für Diokles schienen Brennspiegel nicht Neues zu sein, da er sich bereits auf bekannte Anwendungen wie das Entzünden von Feuern in Tempeln und Vorarbeiten von Zenodorus[53], Conon[54] und Dositheos[55] stützt.

Es ist also nicht unwahrscheinlich, dass Archimedes imstande war Brennspiegel zu berechnen und herzustellen. Ob diese allerdings geeignet waren, weit entfernte Schiffe zu entzünden bleibt fraglich. Festzuhalten bleibt, dass die Kenntnis zur Verwendung von planen und gekrümmten Spiegeln zur Abbildung und Entfachung von Feuer seit dieser Zeit bekannt ist und genutzt wurde.

Literatur

1. Wienand S. War der Vulkan nicht doch ein Leopard? Frankfurter Allgemeine Zeitung. FAZ. net. 2008 Okt. 28.
2. Inscription of Neolithic Site of Çatalhöyük (C 1405), Turkey, on the World Heritage List. UNESCO; The Culture Sector of the World Heritage Centre; 2012 Aug. Report No.: 36 COM 8B.36.
3. Mellaart J. Çatal Hüyük – a neolithic town in Anatolia. Wheeler M, Herausgeber. New York: McGraw-Hill Book Company; 1967.
4. Cowie A. The posthumous disgrace of the dark master of archaeological hoaxes [Internet]. Ancient Origins. 2018 [zitiert 2020 Jan. 9]. Verfügbar unter: https://www.ancient-origins.net/news-history-archaeology/posthumous-disgrace-dark-master-archaeological-hoaxes-009740.
5. Zangger E. Der Nachlass von James Mellaart offenbart dessen Archäophantasien [Internet]. Archäologie Online. 2019 [zitiert 2020 Jan. 9]. Verfügbar unter: https://www.archaeologie-online.de/artikel/2019/mellaarts-archaeophantasien/.
6. Mellaart J. ‚The Royal Treasure of Dorak'with a four page colour supplement of some of the artifacts. Illustrated London News. 1959;724.
7. Mohs F. Grund-Riß der Mineralogie. Dresden: Arnoldische Buchhandlung; 1822.

---

[50] Diokles (ca. 240–180 v. Chr.), griechischer Mathematiker.

[51] Z. B. von Eutokios von Alexandria in [60] (spätes 5. – frühes 6. Jhdt.), griechischer Mathematiker, der dessen Leistung allerdings dem Apollonius zuweist (s. z. B. [61] S. 540).

[52] Eigene Übersetzung nach S. 34.

[53] Zenodorus (2. Jhdt.v. Chr.) griechischer Mathematiker und Astronom,

[54] Konon von Samos (im 280.- 220 v. Chr.), griechischer Mathematiker, Freund des Archimedes, Lehrer des Dositheos.

[55] Dositheos (wirkte ab etwa 250 v. Chr.), griechischer Mathematiker, Schüler des Konon, bekannt mit Archimedes.

Literatur

8. Vedder JF. Grinding it Out [Internet]. Archaeology – online news. 2001 [zitiert 2020 Jan. 9]. Verfügbar unter: https://archive.archaeology.org/online/news/mirrors.html.
9. Hollstein S. Archäologie: Urbayerin mit Migrationshintergrund [Internet]. Spektrum.de. 2020 [zitiert 2021 Febr. 27]. Verfügbar unter: https://www.spektrum.de/alias/bilder-der-woche/urbayerin-mit-migrationshintergrund/1771149.
10. Kennis A, Kennis A. Reconstruction of a Neolithic Woman, made for Steinzeitmuseum Stadt Landau a,d, Isar Germany [Internet]. Lisar Neolithic Woman. [zitiert 2021 Mai 18]. Verfügbar unter: https://www.kenniskennis.com/site/sculptures/Lisar%20Neolithic%20Woman/.
11. News Staff. 8,000-year-old ceramic vessels from Çatalhöyük reveal hidden cuisine of early farmers | archaeology | sci-news.com [Internet]. Breaking Science News | Sci-News.com. 2018 [zitiert 2021 Febr. 27]. Verfügbar unter: http://www.sci-news.com/archaeology/catal-hoyuk-diet-06517.html.
12. Vit J, Rappenglück MA. Looking through a telescope with an obsidian mirror. Could specialists of ancient cultures have been able to view the night sky using such an instrument? 2016 [zitiert 2021 Jan. 31]. Verfügbar unter: https://zenodo.org/record/207255.
13. Geißler JG. Technische Geschichte des reflektierenden oder des Spiegel-Teleskops, nebst vollständiger Beschreibung desselben sowohl als aller derjenigen Instrumente, welche sich auf Reflexion gründen, und der Art ihrer Aufstellung. Dresden: Walthersche Hofbuchhandlung; 1807.
14. DIN EN ISO 12312-2 Augen- und Gesichtsschutz – Sonnenbrillen und ähnlicher Augenschutz – Teil 2: Filter für die direkte Beobachtung der Sonne. Berlin: DIN-Normenausschuss Feinmechanik und Optik (NAFuO); 2015. Report No.: EN ISO 12312-2:2015.
15. Chou B, Dain S, Fienberg R. Physical and visual evaluation of filters for direct observation of the sun and the International Standard ISO 12312-2:2015 (Postprint, Accepted for Publication). The Astronomical Journal [Internet]. 2021 [zitiert 2021 Mai 19]. Verfügbar unter: https://www.researchgate.net/publication/351599484_Physical_and_Visual_Evaluation_of_Filters_for_Direct_Observation_of_the_Sun_and_the_International_Standard_ISO_12312-22015.
16. Krafft F. William Herschel. Zurich: Kindler, 1975. S. 772 813.
17. Bratton M, Herausgeber. The telescope maker. The complete guide to the herschel objects: sir william herschel's star clusters, nebulae and galaxies [Internet]. Cambridge: Cambridge University Press; 2011. S. 6–17. Verfügbar unter: https://www.cambridge.org/core/books/complete-guide-to-the-herschel-objects/telescope-maker/BCB53AE2D06B464254B-C5328B15D98EC.
18. Budge EAW. The greenfield papyrus in the british museum. London: British Museum, Harrison and Sons; 1912.
19. Sethe K. Die Altaegyptischen Pyramidentexte nach den Papierabdrücken und Photographien des Berliner Museums. Leipzig: J. C. Hinrich's Buchhandlung; 1922.
20. Ebers G, Herausgeber. Das Hermetische Buch über die Arzeneimittel der alten Ägypter in hieratischer Schrift – Glossar und Text. Leipzig: Wilhelm Engelmann; 1875.
21. Ebers G, Herausgeber. Das Hermetische Buch über die Arzeneimittel der alten Ägypter in hieratischer Schrift – Einleitung und Text. Leipzig: Wilhelm Engelmann; 1875.
22. Alexandrinus C. Clementis Alexandrini: Stromatum Liber Quintus. In: Potter J, Herausgeber. Clementis Alexandrini Opera quae extant. Venedig: Antonius Zatta; 1757.
23. The Griffith Institute, University of Oxford. Artefacts of Excavation [Internet]. 2015 [zitiert 2023 Juli 7]. Verfügbar unter: https://egyptartefacts.griffith.ox.ac.uk/.
24. The Pitt Rivers Museum, University of Oxford,. Pitt Rivers Museum Body Arts | Copper mirror [Internet]. 2011 [zitiert 2023 Juli 7]. Verfügbar unter: https://web.prm.ox.ac.uk/bodyarts/index.php/temporary-body-arts/mirrors/58-copper-mirror-dendera-egypt-vi-dynasty-old-kingdom-23452184-bc.html.
25. Silverman DP. Herausgeber. Ancient Egypt. New York: Oxford University Press; 2003.
26. Lilyquist C. The tomb of three foreign wives of Tuthmosis III. New Haven and London: Yale University Press; 2003.
27. Baikie J. The amarna age. New York: The Macmillan Company; 1926.

28. Tyldesley JA. Nefertiti's face: the creation of an icon. First Harvard University Press edtion. Cambridge, Massachusetts: Harvard University Press; 2018.
29. Krauss R. Das Moses-Rätsel: auf den Spuren einer biblischen Erfindung. München: Ullstein; 2001.
30. Finkelstein I. The Wilderness Narrative and Itineraries and the Evolution of the Exodus Tradition. In: Levy TE, Schneider T, Propp WHC, Herausgeber. Israel's Exodus in Transdisciplinary Perspective. Cham: Springer International Publishing; 2015;39–53.
31. Finkelstein I, Silberman NA. The Bible unearthed: archaeology's new vision of ancient Israel and the origin of its sacred texts. New York: Free Press; 2001.
32. 2.Mose 30,17 | Einheitsübersetzung 2016 :: ERF Bibleserver [Internet]. [zitiert 2023 Juli 8]. Verfügbar unter: https://www.bibleserver.com/EU/2.Mose30.
33. Utzschneider H. Das Heiligtum und das Gesetz. Freiburg, [Schweiz]: Universitätsverl; 1988.
34. 2.Mose 38,8 | Lutherbibel 2017 :: ERF Bibleserver [Internet]. [zitiert 2023 Juli 7]. Verfügbar unter: https://www.bibleserver.com/LUT/2.Mose38.
35. Meschel SV. Nehoshet: copper, bronze or brass? which are plausible in the tanakh? [Internet]. Jewish Bible Quarterly. [zitiert 2023 Juli 8]. Verfügbar unter: https://jbqnew.jewishbible.org/jbq-past-issues/2017/453/nehoshet-copper-bronze-brass-plausible-tanakh/.
36. Jesaja 3,23 | Einheitsübersetzung 2016 :: ERF Bibleserver [Internet]. [zitiert 2023 Juli 8]. Verfügbar unter: https://www.bibleserver.com/EU/Jesaja3.
37. Taylor T. Iamblichus' Life of Pythagoras. London: J. M. Watkins; 1818.
38. Plutarch. Table Tresample Des Noms et Choses Notables. O – Oenopheus 824 E. Les oeuvres morales et meslées de Plutarque, translatées de grec en françois, revues & corrigées en ceste seconde édition. Paris: Michel de Vascosan; 1575.
39. Maréchal P-S. Reisen des Pythagoras nach Aegypten, Chaldäa, Indien, Kreta, Sparta, Sicilien, Rom, Carthago, Marseille und Gallien. Chemnitz: G. F Tasché; 1800.
40. Maréchal P-S. Voyages de Pythagore en Égypte, dans la Chaldée, dans l'Inde, en Crète, à Sparte, en Sicile, à Rome, à Carthage, à Marseille et dans les Gaules. Paris: Chez Deterville; 1799.
41. Laertius D. Leben und Meinungen berühmter Philosophen. Leipzig: Felix Meiner; 1921.
42. Ritter H. Geschichte der Philosophie alter Zeit. 2. Aufl. Hamburg: Friedrich Perthes; 1836.
43. Wellisch E. Das Wesen des Lichtes. Die Quarzlampe und ihre Medizinische Anwendung. Vienna: Springer Vienna; 1932. S. 5–7.
44. Haas AE. XIV. Antike Lichttheorien. Archiv für Geschichte der Philosophie. Berlin: Reimer; 1907:345-86.
45. Kutschera F von. Die Anfänge der Philosophie: eine Einführung in die Gedankenwelt der Vorsokratiker. Münster: mentis; 2018.
46. Platon AO. Platons Dialog Phaidon. Leipzig: Felix Meiner; 1913.
47. Platon, Wagner FW. Platons Timaeus und Krituas. Breslau: Georg Philipp Aderholz; 1841.
48. Aristoteles, Hicks RD. Aritotle De Anima. Cmbridge: The University Press; 1907.
49. Aristoteles, Webster EW. Meteorologica. Oxford: The Clarendon Press; 1923.
50. Hirschberg J. Geschichte der Augenheikunde. Berlin: Springer; 1899.
51. Euklid. Euclidis Optica et catoptrica. Paris: Ex officiana Dionysii Duavallii; 1604.
52. Heron, Nix L, Schmidt W. Herons von Alexandria Mechanik und Katoptrik. Leipzig: B. G. Teubner; 1900.
53. Jones A. Pseudo-Ptolemy De Speculi SCIAMVS. 2001;2:145–86.
54. Nikomachos, Brodersen K. Einführung in die Arithmetik: griechisch-deutsch. Berlin ; Boston: De Gruyter; 2021.
55. La Dioptrique. Discourse de la Methode plus la Dioptrique, les Meteores et la Geometrie. Leiden: Ian Maire; 1637.
56. Sabra AI. Theories of light from descartes to Newton. 2. Aufl. Cambridge: Cambridge University Press; 1981.
57. Zinth W, Zinth U. Optik: Lichtstrahlen – Wellen – Photonen. 3., verb. Aufl. München: Oldenbourg; 2011.

58. Archimedes. Archimedes vorhandene Werke, aus dem Griechischen übersetzt und mit Anmerkungen versehen. Stralsund: 1824; 1824.
59. Remmert V, Scholz A. Äpfel und Brennspiegel: Mythen und Legenden in der Wissenschaftsgeschichte. BUW Output – Forschungsmagazin der Bergischen Universität Wuppertal. 17:6–11.
60. Apollonius, Eutocius. Apollonii Pergaei quae graece exstant cum commentariis antiquis. Lipsiae: B.G. Tuebneri; 1891.
61. Heath T. A History of Greek Mathematics. Oxford: Clarendon; 1921.
62. Wiedemann E. Zur Geschichte der Brennspiegel. Separat-Abdruck aus den Annalen der Physik und Chemie. Leipzig: Johann Ambrosius Barth; 1890.
63. Toomer GJ. DIOCLES On Burning Mirrors: The Arabic Translation of the Lost Greek Original. Berlin, Heidelberg: Springer Berlin Heidelberg; 1976.

Antike Optik

3

> **Übersicht**
> Die Frage, ob optische Linsen eine Erfindung der Neuzeit sind, wurde spätestens mit den Ausgrabungen in Nimrud aktuell. Dort wurde eine mehr als 2700 Jahre alte Linse entdeckt, die eine offensichtlich vergrößernde Wirkung hatte und sogar als Leseglas brauchbar gewesen wäre. Zu dieser Zeit war in Ägypten die Glasherstellung schon bekannt und speziell gefertigte farbige Gläser wurden als Schmuckobjekte eingesetzt. Transparente Optik wurde hauptsächlich aus Bergkristall gefertigt und war den Griechen seit Sokrates als Brennkristall bekannt.
> Die Entwicklung von Verfahren zur Herstellung von Glas wird den Phöniziern zugeschrieben, die daraus Glasgefäße herstellten und damit regen Handel betrieben. Mit Beginn unserer Zeitrechnung entwickelten die Römer die Technik des Glasblasens und konnten damit transparente Gläser herstellen. Die Beobachtung der Vergrößerung wurde anfänglich an mit Wasser gefüllten Glaskugeln durchgeführt und führten zur ersten Definition der Brechung durch Ptolemäus.
> In den Häusern der Weisheit übersetzten arabische Gelehrte die antiken Schriften und erweiterten die überbrachten Kenntnisse um eigene Forschungsergebnisse. Ibn Sahl entwickelte zur Zeit der ersten Jahrtausendwende ein Brechungsgesetz und berechnete auf dessen Basis die erste asphärische Linse. Alhazen schrieb auf Basis seiner Experimente ein Buch über die Optik, welches großen Einfluss auf die spätere optische Entwicklung nehmen sollte. Dass die Fertigung von asphärischen Linsen zu Alhazens Zeiten möglich gewesen war, beweisen eindrucksvoll die Visby-Linsen der Wikinger.
> Im Mittelalter entstanden in Europa Zentren von Wissen und Geistlichkeit, in denen die Schriften der Antike auch aus dem Arabischen übersetzt wurden. In die moderneren Übersetzungen flossen so auch die Ideen

arabischen und europäischen Gelehrten ein, die sich mitunter nicht auf die reine Übersetzung beschränkten. Die Kenntnis der alten Texte inspirierte die klerikalen Naturphilosophen wie Grosseteste, Witelo und Bacon zu eigenen Schriften. In dieser Zeit entstanden auch die ersten Vergrößerungsgläser und Brillen.

In der Renaissance blühten die Künste und Wissenschaften erneut auf und das Interesse an genauerer Beobachtung führte zu einem Bedarf an vergrößernden Instrumenten. Zu Beginn des 17. Jahrhunderts entstanden aus Brillengläsern zusammengesetzte einfache Teleskope. Forscher, wie Galilei und Kepler verbesserten die Teleskope und legten so die Grundlage für ihre späteren Entdeckungen. Die zunehmende Wissenschaftlichkeit der Forschung führte zu weiteren Erkenntnissen. Newton schuf eine durch Experimente belegte Optik, Huygens entwickelte ein funktionales Wellenmodell des Lichtes.

Damit existierte die Basis für eine moderne, berechenbare Optik.

3.1 Optik der Pharaonen

3.1.1 Die Linse von Nimrud

Es war der Forschungsreisende Nibuhr[1], der in seinen Reiseberichten den Namen Nimrud erstmalig für das biblische Kalach[2] verwendete. Er schrieb in seiner „Reisebeschreibung nach Arabien":

> „Bey Nimrud, einem verfallenen Castell etwa 8 h von Mosul, findet man ein merkwürdigeres Werk."

Obgleich hier im Folgenden ein schon damals uralter Damm im Tiger beschrieben wird, deutet die Beiläufigkeit der Namensnennung auf eine übliche Bezeichnung hin.

Der offensichtliche Bezug zum Alten Testament überrascht hier nicht. Immerhin war Niebuhr vom dänischen König auf Anraten des Göttinger Orientalisten Michaelis[3] in den Nahen Osten gesandt worden, um den Wahrheitsgehalt der biblischen Erzählungen zu bestätigen. Im 1. Buch Mose taucht der Name Nimrod auf. Nimrod ist der Sohn von Kusch, einem Sohn von Ham, der wiederum ein Sohn

---

[1] Carsten Niebuhr (1733–1815), deutscher Kartograf in Diensten des dänischen Königs Frederik V., bedeutsam waren vor allem seine Reiseberichte der arabischen Expedition (1761–1768).
[2] Auch Kelach oder Kalah.
[3] Johann David Michaelis (1717–1791), Professor für Orientalistik in Göttingen.

von Noah war. Nimrod war demnach ein Urenkel Noahs (s. a. 1. Buch Mose 10.8 „Die Völkertafel" [1])

> „Kusch aber zeugte Nimrod. Der war der Erste, der Gewalt übte auf Erden, und war ein gewaltiger Jäger vor dem Herrn. Daher spricht man: Das ist ein gewaltiger Jäger vor dem Herrn wie Nimrod. Und der Anfang seines Reichs war Babel, Erech, Akkad und Kalne im Lande Schinar. Von diesem Lande ist er nach Assur gekommen und baute Ninive und Rehobot-Ir und Kelach…"

In der assyrischen Stadt Kalchu, die heute nach dem biblischen Herrscher Nimrud[4] heißt, hatte der Engländer Layard[5] 1850 neben vielen Kunstschätzen auch eine Linse aus Bergkristall entdeckt. Gemeinsam mit Objekten aus opakem Glas fand Layard das, was er später als Vergrößerungs- und Brennglas bezeichnen würde ([2], S. 197). Dankenswerterweise hatte Layard diese Linse dem schottischen Wissenschaftler Brewster zur Begutachtung vorgelegt. Dadurch liegt eine vernünftige Beschreibung vor (aus [2], S. 197).

> „Die Linse ist plan-konvex und hat eine leicht ovale Form, ihre Länge beträgt 1,6 Inch [40,64 mm] und die Breite 1,4 Inch [35,56 mm]. Sie ist ungefähr 0,9 Inch [22,86 mm] dick … sie liefert einen ziemlich deutlichen Brennpunkt in einer Entfernung von 4,5 Inch [114,3 mm] von der Planseite."

Eine einfache Lupe stellt einen Gegenstand, der sich innerhalb der Brennweite befindet, vergrößert und als virtuelles Bild dar. Damit können Objekte betrachtet werden, die innerhalb der deutlichen Sehweite (250 mm) liegen. Die Vergrößerung der Lupe V berechnet sich nun als Verhältnis der deutlichen Sehweite zur Brennweite f der Lupe: $V = 250 \, mm/f$. Damit hätte die Nimrudlinse eine Vergrößerung von $250 \, mm/114,3 \, mm \sim 2,2$. Das wäre auch heute noch ein akzeptabler Wert für ein Leseglas.

Für eine Linse, die aus der Zeit um 750–710 v. Chr. stammt, eine erstaunliche Leistung. Auch wenn der amerikanische Schriftsteller Robert Temple den Pharaonen eine vergessene (oder gar verschwiegene) tiefgründige Kenntnis der Optik unterstellt [3], ist die aufgefundene Zahl von optischen wirksamen Objekten aus dieser Zeit sehr gering. Jedoch scheinen Brenngläser durchaus bekannt gewesen zu sein, wie eine Stelle des Poems von Izdubar[6] möglicherweise 2000 v.Chr. belegt (aus [4]).

> „Dann erhebt sich der König, nimmt das heilige Glas, und hält es in die Sonne vor die Massen"[7]

---

[4] Ruinenstadt auf dem Gebiet des heutigen Irak, südwestlich von Mossul.
[5] Sir Austen Henry Layard (1817–1894), britischer Archäologe.
[6] Auch Gistubar, heute eher Gilgamesch
[7] Im Englischen Original „The King then rises, takes the sacred glass,/And holds it in the sun before the mass/Of waiting fuel on the altar piled./The centring rays – the fuel glowing gild/With a round spot of fire and quickly, spring/Above the altar curling, while they sing!".

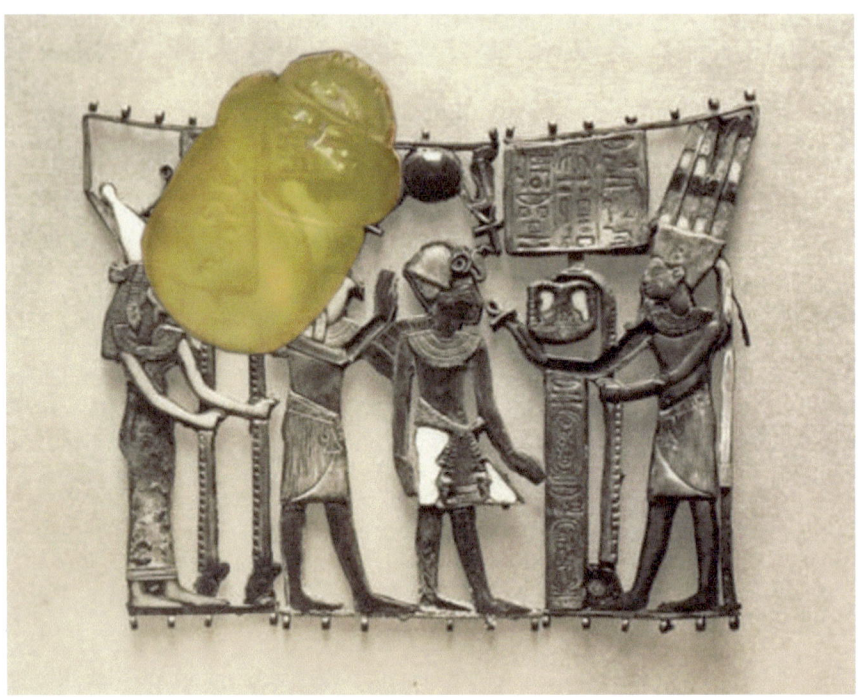

Abb. 3.1 Illustration eines transparenten Skarabäus (nach [6] S. 76, Plate XIX) auf Hintergrund (aus [7] Neg. 212). Grasnick (2023)

3.1.2 Tutanchamuns Skarabäus

Es ist sicherlich auch ohne Erläuterung zweifelsfrei, dass ein Skarabäus sich in natürlicher Form nicht als Linse eignet. Fertigt man einen Skarabäus jedoch aus transparentem Material, dann kann der Käfer eine vergrößernde Wirkung besitzen (frei interpretiert in Abb. 3.1). Es war bereits vor der Entdeckung des Grabes des altägyptischen Pharaos Tutanchamun[8] durch den britischen Archäologen Howard Carter[9] im Jahre 1922 bekannt, dass, die Ägypter Glas herstellen und verarbeiten konnten. Schon für die erste Dynastie[10] lässt sich durch einzelne Funde eine gewisse Grundfertigkeit zur Glasschmelze belegen. Ab dieser Zeit wurde das Glas

---

[8] Tutanchamun, regierte als Pharao in der 18. Dynastie Ägyptens bis ca., 1323 v. Chr.
[9] Howard Carter (1874–1939), britischer Ägyptologe, Entdecker des Grabes von Tutanchamun.
[10] Ca. 3000 v. Chr.

3.1 Optik der Pharaonen

als undurchsichtige, farbige Masse zur Fertigung von Perlen, Amuletten oder zur Imitation von Edelsteinen verwendet. Die typische Opazität[11] und Farbigkeit des ägyptischen Glases lässt sich durch die Unreinheiten des Wüstensandes und bewusste Beimischungen[12] erklären. Es kann angenommen werden, dass zum Ende des zweiten vorchristlichen Jahrtausends der Gebrauch farbig opaker Gläser recht verbreitet war. Durchsichtiges Glas war dagegen kaum herstellbar. Im Grabe Tutanchamun fanden sich jedoch auch Beigaben aus natürlichem Glas, vorzugsweise aus vulkanischem Obsidian, poliertem Lapislazuli[13] oder libyschem Wüstenglas. Lybisches Wüstenglas soll in der nordafrikanischen Wüste vor etwa 30 Mio. Jahren durch den Einschlag eines Meteoriten entstanden sein[14]. Dieses natürliche und teilweise transparente Glas findet sich als Skarabäus in einem Halsschmuck des Tutanchamun.

Das farbige ägyptische Glas mit überwiegend geringer Transparenz eignete sich kaum zu Fertigung optischer Hilfsmittel. Grundsätzlich hätte schon die damalige Fertigung eine Produktion weitgehend transparenten Glases erlaubt, jedoch wurde selten leidlich durchsichtiges Glas gefunden[15]. Tatsächlich könnten Glasperlen aus zumindest durchscheinenden (transluzenten) Farbgläsern bei geeigneter Formgebung die sammelnde und vergrößernde Wirkung eine Linse gehabt haben. Vieles, was heute zur altägyptischen Glasherstellung bekannt ist, basiert auf der Entdeckung der Glaswerkstätten von Tell el-Amarna[16] durch Petrie[17]. In den Überresten der Werkstätten, aber besonders in den Abfallgruben des Palastes fanden sich zahlreiche Belege der Glasherstellung Ägyptens zur Zeit der 18. Dynastie um die Zeit 1400 v. Chr. Der Prozess der Herstellung des Glases in höheren Tiegeln oder Krügen und das Erstarren der flüssigen Glasmasse in diesen führt zu einem Absinken des Bodensatzes und Aufsteigen der während des Schmelzens freigesetzten Kohlensäure. Zwischen der durch die Kohlensäure entstandenen Schaumkrone und dem abgesunkenen Satz befindet sich dann einigermaßen klares Glas, das in Brocken zerschlagen und als Rohglas zur weiteren Produktion verwendet wird ([9] S. 18–19).

---

[11] Undurchsichtigkeit.
[12] Z. B. Kupfer für grün, Kobalt für blau, Mangan für violett, Eisen für gelb oder Blei für weiß.
[13] Carter spricht zwar von „blue lapis lazuli glass" (s. z. B. S. 116), allerdings ist Lapislazuli zumeist ein eher undurchsichtiger Schmuckstein.
[14] Wobei dies nicht vollständig bewiesen ist (s. z. B. [5]), allerdings wird zur Glasschmelze immer eine extrem hohe Temperatur benötigt.
[15] Farblose Glasperlen trugen z. B. den Namen der Pharaonin Hatschepsut (18. Dynastie, ca. 1500 v. CHr.) [8], die Perlen.
[16] Es ist der gleiche Ort, an dem Borchardt später die berühmte Büste der Nofretete fand.
[17] Flinders Petrie (1853–1942), britischer Ägyptologe.

3.2 Antike Brenngläser

3.2.1 Griechische Kristalle

Aristophanes[18] lässt in seiner Komödie „Die Wolken" den Bauern Strepsiades einen Dialog mit dem Philosophen Sokrates führen. An einer Stelle (Vers 760) wird das Entzünden eines Feuers mit einem Kristall beschrieben (aus [10] S. 257).

> „Strepsiades: Du hast bei den Heilkrauthändlern doch wohl jenen Stein ehemals gesehen, den schönen durchsichtigen, – womit sie Feuer zünden? Sokrates: Du meinst den Brennkristall?"

Hieraus ergibt sich die Kenntnis der Griechen der fokussierenden Wirkung eines entsprechend geformten Kristalls[19].

Euklid erklärte die Optik über das Sehen, indem er untersuchte, wie sich die Wahrnehmung von Objekten ändert, je nachdem, aus welchem Winkel und aus welcher Entfernung sie betrachtet werden. Euklid nutzte zur Beschreibung geradlinige Sehstrahlen, wodurch das freiäugige Sehen auf geometrischer Grundlage beschrieben werden kann. Die Beschreibung des Sehens über die Geometrie erlaubt nicht nur die Konstruktion der Perspektive, sondern führt auch über das Zusammenfallen vieler Linien an einer einzigen Stelle zu der grafischen Darstellung eines Brennpunktes. Apollonius[20] hatte die Bewegung der Gestirne beobachtet und erkannt, dass diese nicht streng einer Kreisbahn folgen, sondern sich eher auf der Bahn eines Kegelschnitts fortbewegen. In sieben Büchern geht er intensiv auf die Formen der Kegelschnitte wie Ellipsen, Parabeln oder Hyperbeln ein [11]. Ein Brennpunkt ist bei Apollonius der Schnittpunkt mindestens zweier Senkrechten oder Lote der an die Bahn angelegten Tangenten (s. z. B. [11] S. 128). Über den Apollonius wird von anderen Autoren berichtet, er habe auch ein Werk über das Brennglas verfasst, inklusive des Beweises, dass ein Kugelspiegel keinen definierten Brennpunkt habe ([12] S. 263). Auch wenn ein Brennspiegel nach heutigem Verständnis kein Brennglas ist, waren den Griechen echte Brenngläser als Brennkristalle wohl durchaus vertraut. Zumindest war die Herstellung runder, Kristallscheiben mit gewölbten Oberflächen schon in der mittel- und spätminoischen[21] Kultur bekannt. Solche geformten Bergkristalle wurden von Evans[22] bei der Ausgrabung des Palastes von Knossos entdeckt ([13] S. 470). Eine augenscheinliche

---

[18] Aristophanes (um 445–380 v. Chr), griechischer Komödiendichter.
[19] Vermutlich Bergkristall.
[20] Apollonius von Perge (265–290 v. Chr.), griechischer Mathematiker.
[21] Ca. 1600 bis 1450 v. Chr.
[22] Arthur John Evans (1851–1941), britischer Archäologe, bekannt als Entdecker der minoischen Kultur.

3.2 Antike Brenngläser

Abb. 3.2 Stierkopf-Rhyton aus dem Palast von Knossos, ca. 1550–1500 v. Chr. Archäologisches Museum Heraklion, Fotografie Stierkopf: Zde (2016), Fotografie Detail Auge: Camille Gévaudan (2015), Collage: Grasnick (2023)

konvexe Form würde bei einem rituellen Rhyton[23] in Form eine Bullenkopfes verwendet. Das rotumrandete Auge des Bullen wird von einem transparenten gewölbten Bergkristall gebildet (Abb. 3.2) das durch Form und transparent tatsächlich eine mindestens teilweise vergrößernde Wirkung hatte, wie Evans selbst berichtet ([14] S. 530). Ob diese Wirkung beabsichtig war oder nur als Folge der äußeren Form des künstlichen Auges billigend akzeptiert wurde ist nicht überliefert. Interessant ist aber, dass aus vorsokratischer Zeit auch andere Objekte gefunden wurden, die wohl eher als optisch wirksame Linsen bezeichnet werden können. In den 1980er Jahren hatte der Archäologe Sakellarakis[24] in der Idäischen Grotte einige dieser linsenartigen Objekte vorgefunden. Auch wenn diese nicht genau datiert werden können, scheinen sie sich doch dem Archaischen Zeitalter Griechenlands um etwa 800 bis 500 v. Chr. zuordnen zu lassen Dabei handelt es sich um

---

[23] Ein Rhyton ist ein Gefäß zum Ausgießen von Flüssigkeiten, welches bei rituellen Handlungen eingesetzt wurd.
[24] Jannis Sakellarakis (1936–2010), griechischer Archäologe, der insbesondere zur minoischen Kultur forschte.

zwei kleinere Plan-konvex-Linsen mit Durchmessern von 8 und 15 Millimetern, bei bis zu 7-fachen Vergrößerung von ([15] S. 191).

Es ist unwahrscheinlich, dass eine Linse mit nur wenigen Millimetern Durchmesser als praktische Lupe gedient haben dürfte, möglich erscheint aber durchaus deren Anwendung als Brennglas. Ganz allgemein lassen sich die kristallenen Funde der Bronzezeit oder dem Archaischen Zeitalter kaum eindeutig einer optischen Absicht zuordnen. Insbesondere, da viele dieser Funde auf der Rückseite bemalt, graviert oder mit einer dünnen Metallfolie appliziert waren, scheint die vergrößernde Wirkung auf die Rückseite begrenzt gewesen zu sein und Transparenz oder Glanz eher auf eine ornamentale Absicht hinzudeuten ([16] S. 454). Festzuhalten bleibt die handwerkliche Leistung dieser Zeit und die prinzipielle Möglichkeit zur Fertigung von Linsen.

3.2.2 Römisches Glas

In seiner Naturgeschichte schrieb Plinius der Ältere[25] vom Ursprung des Glases, den er bei den Phöniziern unterhalb des Berges Carmel ansiedelte. Plinius datierte den Beginn der Glasherstellung auf viele Jahrhunderte vor seiner Zeit. An der Stelle, wo einst der Fluss Belos ins Meer floss, lag feiner Sand, der zufällig beim Aufbau einer Kochstelle am Strand mit Salpeter vermischt und großer Hitze ausgesetzt wurde. Dadurch schmolz der Sand und wurde zu einem „durchsichtigen Bächlein der edlen Feuchtigkeit" (aus Plinius d. Ä., Naturgeschichte XXXVI (26) [17] S. 817). Der Kunsthistoriker und Archäologe Anton Kisa[26] ging dieser Geschichte nach und kam zum Schluss, dass bei dieser Art der Glasherstellung alleinig aus Soda[27] und Sand eine Temperatur von 1000–1200 Grad Celsius notwendig gewesen wäre, die ein normales Herdfeuer nicht liefern kann ([9] S. 33). Unabhängig von dieser Legende ist es unbestritten, dass die Phönizier einen umfangreichen Warenaustausch betrieben dabei auch mit Glaswaren handelten. Dabei kommt der Handelsstadt Sidon zur römischen Kaiserzeit eine besondere Bedeutung zu. Plinius nennt die Glasfertigung als Ursache der Berühmtheit Sidons und den Ort als den Platz der Erfindung von Spiegeln „alten Glases" von fettähnlicher, schwärzlicher Farbe ([18] S. 127). Die Gefäße der Antike wurden dickwandig modelliert oder gegossen und waren aufgrund von bewussten oder unbewussten Beimengungen daher zumeist farbig und undurchsichtig. Glas wird jedoch erst dann beinahe farblos und transparent, wenn es sehr dünnwandig hergestellt wird. Dazu benötigt man die Fähigkeit des Glasblasens. Diese wurde erst seit dem Beginn unserer Zeitrechnung seit etwa 20 v. Chr. entwickelt ([9] S. 290).

---

[25] Plinius der Ältere (23–79), römischer Offizier, Naturforscher und Schriftsteller.
[26] Anton Karl Kisa (1857–1907), deutsch-böhmischer Kunsthistoriker.
[27] Kisa macht hier keinen Unterschied zwischen Soda, Salpeter und Natrium ([9] S. 34).

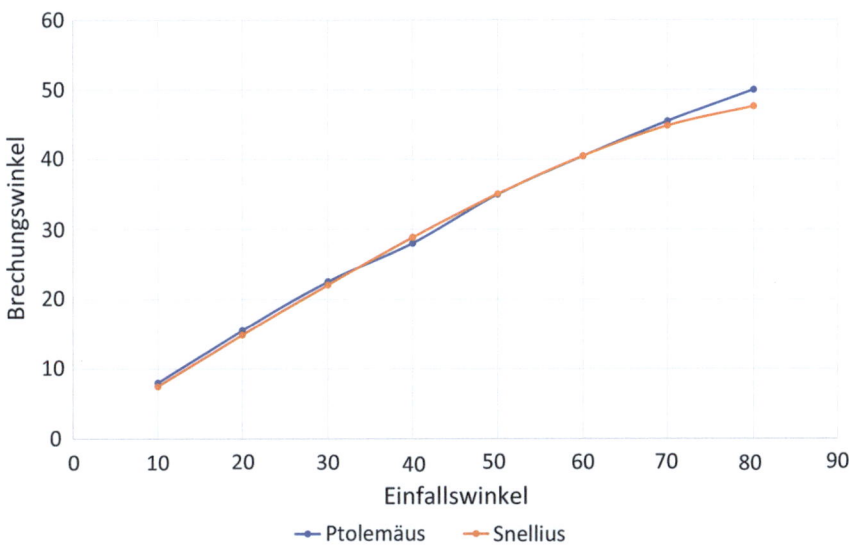

Abb. 3.3 Vergleich der Messungen des Ptolemäus (in Wasser) mit dem Brechungsgesetz nach Snellius, Armin Grasnick (2023)

Wieder ist es Seneca, der eine interessante Beobachtung mit einer wassergefüllten Glaskugel beschreibt ([19] S. 49):

> „Nun will ich nachtragen, dass alles weit größer ist, wenn man es im Wasser sieht. Noch so winzige kaum lesbare Buchstaben man durch eine Glaskugel voll Wasser größer und deutlicher sehen."

Daraus lässt sich zweierlei erkennen. Den Römern war bereits zu Beginn der christlichen Zeitrechnung die Technik des Glasblasens bekannt, wodurch sich die eine dünnwandige Form ergibt, die beim Blasen in eine natürliche Kugelform strebt. Die zweite Erkenntnis ist die erstmalige Beschreibung einer vergrößernden Wirkung eines einfachen optischen „Instruments" und nicht dessen Reduktion auf ein reines Brennglas. Diese Erkenntnisse und Fortschritte in der Glasherstellung führten zu einer intensiveren Beschäftigung mit der Theorie der Optik, die seit der Regentschaft des Kaisers Hadrian[28] belegt und eng mit dem griechischen Gelehrten Claudius Ptolemäus verknüpft ist. Ptolemäus lebte möglicherweise als Bürger des Imperiums in der römischen Provinz Ägypten und publizierte ein Werk über Optik in griechischer Sprache. Bemerkenswert ist das fünfte Buch über die Brechung. Ptolemäus erkannte das Prinzip der Brechung in transparenten Medien, insbesondere Flüssigkeiten. Dazu bestimmte er den Einfallswinkel und den Brechungswinkel des Lichts mit einer überraschenden Genauigkeit. Zum Vergleich ist hier in Abb. 3.3 die Messung des Ptolemäus der Berechnung dem

---

[28] Publius Aelius Hadrianus (76–138), römischer Kaiser.

gültigen Brechungsgesetz nach Snellius gegenübergestellt bei einem Brechungsindex von Wasser mit 1,33.

Tatsächlich hatte Ptolemäus dazu auch eine gewisse Gesetzmäßigkeit beschrieben. Die Veränderung des Brechungswinkels wird mit zunehmendem Einfallswinkel kontinuierlich geringer und nimmt zwischen den 10 Grad Schritten um jeweils 0,5 Grad ab.

Empirisches Brechungsgesetz nach Ptolemäus
Auf Basis der von Ptolemäus überlieferten Werte ([20] S. 233 Table V.1) würde das folgende Polynom zweiten Grades für Einfallswinkel in guter Annäherung entsprechende Brechungswinkel im Wasser liefern, sodass hier die von einer Gesetzmäßigkeit gesprochen werden kann.

$$\varepsilon_{Wasser} = -0{,}0022\varepsilon_{Luft}^2 + 0{,}7994\varepsilon_{Luft} + 0{,}2679 \tag{3.1}$$

Dieses „Gesetz" basiert auf der Beobachtung „reinen" Wassers. Aber Ptolemäus schreibt von verschiedenen Wassern, worunter sich zum Beispiel Süß- oder Salzwasser verstehen ließe. Ptolemäus führte die Messungen auch an einem Glaszylinder aus ([20] S. 236 Table V.2), was zu folgendem Ergebnis führte (der konstante Wert kann hier aufgrund des vernachlässigbaren Einflusses weggelassen werden).

$$\varepsilon_{Glass} = -0{,}0025\varepsilon_{Luft}^2 + 0{,}725\varepsilon_{Luft} \tag{3.2}$$

Auch hier soll das folgende Diagramm die gute Näherung an die heutige Berechnung zeigen (Abb. 3.4).

Das Ptolemäische Brechungsgesetz könnte allgemein so geschrieben werden:

$$\varepsilon_{Medium} = a\varepsilon_{Luft}^2 + b\varepsilon_{Luft} + c \tag{3.3}$$

Hier werden die brechenden Eigenschaften nicht wie bei Snellius durch den Brechungsindex, sondern werden durch die Koeffizienten a, b und c des Trends aus den Messwerten durch polynomiale Regression bestimmt[29].

Es ist wichtig zu sagen, dass Ptolemäus seine Erkenntnisse dazu verwendet hatte, die Wirkung gekrümmter Oberflächen auf die Abbildung zu beschreiben. Hier findet sich eine Erklärung zur Lage des Bildes, zur Vergrößerung bei konvexen Flächen und zu resultierenden Bildverzeichnungen. Davon ausgehend, dass Ptolemäus nur einfache Glaskörper und wassergefüllte Gefäße zu Verfügung standen, sind seine Beobachtungen überaus sorgfältig und seine Schlussfolgerungen folgerichtig.

Interessant ist die Tatsache, dass sich diese Leistung in den folgenden Jahrhunderten nicht in praktische optische Erzeugnisse umgesetzt hatte. Tatsächlich wurden auch diese Kenntnisse der Antike in den folgenden Jahrhunderten kaum

---

[29] Auf die Erläuterung der Regression wird hier verzichtet, das kann in jedem Statistikbuch gefunden werden, z. B. hier [21].

3.2 Antike Brenngläser

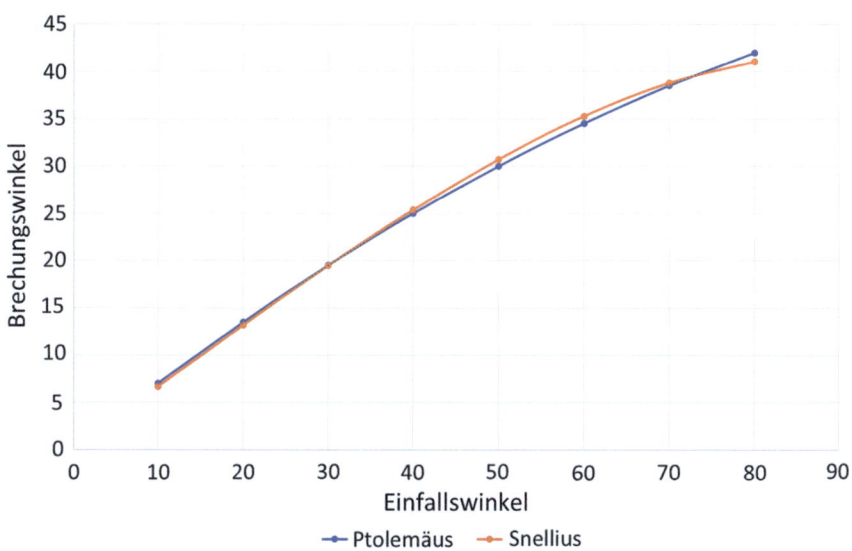

Abb. 3.4 Vergleich der Messungen des Ptolemäus (in Glas) mit dem Brechungsgesetz nach Snellius, Armin Grasnick (2023)

beachtet. Erst im 4. Jahrhundert verfasst Damianos[30] ein kleineres Werk zur Optik, das nichts Wesentliches beiträgt, sondern sich ebenfalls der Sehstrahlentheorie des Ptolemäus zuneigt [127]. Der Zusammenbruch des römischen Reiches, der Einfall „barbarischer" Völker und der Aufstieg des Christentums führte zu einem Niedergang der europäischen nichtchristlichen Wissenschaft in der Spätantike, der mit einem erheblichen Bücherverlust und damit einhergehenden Wissensschwund verbunden war. Die im Frühmittelalter beginnende Wissensvermittlung in Klöstern ging einher mit der Sammlung antiker vorchristlicher Werke. In den Skriptorien der Klöster kopierten und übersetzen die Kopisten und Schreiber historische Werke und bewahrten diese so vor dem Vergessen.

---

[30] Damianos von Larissa (um 400 n. Chr.), griechischer Autor einer Schrift über Optik, möglicherweise Sohn oder Schüler des Heliodorus.

3.3 Arabische Optik

3.3.1 Das Haus der Weisheit

Al-Ma'mun[31], ein Sohn Harun ar-Raschids[32], war bereits vor Antritt seiner Regierungszeit als Kalif von Kunst und vor-islamischer Wissenschaft beeinflusst [22]. Sein Wesir Yahya[33] gilt mitunter als einer der ersten, der sich der Übersetzung von Euklids Elementen und anderen Werken der Antike gewidmet habe[34]. Nachdem al-Ma'mun sich als Kalif in Bagdad niedergelassen hatte, lud er Gelehrte an seinen Palast ein, um in einem wöchentlichen Austausch die verschiedensten Themen aus Theologie und Wissenschaft zu diskutieren. Aus heutiger Sicht scheint es, dass der Kalif von Bagdad überaus rührig war, alle verfügbaren Schriften der antiken Gelehrten zu beschaffen und ins Arabische übersetzen zu lassen. Als Ort der Übersetzungen gilt das Haus der Weisheit (Bait al-Hikma), das in islamischer Tradition gleichzeitig als Bibliothek und Übersetzungsstätte diente [25][35]. Als erster leitender Bibliothekar wird Sahl bin Harun genannt ([22] S. 9) über den sonst nicht viel bekannt ist. In der Folge wächst die Bibliothek um einflussreiche Gelehrte, wie al-Chwarizmi[36], Hunain Ibn Ishaq[37] und al-Kindi[38].

Al-Chwarizmi arbeitete nicht nur als Übersetzer im Haus der Weiheit, sondern machte die indischen Zahlen und besonders deren Anwendung zum Rechnen im arabischen Sprachraum bekannt [26]. Die sogenannten in diesem Werk verwendeten indischen Zahlzeichen wurden dadurch einer breiteren Öffentlichkeit bekannt gemacht und sind als „arabische" Ziffern noch heute in Gebrauch. Das von al-Chwarizmi verfasste Werk wurde im zwölften Jahrhundert ins Lateinische übersetzt, wobei diese häufig mit dem Incipit „Dixit Algorizmi" (al-Chwarizmi hat gesagt) eingeleitet werden ([27] S. 8). Daraus leitete sich im Spätmittelalter der Begriff „Algorismus" für das gehobene Rechnen ab, der in heutiger Interpretation als „Algorithmus" eine wohldefinierte Folge von Rechenschritten beschreibt, mit der auch komplexe Aufgaben gelöst werden können.

---

[31] Abdallah al-Ma'mun ibn Harun ar-Raschid (786–833), Kalif der Abbasiden.
[32] Harun ar-Raschid (766–809), Kalif der Abbasiden, bekannt als Kalif der Geschichten aus Tausendundeiner Nacht.
[33] Yahya ibn Khalid, Wesir (786–800) unter Harun ar-Raschid.
[34] Zumindest hat unter seine Ägide der arabische Mathematiker al-Haddschadsch ibn Yusuf ibn Matar (gest. nach 813) in seinem Auftrag ([23] S. 5) eine Übersetzung angefertigt ([24] S. 304).
[35] Wobei zu dessen Gründung und Ausstattung keine endgültigen Beweise vorliegen und es zu dieser Zeit möglicherweise viele Bibliotheken gegeben haben könnte, wodurch dann die gesamte Stadt Bagdad den Namen „Stadt der Weisheit" verdient hätte ([25] S. 125).
[36] Abu Dscha'far Muhammad ibn Musa al-Chwarizmi (ca. 780–850), usbekischer Mathematiker und Gelehrter.
[37] Abu Zaid Hunain ibn Ishaq al-Ibad (809–877), christlich-arabischer Arzt und Übersetzer.
[38] Abu Yusuf Ya'qub ibn Ishaq al-Kindi (800–873), arabischer Arzt, Übersetzer und Philosoph.

3.3 Arabische Optik

Die Tätigkeiten im Haus der Weisheit beschränkten sich jedoch nicht auf die reine Übersetzung und Verbesserung antiker Texte. Ein prominentes Beispiel dafür sind die Banu-Musa[39], drei Söhne des Musa ibn Shakir, eines persischen Astrologen am Hofe al-Ma'muns. Mohammad, Ahmad und Hasan studierten nicht nur die alten Schriften, sondern beschäftigten sich darüber hinaus mit der Messung sphärischer Figuren und Körper. Dieser Text liegt als lateinische Übersetzung Gerhard Cremonas[40] vor und basiert auf den Arbeiten des Archimedes und Heron. Allerdings liefern die arabischen Autoren darüber hinaus auch eigene Beiträge, wie zum Beispiel bei der Berechnung der Zahl Pi ([28] S. 113). Die Kenntnis dieser Zahl ist keine Überraschung, da der am gleichen Haus und zur gleichen Zeit arbeitende Mathematiker al-Chwarizmi erwiesenermaßen diese Zahl bereits präzise berechnet hatte ([29] S. 71–72). Im „Buch der Erfindungen"[41] sind einhundert Geräte und Vorrichtungen aufgeführt. Darunter sind viele praktische Apparate, wie automatische Niveauregler für Becken oder Gefäße, aus denen Wasser und Wein oder einen Mix aus beiden ausgeschenkt werden konnte [30]. Der Erfindungen der Brüder wurden durch die erweiterte und reich bebilderte Neuauflage des Werkes zu Beginn des 13. Jahrhunderts durch al-Dschazari[42] [31] bekannt. Es ist erwähnenswert, dass die Erfindungen und Automaten der Banu-Musa und al-Dschazaris erst viele Jahrhunderte nach deren Veröffentlichung in der westlichen Welt und den Ideen Leonardo da Vincis eine gleichwertige Entsprechung finden. Beinahe ebenso erstaunlich ist es aber, dass sich trotz dieser bahnbrechenden Erfindungen niemand bemüßigt fühlte, die Ideen in die Tat und in wirkliche Maschinen umzusetzen.

Gleichzeitig mit al-Chwarizmi und den Musa-Brüdern arbeitet auch der Arzt Hunain am Haus der Weisheit. Hunain war nicht nur ein Kenner und eifriger Übersetzer der Schriften von Galen[43] [32], sondern verfasste auch ein Buch über die Augenheilkunde[44]. Dazu hat Meyerhof eine modernere Übersetzung des Textes angefertigt [34]. Hunains Buch behandelt die Struktur des Auges, dessen Krankheiten und Behandlung „in Übereinstimmung mit den Meinungen von Hippokrates und Galen", geht jedoch kaum über diese hinaus. Dafür formte Hunain aus den historischen Quellen ein systematisches Lehrbuch und ergänzte es mit einigen Abbildungen, die den Aufbau des Auges im damaligen Kenntnisstand darstellen.

---

[39] Abu Ja'far Muhammad ibn Musa ibn Shakir, Abu al-Qasim Aḥmad ibn Musa ibn Shakir und Al-Ḥasan ibn Musa ibn Shakir (wirkten im 9. Jahrhundert). Curtze berichtet, ihr Vater sei ein Räuber gewesen ([28] S. 113).

[40] Gerhard von Cremona (um 1114–1187), bedeutender Übersetzer arabischer Texte, Übersetzerschule von Toledo.

[41] Kitab al-Hiyal.

[42] Badi'az-Zaman Abu l-'Izz ibn Ismail ibn ar-Razzaz al-Dschazari, (1136–1206), muslimischer Erfinder.

[43] Galenos von Pergamon (128 199), griechischer Arzt und Anatom.

[44] Dieser Teil findet sich in Constantinus Africanus Omnia opera Ysaac als Liber de oculis Constantini [33].

Es ist wahrscheinlich, dass der Arzt al-Kindi den Arzt Hunain kannte, da beide ungefähr zur gleichen Zeit am Haus der Weisheit in Bagdad wirkten. Al-Kindi war als Übersetzer antiker griechischer Texte unter anderem von Aristoteles und Platon aktiv und gilt heute daher als sogenannter hellenisierender Philosoph. Al-Kindi kann sicher nicht als der eigentliche Übersetzer der zahlreichen ihm zugeschriebenen Texte[45] angesehen werden, da er, aus wohlhabender Familie stammend, selbst eine große Zahl an Mitarbeitern und Helfern beschäftigte. Allerdings ließ er die Texte nicht einfach übersetzen, sondern strebte danach, die wissenschaftlichen Texte weiterentwickeln und zu komplettieren ([37] S. 19). Björnbo und Vogel hatten Anfang des 20. Jahrhunderts die lateinische Übersetzung Alkindis „De Aspectibus" von Gerhard Cremona [38] in einer editierten Ausgabe mit einer ausgiebigen deutschen Erklärung herausgegeben [39], die einen Einblick in die Sehtheorie des al-Kindi erlaubt. Al-Kindi übernimmt prinzipiell die Emissionstheorie Euklids, bei der die Sehstrahlen strahlenförmig vom Augen ausgehen. Er meint dazu, dass vom Auge eine Kraft ausginge, durch die es die angeblickten Dinge sehen könne. Das Auge nimmt einen Gegenstand nur dann wahr, wenn sich zwischen beiden in gerader Linie Licht befindet. Das ist eine insgesamt passable Erklärung, denn tatsächlich ist das Vorhandensein von Licht die grundlegende Bedingung für eine Abbildung. Es ist für die geometrische Optik dabei unerheblich, ob das Licht vom Auge ausgeht oder vom Objekt. Als Beweis wird dafür angeführt, dass bei Betrachtung einer Schrift, nicht der gesamte Text auf einmal gesehen werden kann, sondern die Buchstaben nacheinander gesehen werden. In der nachfolgenden Vertiefung lehnt al-Kindi auch die z. B. von Demokrit[46] und Epikur[47] überbrachte Lehrmeinung[48] ab, dass sich die Bilder gleichsam als Formen von den Objekten ablösen und die Erscheinung der Objekte so beständig zum Auge strömen. Die Lehre des Demokrit ist uns heute durch die Darstellung des Theophrast[49] überbracht [40], die des Epikur vor allem durch Lucretius[50] [41]. Möglicherweise hatte al-Kindi noch Zugriff auf die Originale, zumindest befasst er sich intensiv mit seinen Vorgängern. Al-Kindi erwähnt die äußere Augenwölbung als den Teil des Auges, dem die Aufnahmekraft innewohnt und liegt damit dicht bei der Wahrheit. Die konvexe Form einer Oberfläche ist der maßgebliche Grund einer Optik für deren sammelnde Wirkung. Wir lesen bei al-Kindi,

---

[45] Das arabische Wissenkompendium des ersten Jahrtausends Kitab al-Fihrist [22] enthält eine lange Liste an Texten, die dem „Philosophen der Araber" al-Kindi zugeschrieben werden ([35] S. 615–626). Corbin hat mehr als 260 gezählt ([36] S. 155).

[46] Demokrit von Abdera (459–371 v. Chr.), griechischer Philosoph, Schüler des Leukipp, mit Leukipp Begründer des Atomismus.

[47] Epikur (341–271 v. Chr.), griechischer Philosoph, Schüler des Pamphiles, Lehrer des Hermarchos, Begründer der Epikureischen Schule.

[48] Eine Hauptquelle von Epikurs Theorie ist dessen Werk.

[49] Theophrast von Eresos (371–287 v. Chr.), griechischer Philosoph und Botaniker, Schüler des Aristoteles.

[50] Titus Lucretius Carus (94–53 v. Chr.), römischer Philosoph, Schüler des Philodemos.

dass sich das Sehen instantan, ohne Zeitverzug einstellt. Es scheint, dass al-Kindi hier versucht war, die „artes doctrinalis", also die Künste von „Arithmetik, Geometrie und Optik" in seinem Werk miteinander zu vereinigen.

3.3.2 Das Persische Brechungsgesetz

Die Wissenschaften und Orte der Gelehrsamkeit waren natürlich nicht auf Bagdad beschränkt, sondern standen auch in Persien in hoher Blüte. Schon als junger Mann erwarb sich Avicenna[51] in Buchara[52] einen überregionalen Ruf als Heilkundiger. Buchara als Teil des Bagdader Kalifats war damals ein Ort der Gelehrsamkeit mit einer bedeutenden Bibliothek, in der Avicenna die antiken Klassiker studieren konnte. Hier verfasste er auch sein Wissenschaftskompendium „Über die Seele", in der er sich im Sinne des Aristoteles philosophisch mit der Natur der Dinge auseinandersetzt. Er beschreibt darin unter anderem die Unterschiedlichkeit des Lichtes der Sonne und auf der Erde, erkennt aber in der Folge an, dass beide Lichtarten zur gleichen Spezies gehören und letztlich über die Intensität qualitativ unterschieden werden können ([42] S. 394–395). Diese scheinbar offensichtliche Beobachtung zeigt die Erkenntnis, dass die Intensität ein Parameter der Lichtstrahlung ist. Diese Einsicht führt zu einer weitreichenden Schlussfolgerung. Die historische Emissionstheorie des Euklid müsste bei der Betrachtung des Himmels in einem riesigen vom Auge ausgehenden Kegel das gesamte Himmelsgewölbe abtasten, was für Avicenna ein absurder Gedanke ist. Er schließt daraus, dass es etwas geben muss, dass das Auge vom betrachteten Objekt ausgehend erreichen muss und das menschliche Auge deswegen entsprechend geformt sowie aus verschieden Schichten und Flüssigkeiten aufgebaut ist ([43] S. 27–29). Wenn die Strahlen der Sonne die potenziell wahrnehmbaren Objekte erreichen, werden diese erst dadurch für unsere Augen sichtbar (ebd. S. 69). Diese Betrachtung war eine überdeutliche Abkehr vom Althergebrachten und eine gute Basis für darauf aufbauende Theorien. Avicenna hatte sich in seiner Funktion als Arzt auch intensiv mit dem Auge auseinandergesetzt. Der mehrbändige medizinische Kanon basiert vor allem auf den Schriften Galens und wurde noch im 19. Jahrhundert in der medizinischen Ausbildung verwendet. Der hier interessante Teil bezieht sich auf die Anatomie und Heilkunde des Auges [44]. Nicht verwunderlich ist die schon durch Galens anatomische Sektionen überbrachte Kenntnis des inneren Augenaufbaus, Avicennas Werk besticht jedoch vor allem durch seine Vollständigkeit und die Genauigkeit der Beobachtungen. Er beschreibt den Aufbau des Auges auch aus heutiger Sicht ausreichend und kennt die wesentliche Funktion der Pupille. Seine Bezeichnung der Netzhaut übersetzt Gerhard von Cremona mit dem lateinischen Wort „retina" ([44] S. 172), das auch heute noch die korrekte medizinische

---

[51] Abu Ali al-Husain ibn Abd Allah ibn Sina, latinisiert Avicenna (980–1087), persischer Arzt, Naturwissenschaftler und Philosoph.
[52] Heute eine Stadt in Usbekistan, zu Zeiten des Avicenna die Hauptstadt des Samanidenreiches.

Bezeichnung ist. Bei Avicenna ist die Netzhaut lediglich die Fortsetzung der Sehnerven, die eigentliche Abbildung kommt durch den Sehgeist zustande. Ein feiner Geist in geringer Menge führt zur Nahakkommodation, ein reichlich vorhandener feiner Sehgeist[53] dagegen zur Fernakkommodation. Die Ursache der Anpassung an unterschiedliche Betrachtungsentfernungen könnte nach Avicenna die unterschiedlich starke Erschütterung des Kristalls (der Augenlinse) bei verschiedenen Entfernungen sein (ebd. S. 132).

Was Avicenna noch übersieht, wird Ibn Sahl klar. Lange bevor Snellius[54] und Descartes sich mit dem Brechungsgesetz beschäftigten und die Grundlage für die heute bekannte Form gelegt hatten, studierte Ibn Sahl[55] im Haus der Weisheit Linsen und Spiegel in ihrer Funktion als Brenninstrumente. Die Ausbildung eines möglichst kleinen Brennpunktes durch die geeignete Formung von brechenden Flächen war der Beginn einer als „Anaklastik"[56] bezeichneten Wissenschaft. Dabei ging es nicht um die abbildende Wirkung von Linsen, sondern um eine Optimierung des Fokuspunktes. Ibn Sahl näherte sich dieser Aufgabe, indem er entfernte und nahe Lichtquellen und deren Strahlenverlauf betrachtete. Hier soll der Anteil der Brennspiegel übersprungen werden, da dies damals als bekannt vorausgesetzt werden kann[57]. Ibn Sahl bestimmte im zweiten Teil seiner Schrift den Brennpunkt einer Plan-Konvex-Linse mit hyperbolischer Oberfläche. Dazu wird zunächst die Brechung an der Planfläche untersucht. In der nachfolgenden Abbildung (Abb. 3.5) ist die brechende Fläche im Schnitt mit der Strecke $\overline{GF}$ dargestellt.

Auf diese Fläche fällt der rote Lichtstrahl vom Punkt E auf den Auftreffpunkt C. Das Licht tritt nun aus der Luft in das dichtere Medium ein, hier vermutlich Bergkristall, und wird zum Lot hin gebrochen (hier die blaue Strecke $\overline{CD}$). Der Ausgangspunkt E des Lichtstrahls steht senkrecht über der brechenden Fläche und dem Punkt G. Diese verlängerte Senkrechte wird von der Verlängerung des gebrochenen blauen Lichtstrahls $\overline{CD}$ im Punkt H geschnitten. Hier wird deutlich, dass der originale rote Luftweg $\overline{EC}$ kürzer ist als der scheinbare grüne Luftweg $\overline{HC}$, der durch die Verlängerung des blauen Kristallwegs $\overline{CD}$ gebildet wird. Das

---

[53] Avicenna beschreibt wie bereits Galen die Sehkraft als Folge der Zustand einer Sehflüssigkeit, des Sehgeistes. Ein verdünnter Geist sieht grundsätzlich schlechter als ein eingedickter, wobei sich, wie bereits erwähnt, auch die Menge des Sehgeistes auf die Entfernungsanpassung auswirkt.

[54] Wobei gesagt werden muss, dass sich Snellius durchaus auf die arabischen Vorarbeiten aus der Risners Übersetzung stützte ([45] S. 303).

[55] Abu Sad al-Ala ibn Sahl (940–1000), persischer Mathematiker.

[56] Nach Rashed ist die Anaklastik eher ein Kind der Katoptrik ([46] S. 466), später eher als Ausdruck für die Dioptrik verwendet ([47] S. 522) und wird heute in der Tradition Keplers und Descartes gelegentlich als Bezeichnung der Kurve eines ideal korrigierten Spiegels oder einer Linse verwendet [48].

[57] Da Ibn Sahl die Legende der Brennspiegel des Archimedes erwähnt, kann angenommen werden, dass er Kenntnis arabischen Übersetzung der geometrischen Werke [49] des Anthemios von Tralleis (2. Hälfte des 5. Jhdt.) hatte ([46] S. 474).

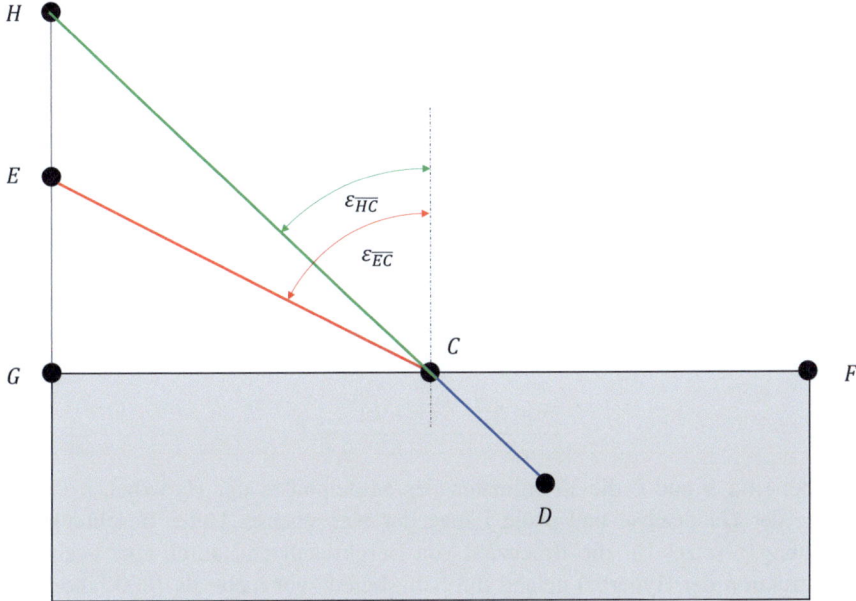

Abb. 3.5 Brechung an der Planfläche, Armin Grasnick (2023) in Anlehnung an Ibn Sahl (~984)[58] und Roshdi Rashed (1990) in [46] S: 479 Fig. 11

Verhältnis von realem zu scheinbarem Luftweg ist also immer kleiner als 1, was bei Ibn Sahl das Reziproke der Brechzahl ist.

$$\frac{\overline{EC}}{\overline{HC}} < 1 = \frac{1}{n} \qquad (3.4)$$

Diese Gleichung lässt sich auch als Verhältnis von Winkeln schreiben. Dazu genügt die Sinusfunktion und für den einfallenden roten Lichtweg lässt sich schreiben:

$$\sin\varepsilon_{\overline{EC}} = \frac{\overline{GC}}{\overline{EC}} \qquad (3.5)$$

Der scheinbare grüne Lichtweg errechnet sich analog dazu:

$$\sin\varepsilon_{\overline{HC}} = \frac{\overline{GC}}{\overline{HC}} \qquad (3.6)$$

Nun kann man den Sinus des kleineren Winkels durch den Sinus des größeren Winkels teilen, was dem Kehrwert der Brechzahl $\frac{1}{n}$ entspricht.

---

[58] Originale Zeichnung in der Handschrift Kitabkhana-yi Milli MS 867 der iranischen Nationalbibliothek in Teheran.

$$\frac{\sin\varepsilon_{\overline{HC}}}{\sin\varepsilon_{\overline{BC}}} = \frac{1}{n} = \frac{\overline{GC}}{\overline{HC}} \cdot \frac{\overline{EC}}{\overline{GC}} = \frac{\overline{EC}}{\overline{HC}} \quad (3.7)$$

Den Brechungsindex des Kristalls nutzt Ibn Sahl nun, um eine Linse zu entwickeln, die parallele Strahlen in einem Brennpunkt sammelt. Dabei konstruiert Ibn Sahl zunächst eine Plan-Konvex-Linse mit einer hyperbolischen Oberfläche. Diese hyperbolische Form ermöglicht es, dass einfallende Lichtstrahlen auf einen gemeinsamen Brennpunkt hin entsprechend des von ihm entdeckten Brechungsgesetzes gebrochen werden. Im Gegensatz zu einer sphärischen Linse, bei der die Strahlen nur in der Nähe der Achse auf einen Punkt konvergieren, sorgt die Hyperbelform dafür, dass alle eingehenden parallelen Strahlen im Brennpunkt konvergieren. Die allgemeine Formel für eine Hyperbel im 2D Raum ist.

$$\frac{(x-h)^2}{a^2} - \frac{(y-k)^2}{b^2} = 1 \quad (3.8)$$

Hierbei sind h und k die Koordinaten des Mittelpunkts der Hyperbel, a ist die Länge der Hauptachse und b die Länge der Nebenachse. Unter Beachtung des Brechungsgesetzes für die Brechzahl von Bergkristall und durch eine geeignete Konstruktion der Hyperbel gelang Ibn Sahl, bereits vor mehr als 1000 Jahren die Entwicklung einer asphärischen Linse (Abb. 3.6).

Ibn Sahl formulierte in etwa dazu: „Sonnenstrahlen, die parallel zur optischen Achse verlaufen und diesen Kristall durchqueren, werden an der hyperbolischen Fläche gebrochen und die gebrochenen Strahlen konvergieren im Brennpunkt"[59]. Zum Nachweis, dass Ibn Sahls Behauptung tatsächlich richtig war, wurde eine plan-hyperbolische Linse aus Bergkristall interpretiert und simuliert. Beim Raytracing der parallelen Lichtstrahlen aus dem Unendlichen fokussieren alle Strahlen im Brennpunkt (s. Abb. 3.7).

Aus dieser Erkenntnis entwickelte Ibn Sahl auch die Idee einer bikonvexen Linse mit zwei asphärischen Flächen, die vereinfacht als Linsengruppe aus zwei an der Planfläche verbundenen Plan-Konvex-Linsen verstanden werden kann. Die Idee dahinter war die Abbildung einer nahen Lichtquelle in einen Brennpunkt, was auch als die Abbildung eines Punktes verstanden werden kann. Ibn Sahls Linsen hätten, wenn Sie zu dieser Zeit überhaupt herstellbar gewesen wären, eine hohe Abbildungsqualität aufgewiesen.

Noch zu Lebzeiten des Ibn Sahl war Kairo neben Bagdad zu einem weiteren Zentrum der Gelehrsamkeit aufgestiegen. Auch Kairo hatte ein Haus der Weisheit[60]. Al-Hakim[61], der Kalif von Kairo war in Tradition des al-Ma'mum ebenso

---

[59] Eigene Interpretation der englischen Übersetzung ([46] S. 479).
[60] Allerdings ein „Dar al-Hikma" (nicht Bayt al-Hikma wie in Bagdad), wobei „Dar" auf ein prunkvolleres Bauwerk hindeutet ([25] S. 249).
[61] Abu Ali al-Mansur ibn al-Aziz (985–1021), als al-Hakim bi-amr Allah Kalif der Fatimiden von Kairo.

3.3 Arabische Optik

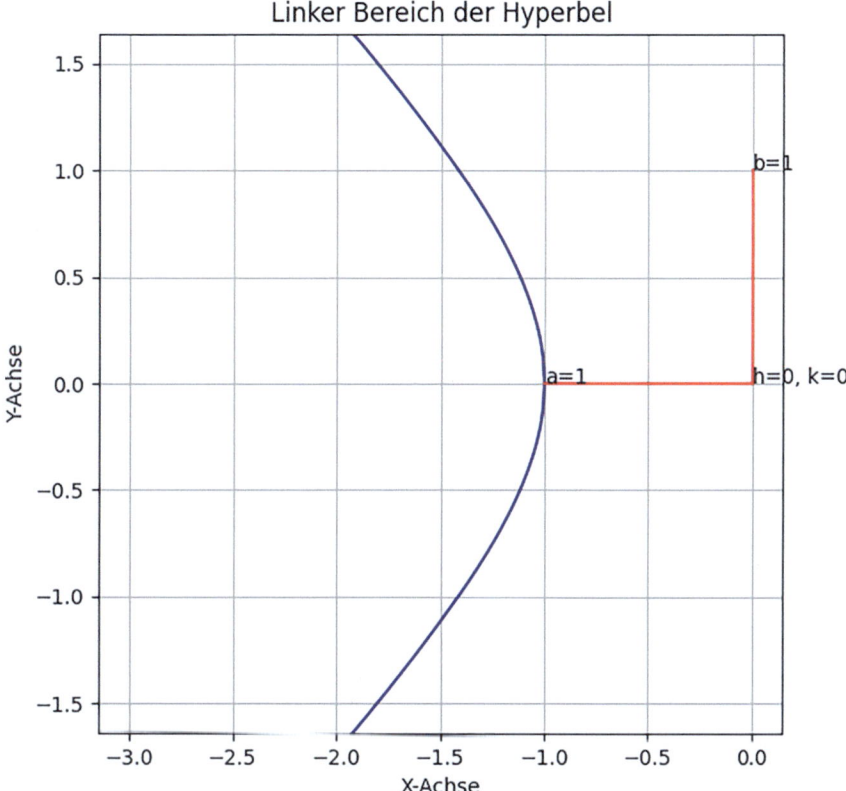

Abb. 3.6 Hyperbelfläche, Armin Grasnick (2023) in Anlehnung an Ibn Sahl (~984)[62] und Roshdi Rashed (1990) in [46] S: 479 Fig. 12

darauf bedacht, die Gelehrten seiner Zeit an seinen Hof zu binden. In al-Hakims Kairoer Haus der Weisheit wirkte zu dieser Zeit auch der Gelehrte Ibn al-Haitam, der heute besser unter seinem latinisierten Namen Alhazen bekannt ist. Alhazen schrieb dort auch sein einflussreiches Buch der Optik (Kitab al-Manazir). Wie schon Avicenna lehnte auch Alhazen die antike Sehtheorie der Extramission ab, da für ihn der Einfluss des Lichtes auf das Sehen zu offensichtlich ist. Er beschreibt die Alltagserfahrung des schmerzhaften Sehens in die Sonne, welches nicht angenehmer durch die Ablenkung eines Spiegels wird ([50] S. 51) und begründet sorgfältig, dass Sehen nicht durch eine Emission des Auges erfolgen kann (ebd. S. 80). Seine Intromissionstheorie lässt sich aber ebenso mit der Euklidischen Geometrie und der geradlinigen Lichtausbreitung erläutern. Alhazen beschreibt

---

[62] Originale Zeichnung in der Handschrift Kitabkhana-yi Milli MS 867 der iranischen Nationalbibliothek in Teheran.

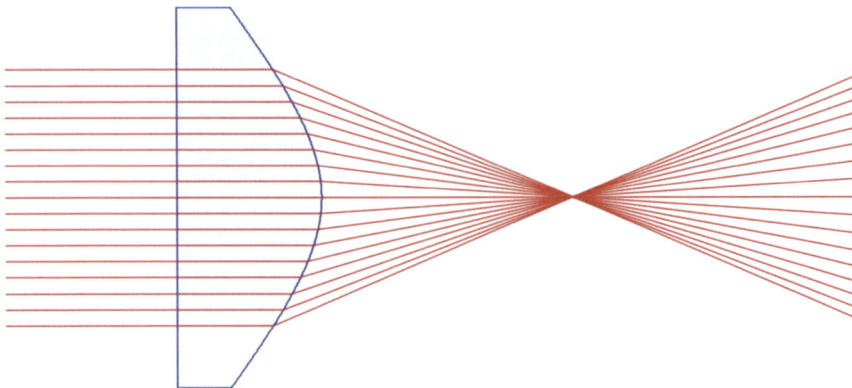

Abb. 3.7 Brennpunkt an einer plan-hyperbolischen Linse nach Ibn Sahl, Armin Grasnick (2024)

den optischen Aufbau des Auges detailliert, allerdings geht er nicht auf die optische Abbildung auf der Netzhaut ein. Dennoch entwickelte er aufbauend auf den Theorien des Ptolemäus und Ibn Sahls das Konzept der optischen Vergrößerung durch gekrümmte Oberflächen eines optischen Mediums (z. B. [51] S. 315) Allerdings beschreibt er es hier noch als „visuelle Fehlwahrnehmungen, die durch die Refraktion entstehen" (ebd. S. 307). Das siebente Kapitel des siebenten Buches enthält in der vierten Proposition die Beobachtung der Vergrößerung durch optische Körper (ebd. S. 309).

> „…das Sehvermögen [wird] immer über Dinge getäuscht, die durch einen durchsichtigen Körper, der sich von der Luft unterscheidet, wahrgenommen werden…, denn Dinge, die im Wasser und durch Glas oder durchsichtige Steine gesehen werden, erscheinen vergrößert."

Das ist bei Alhazen keine reine Beobachtung, sondern er erläutert das anhand der Brechung, sowohl an planen und als auch gekrümmten Oberflächen. In der Folge wird erläutert, wann eine Vergrößerung eintritt (ebd. S. 321).

> „Wenn also das Sehvermögen etwas durch einen [durchsichtigen] Körper wahrnimmt, der dichter als Luft ist, wenn die Oberfläche dieses Körpers kugelförmig ist und seine Wölbung dem Sehzentrum zugewandt ist, und wenn sein Mittelpunkt, was das Sehzentrum betrifft, jenseits des sichtbaren Gegenstandes liegt, wird es diesen Gegenstand als größer wahrnehmen, als er [tatsächlich] ist…"

Hier wird ein durchsichtiger Gegenstand aus Glas oder Kristall Stein mit gewölbter Oberfläche zu einem Vergrößerungsinstrument und kann so als frühe Interpretation einer Lupe oder Linse gelten.

3.4 Optik des Mittelalters

3.4.1 Das Leseglas der Wikinger

Etwa zu der Zeit als Alhazen in Kairo verstorben war, legten einige tausend Kilometer nördlich die Wikinger in der Nähe der Handelsstadt Visby einen Schatz nieder. In diesem Schatz befanden sich einige Artefakte aus Bergkristall, die eine optische Wirkung aufweisen, die der Vorstellung des Alhazen entsprechen. Bergkristall kommt auf Gotland nicht natürlich vor, sodass die Wikinger das Material von ihren Handelszügen mitgebracht haben mussten. Ein solcher Bergkristall ist in seiner natürlichen Form in der nachfolgenden Abbildung Abb. 3.8 dargestellt.

Aus diesem Bergkristall fertigten die nordischen Handwerker auch Kristallobjekte mit optischer Wirkung. Gerade auf Gotland fanden sich bei Ausgrabungen etliche polierte Glaskugeln oder gar vergrößernde Linsen, von denen viele in hoher kunsthandwerklicher Qualität in Silber gefasst oder gar zu kompletten Halsketten verarbeitet waren [52]. Ein Mitarbeiter des Optik-Unternehmens Rodenstock wurde auf eine dieser Linsen aufmerksam und analysierte die Form der Linsenflächen. Überraschenderweise stellte sich heraus, dass die Flächen so präzise von der Kugelform abwichen, dass deren asphärische Form zu einer beinahe

Abb. 3.8 Großer Bergkristall, Armin Grasnick (2023)

Abb. 3.9 Vergrößerung mit der Visby-Linse aus Bergkristall, Armin Grasnick (2023)

idealen, punktförmigen Abbildung führte. Die Abbildung durch die (hier elliptisch geformten) optischen wirksamen Flächen verringert den sphärischen Abbildungsfehler auf ein Mindestmaß und führt im Zusammenspiel beider Asphären zu einer außergewöhnlich hochwertigen Lupe, einem hoch funktionalem Lesestein [53]. Es ist bis heute nicht klar, wie die Linsen verwendet wurden. Da viele der gefundenen Objekte gefasst und möglichweise auch mit Silber hinterlegt waren, ist es am wahrscheinlichsten, dass diese als Schmuck verwendet wurden. Es darf angenommen werden, dass ein Bergkristall-Linsen-Collier nur hochstehenden Persönlichkeiten der Wikingergesellschaft zugänglich war und dass die optische Wirkung auf einen vor dem Collierträger stehenden Beobachter außergewöhnlich gewesen sein muss[63].

Die vergrößernde Wirkung der Visby-Linse zeigt sich gut in der Funktion als Lesestein, wie in der Abbildung Abb. 3.9 gezeigt.

In dieser Abbildung liegt die Linse über einer Seite der Naturkunde des Plinius, in der er im 37. Buch über den Bergkristall berichtet und auch dessen sammelnde und „brennende" Wirkung als Sonnenbrennstein beschreibt.

Unklar ist bis heute, ob oder wie die Wikinger die Linsen hergestellt hatten und ebenso, warum diese nur in einer relativ kurzen Periode gefertigt wurden. Möglicherweise war die Kenntnis zur präzisen Fertigung von Kristalloptiken nur sehr wenigen bekannt und verschwand mit dem Ableben der alten Meister.

---

[63] Bei einer Hinterlegung mit spiegelndem Silber würde man sich in jeder Linse in hoher optischer Qualität verkleinert und auf dem Kopf stehend sehen.

3.4.2 Optiker der Ritterzeit

Etwa um die Zeit der ersten Jahrtausendwende war der Höhepunkt der wissenschaftlichen Tätigkeit in den Häusern der Weisheit überschritten, religiöse und weltliche Konflikte führten dort zu einer kontinuierlichen Abnahme origineller Manuskripte. Das lateinische Europa war im beginnenden Hochmittelalter von einem tiefgreifenden Wandel erfasst, der sich vor allem ein aufblühendes Handwerk, einen expandierenden Handel und die weitgehende Christianisierung der europäischen Völker manifestierte. Die gewaltsame Verbreitung des Christentums ging mit einer Welle gewalttätiger Eroberungen einher, in deren Gefolge sich nicht nur die militärische Ritterschaft entwickelte, sondern auch die geistlichen Orden expandierten. Zum Ende des 11. Jahrhunderts rief Papst Urban II auf dem Konzil von Clermont zum Kreuzzug auf [54], der sich auch in Europa selbst auswirkte. Große Teile der ehemals römische Provinz Hispania waren seit dem 8. Jahrhundert unter muslimischer Herrschaft, deren Einfluss von den christlichen Widersachern im Zuge einer jahrhundertelang andauernden „Rückeroberung"[64] zurückgedrängt wurde. Urbans Aufruf zum „heiligen Krieg" führte auch auf der Pyrenäenhalbinsel zu einem verstärkten Einsatz von christlichem Militär und Klerus.

Im frühen 12. Jahrhundert setzte im westlichen Europa die Übersetzungsbewegung arabischer Schriften ein, die eng mit al-Andalus, dem arabischen Namen des muslimischen Teils der Iberischen Halbinsel verknüpft ist. In den Städten Andalusien lebte die muslimische, christliche und jüdische Bevölkerung zumeist friedlich miteinander und es herrschte ein aufgeschlossenes Klima gegenüber Gelehrsamkeit und Wissenschaft. Nach der Eroberung von Toledo durch die Christen wurde die Stadt zu einem Bischofsitz und ein zentraler Teil der iberischen Kirche. Der dadurch wachsende Anteil gelehrter Kirchendiener und das Nebeneinander von Arabisch, Latein und Hebräisch begünstigte die Möglichkeit der Übersetzung historischer Manuskripte. In der „Übersetzerschule"[65] von Toledo wurden vor allem die Schriften aus dem Haus der Weisheit, unter denen sich auch die arabischen Übersetzungen antiker Schriften befanden, ins Lateinische übertragen. Einer der produktivsten Übersetzer Toledos war sicherlich Gerhard von Cremona, dem mehr als siebzig Übersetzungen zugeschrieben werden[66]. Die Übersetzungen aus Toledo hatten großen Einfluss auf die Entwicklung der Wissenschaften in Europa, da die originalen antiken Texte in der Regel nicht mehr verfügbar waren.

---

[64] Lat. Reconquista, die militärische Ausweitung christlicher Herrschaftsbereiche durch Eroberung muslimischer Territorien auf der Iberischen Halbinsel.
[65] Eher ein institutioneller Rahmen als eine tatsächliche Infrastruktur.
[66] Unter anderem Werke des Aristoteles, Euklids Elemente, der Amalgest von Ptolemäus, aber auch die Algebra von al-Chwarizmi, die Medizin Galens und Avicennas oder die Schriften al-Kindis.

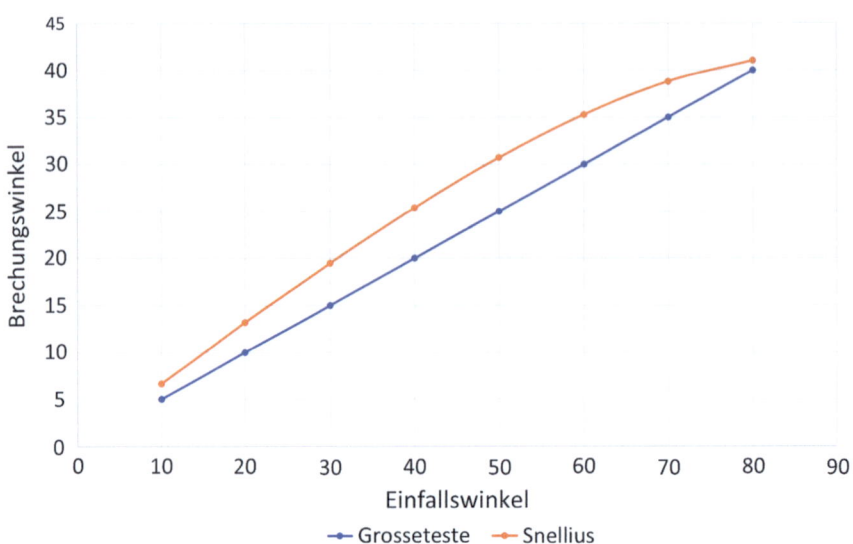

Abb. 3.10 Vergleich des Brechungsgesetzes von Grosseteste (in Glas) mit dem Brechungsgesetz nach Snellius, Armin Grasnick (2023)

Robert Grosseteste[67] beschäftigte sich wie viele seiner Vorgänger mit der Entstehung des Regenbogens. Dabei begnügte er sich nicht mit dem Regenbogen, sondern ging im ersten Teil seines Textes auch auf Reflexion, Brechung und Optik im Allgemeinen ein. Das führte ihn zu der Annahme, der Regenbogen stellte ein Phänomen der Lichtbrechung dar (nach [55]).

> „[Optik] … ist der Durchgang der Strahlen durch transparente Medien verschiedener Art, wobei an den Grenzflächen der Strahl gebrochen wird und der Strahl das Objekt nicht auf einem geraden Weg erreicht, sondern mittels mehrerer gerader Linien, die an den entsprechenden Grenzflächen eine Reihe von Winkeln aufweisen."

Grosseteste versucht sich auch an der Beschreibung eines Brechungsgesetzes, das in seiner Interpretation etwa besagt, dass der Winkel des Brechungswinkels die Hälfte des Einfallswinkels beträgt. Das mag sich zunächst aus heutiger Sicht sehr einfach und oberflächlich anhören, ist aber auch nicht vollständig falsch, wie die Abbildung Abb. 3.10 zeigt.

Wenn dem Grossetesteschen Gesetz auch ein gewisser praktischer Nutzen nicht abzusprechen ist, fällt auf, dass der Brechungsindex der Medien hier fehlt. Für das Verständnis der optischen Leistungen des Robert Grosseteste sind neben dem Werk „De iride" über den Regenbogen auch die Schriften über die Farben

---

[67] Robert Grosseteste, auch Robert von Lincoln (um 1170–1253), englischer Philosoph und Theologe, Bischof von Lincoln.

("De coloribus") auch dessen geometrische Abhandlungen ("De lineis, angulis et figuris") von Bedeutung. Alle Texte finden sich in seinen philosophischen Werken [56].

Roger Bacon[68], der in Oxford mit Robert Grosseteste zusammentraf, wie dieser die antiken griechischen Schriften und zudem die „modernen" arabischen Wissenschaften kannte, war ein eifriger Forscher und Naturphilosoph. Bacon galt als bewundernswerter Lehrer (doctor mirabilis) und verfasste Schriften zur Mathematik, Religion und Philosophie. Von besonderer Bedeutung für die Optik ist sein „Opus maius"[57], in dem er die optischen Wissenschaften ausführlich beschreibt und insbesondere auch auf die veränderte Bildlage und Vergrößerung durch optische Konvexflächen eingeht. Im Gegensatz zu Grosseteste kennt Bacon auch den Einfluss eines dünneren oder dichteren transparenten Mediums im Lichtweg. Das führt in zur Erkenntnis der Machbarkeit optischer Linsen (nach [57] S. 574).

> „Wenn ein Mensch Buchstaben oder andere kleine Gegenstände durch einen Kristall oder ein Glas oder einen anderen durchsichtigen Körper betrachtet, der über den Buchstaben angebracht ist, und es ist der kleinere Teil einer Kugel, deren Wölbung dem Auge zugewandt ist, und das Auge befindet sich in der Luft, wird er die Buchstaben viel besser sehen und sie werden ihm größer erscheinen."
>
> „Daher ist dieses Instrument nützlich für ältere Menschen und für Menschen mit schwachen Augen."

Insbesondere der letzte Satz gilt jenen, die unbedingt einen Erfinder der Brille ausmachen wollen, als Beweis für Bacons Urheberschaft. Unbestritten ist, dass Bacon hier ein wirkliches Instrument zur Erfüllung einer bestimmten Aufgabe so ausführlich beschreibt, dass seine Sehhilfe prinzipiell fertigbar wäre. Das ist eine Leistung, die nach heutigen Maßstäben die Erteilung eines Patents rechtfertigen würde. Dieser praktische Ansatz ist charakteristisch für Bacons wissenschaftliche Methode.

Die Erfindung der Brille
Die Frage, wer die Brille tatsächlich erfunden hat, ist so alt wie deren Nutzung. Die vergrößernde Wirkung des Kristalls dürfte im 13. Jahrhundert bekannt gewesen sein, wie ein Lobgesang auf die Jungfrau Maria von Konrad von Würzburg[69] zu beweisen scheint. Konrad besingt die Reinheit der Jungfrau und vergleicht sie mit der Klarheit des Kristalls[70].

---

[68] Roger Bacon (1220–1292), englischer Franziskaner und Philosoph.
[69] Konrad von Würzburg (um 1230–1287), fahrender Sänger und Meister des Minnesangs.
[70] Eigene Übersetzung. Im Original (aus [58] S. 57–58): „von dinem magetüme/der welt gnade vil erschein;/dir ist der cristallen – stein/gelich und der berille,/beide offenbar und stille" Eine alte Handschrift der „goldenen Schmiede" findet sich in der Universitätsbibliothek Heidelberg [59].

„…..von deinem Mägdetum/erscheint der Welt viel Gnade/du gleichst dem kristallenen Stein/und der Brille[71]/und bist beides: offenbar und still…"

Die Brille findet sich auch bei Albrechts[72] „jungerem Titurel"[73], einem Dichter aus der Zeit Konrads.

„Einen seiner Söhne ‚Barille' nannte er nach dem Stein/Durch den der Wille der Augen macht groß aus klein."[74]

Der Sohn wird nach dem Beryllstein benannt, der hier metaphorisch für die Fähigkeit steht, kleine Dinge für das Auge größer erscheinen zu lassen. Diese Beschreibung spielt auf die optischen Eigenschaften des Berylls an, die hier mit der Verbesserung der Sehfähigkeit in Verbindung gebracht wurden.

Es steht außer Frage, dass Roger Bacon die Funktion und Form eines Brillenglases 1267 bereits ausreichend beschrieben hatte, sodass eine Fertigung bei einem erfahrenen Kristallschleifer durchaus möglich gewesen wäre. Edward Rosen hatte sich dieser Frage in den 1950er Jahren intensiv gewidmet[75] und den Dominikaner Giordano von Pisa[76] als ersten Zeitzeugen der Existenz einer Sehhilfe ausgemacht. Giordano erzählte in einer Fastenpredigt im Jahre 1306 [64], er habe bereits zwanzig Jahre zuvor den Erfinder der Brille getroffen und mit ihm gesprochen. Das wäre im Jahre 1286 gewesen und zu der Zeit, als Giordano Student in Bologna und Paris war ([65] S. 5). Es ist ebenfalls überliefert [66], dass der Dominikaner Alessandro[77], der in Pisa an der gleichen Kirche wirkte wie Giordano, bereits in der Lage gewesen wäre, Brillengläser herzustellen[78]. Zu Beginn des 14. Jahrhunderts ist die Herstellung von Glas in Italien entwickelt. Auf Murano, einer Inselgruppe vor Venedig, wurden zum Ende des 13. Jahrhunderts die Glasmacher angesiedelt, um das Geheimnis ihrer Kunst zu wahren. Transparentes Glas[79] konnte bereits hergestellt werden [68], die Bearbeitung von Glas und natürlichen Kristallen dürfte Standard gewesen sein. Die italienischen „Cristalleri", die im 13. und 14. Jahrhundert aus Bergkristall klare Kunstwerke schufen [69], waren ohne Zweifel in der Lage, daraus auch plan- oder bikonvexe Linsen herzustellen. Um 1300 gaben sich die Kristallkünstler ein Regelwerk, in dem auch „Scheiben … für die Augen" und Lesesteine oder Vergrößerungslinsen erwähnt werden. Da sich

---

[71] Hierzu gibt Grimm, der Herausgeber der goldenen Schmiede, die Erläuterung, Konrads „berille" sei mit „parille" zu übersetzen, womit die Bezeichnung des Albrecht gemeint ist. Sowohl „Parille", „Barille" als auch „Berille" kann als eingedeutschte Mehrzahl für „Beryll" des lateinischen Namens für Bergkristall „berillum" angesehen werden.

[72] Albrecht (wirkte um 1270), mittelhochdeutscher Dichter.

[73] Der „Titurel" Albrechts ist eine Fortsetzung der Titurel-Geschichte Wolfram von Eschenbachs (1170–1220), bei dem Titurel der Stammvater der Gralshüter ist.

[74] Eigene Übersetzung. Im Original (aus [60].S. 9 Vers 90): „Ein sin Sun Barille, hiez er nach dem Steine./Durch das der ougen wille. Da mit er … machet groz uz kleine."

[75] S. hierzu [61–63].

[76] Giordano von Pisa, auch Giordano da Pisa (1260–1311), italienischer Dominikaner.

[77] Allessandro della Spina (gest. 1313), italienischer Dominikaner.

[78] „Frater Alexander de Spina. Vir modestus et bonus. Que vidit oculis facta, scivit et facere; ocularia ab alio primo facta comunicare nolente, ipse fecit et omnibus comunicavit corde ylari et volente. Cantare scribere miniare et omnia scivit que manus mechanice valent. Ingeniosus in corporalibus [non choralibus di ed.], in domo regis eterni fecit suo ingenio mansionem." (aus [67] 16v, 113).

[79] Obgleich das klare „cristallo" Kristallglas erst später von Angelo Barovier (1400–1460) erfunden wurde.

3.4 Optik des Mittelalters

Abb. 3.11 Hugo von Saint-Cher mit Brille, Wandbild im Dominikanerkloster von San Nicolo, Tommaso da Modena (1352)

der Text insbesondere auf ein Verbot von Fälschungen solcher Instrumente bezieht, muss es bereits zu dieser Zeit einen gewissen Markt dafür gegeben haben.

Seit der Mitte des 14. Jahrhunderts dürften Brillengläser einigermaßen bekannt gewesen sein. So zeigt eine Abbildung des Kardinals Hugo von Saint-Cher aus dem Jahre 1352 diesen mit einer Brille beim Schreiben (Abb. 3.11).

Zur gleichen Zeit wie Bacon betrieb der etwa gleichaltrige Franziskaner Johannes Peckham[80] ebenfalls Studien der Optik. Es ist wahrscheinlich, dass Peckham von Grossesteste und Bacons Werk beeinflusst war und auch die Werke der grie-

---

[80] Johannes (John) Peckham (um 1220–1292), englischer Franziskaner, Erzbischof von Canterbury.

chischen und arabischen Optiker kannte. Sein Werk „Perspectiva communis" [70] wurde ein Standardwerk der Optik, das bis in 17. Jahrhundert großen Einfluss auf das Verständnis der Optik ausübte. Peckham hat viele der optischen Theorien seiner Zeit zusammengefasst und folgt dabei in großem Teilen dem Alahzen ([37] S. 117). Peckham versuchte zu erklären, wie ein Bild beim Betrachter entsteht und benötigte dazu ein Verständnis vom Aufbau des Auges und dem Prozess des Sehens sowie die grundlegende Kenntnis von Reflexion und Brechung. Die in den späteren gedruckten Ausgaben enthaltenen Grafiken trugen zum Charakter eines Lehrbuches und dem anhaltenden Erfolg des Werkes bei.

Auch der thüringisch-polnische Mönch Witelo[81], ein Zeitgenosse Peckhams und Bacons[82], verfasste ein einflussreiches Werk namens „Perspectiva" [72][83]. Überdies hatte Witelo offensichtlich Kenntnis von „Alhazens" und al-Kindis „Aspectibus", deren Erkenntnisse einen maßgeblicher Einfluss auf die „Perspectiva" ausübten ([73] S. 66). Auch Witelo beschäftigte sich mit dem Problem des Alhazen, das im weitesten Sinne eine allgemeine Beschreibung von Reflexionen an sphärischen Oberflächen sucht. Die intensive geometrische Ausarbeitung führte Witelo auch zum grundsätzlichen Verständnis der Abbildung am Spiegel und durch die Kenntnis der Brechung prinzipiell auch zum Problem eines nicht punktförmigen Brennpunktes[84].

3.5 Renaissance der Optik

3.5.1 Die Wiedentdeckung der Antike

Der Einfluss antiker Philosophen auf Leonardo da Vinci ist unbestritten. Am offensichtlichsten manifestiert sich das in der berühmten Abbildung des Vitruvianischen Menschen, die zweifelsfrei nach der Anleitung des Vitruv[85] gezeichnet wurde. In seinen anatomischen Notizen setzte sich Leonardo ausführlich mit Galens Anatomie (z. B. in [75] S. 28) und Avicennas Theorien von Körper und Seele (ebd. S. 69) auseinander. Es ist möglich, dass Leonardo auch die Werke von al-Kindi oder Alhazen kannte und möglicherweise von den Maschinen der Banu Musa oder al-Dschazaris inspiriert war. Als sicher kann gelten, dass er mit den

---

[81] Witelo (um 1230 – ca. 1280), schlesischer Geistlicher und Naturforscher.
[82] Und vielleicht wie Peckham von deren Schriften beeinflusst [71].
[83] Allerdings erst, nachdem die Werke des Euklid, Heron, Ptolemäus auch als lateinische Übersetzungen verfügbar waren, da er, wie Smith ausführt, wahrscheinlich des Griechischen (kaum mächtig war ([73] S. 17). Alhazens Aspectibus muss schon zum Ende des 12. bzw. Anfange des 13. Jahrhunderts als lateinische Übersetzung vorgelegen haben ([37] S. 209) und war dem Witelo damit auch ohne Kenntnisse des Arabischen zugänglich.
[84] Was Witelo zwar nicht so explizit beschreibt, sich aber aus dem Text herleiten lässt.
[85] Vitruv (ca. 80–15 v. Chr.), römischer Architekt und Ingenieur, die Beschreibung der menschlichen Proportionen finden sich in seinen „Zehn Bücher über Architektur" ([74] S. 131–133).

3.5 Renaissance der Optik

Elementen des Euklid vertraut war, dass diese die Grundlage der mathematische Perspektive in Paciolis[86] „Divina proportione" [76] bildeten und Leonardo der Illustrator des Buches war.

Obgleich dem Leonardo die Konstruktion der Perspektive geläufig war und sich ihm durch praktische Anatomie des Auges die optische Wirkung von Linsen offenbarte, scheinen sich daraus für den Universalgelehrten keine unmittelbaren optischen Gesetzmäßigkeiten hergeleitet zu haben. Allerdings beschrieb Leonardo da Vinci ein Gerät[87], dass in etwa die Funktion des menschlichen Auges simulierte und beschäftigte sich mit der Abbildung in einer Art von Camera obscura[88]. Della Porta[89], ein neapolitanischer Gelehrter des 16. Jahrhunderts, machte sich vor allem durch sein Werk „Magiae Naturalis" einen Namen, in dem er eine Vielzahl von wissenschaftlichen Themen behandelte. Wie Leonardo da Vinci beschäftigte sich Della Porta auch mit der Camera obscura, aber darüber hinaus auch mit der Wirkung von Spiegeln und transparenten Kristallen. Im siebzehnten Buch beschreibt er die reale Abbildung an konkaven Spiegeln und konvexen Linsen, bei denen die Bilder praktisch „in der Luft hängen" (s. [78], S. 361 u. 368). Della Porta erklärt den idealen Brennpunkt einer parabolischen Linse[90] und auch die Fertigung von Brillengläsern (ebd. S. 378). Die Beschreibungen Portas sind eher allgemeiner Natur und lassen aus heutiger Sicht eine präzise Reproduktion nicht ohne weiteres zu.

Die Kenntnisse in der Herstellung konkaver und konvexer Linsenflächen war zum Ende des 16. Jahrhunderts vor allem denen vertraut, die sich beruflich damit beschäftigten. Der Brillenmacher Lipperhey[91] gilt als einer derjenigen dessen aus zwei Linsen zusammengesetztes Vergrößerungsgerät dokumentiert ist. Als Lipperhey allerdings versuchte, sein Fernglas zu patentieren, schien seine Erfindung keineswegs so neu zu sein. Andere niederländische Brillenmacher wie Metius[92] oder Jansen[93] erhoben Anspruch auf die Idee ([79], S. 18), die sich schließlich aufgrund der Einfachheit beziehungsweise zu geringer Erfindungshöhe nicht patentieren ließ. Della Porta hatte 1609 Gelegenheit eine solches „Sehrohr" zu analysieren. Da er seine Beobachtungen dem Prinzen Cesi[94] in schriftlicher Form mitteilte, lässt sich der Aufbau eines damaligen Fernrohrs gut nachvollziehen. Van

---

[86] Luca Pacioli (1445–1514), italienischer Franziskaner und Mathematiker.
[87] Im Pariser Manuskript D, Folio 3 verso.
[88] Bei Leonardo „Abitatione Oscura" ([77] S. 45).
[89] Giovanni Battista (oder Giambattista) della Porta, (1535–1615), italienischer Arzt und Gelehrter, verfasste die „Magia naturalis" ein umfangreiches Werk zur Magie und den Naturgeheimnissen.
[90] „Ein kristallines Parabolglas entzündet das Feuer am heftigsten von allen, wir werden es sehen, weil sich die Strahlen alle treffen." (aus [78], S. 378).
[91] Hans Lipperhey (um 1570–1619), deutsch-niederländischer Optiker.
[92] Jacob Metius (1571–1628), niederländischer Optiker.
[93] Zacharias Janssen (1588–1631), niederländischer Optiker.
[94] Federico Cesi (1585–1630), italienischer Adliger, Naturforscher und Akademiegründer.

Helden hat Portas Beschreibung analysiert und darauf basierend die Brechkraft der Linsen abgeschätzt. Lipperheys Teleskop könnte bei einer etwa vierfachen Vergrößerung mit einer konvexen, sammelnden Objektivlinse mit einer Brennweite etwa 48 cm (also etwas stärker als 2 Dioptrien) ausgestattet gewesen sein. Die konkave, streuende Okularlinse würde in diesem Fall eine negative Brennweite von 12 cm (etwas mehr als -8 Dioptrien) aufweisen ([80] S. 185).

Der grundlegende Gedanke des „holländischen Teleskops" verbreitete sich schnell und gelangte so auch zu Galileo Galilei[95]. Galilei berichtete selbst im Sternenboten (Sidereus Nuncius), ihm sei ein Gerücht zu Ohren gekommen, ein „gewisser Belgier"[96] hätte, was ihm von vertrauenswürdiger Seite bestätigt worden sei[97]. Das war ein deutliches Indiz der möglichen Funktionstüchtigkeit eines solchen Geräts. Unter Anwendung der bekannten Gesetze der Optik entwickelte Galilei zwei geeignete Linsen und setzte diese in ein Bleirohr ein.

Galilei nutzte in seinem Teleskop je eine Plan-Konkav- und Plan- Konvexlinse und erzeugte so eine Abbildungsqualität, die ihn dazu befähigte, Zeichnungen der Mondoberfläche anzufertigen und die Planeten zu beobachten, die ihm „dreimal näher und neunmal größer" erschienen ([81] S. 6r). Galileo rastete nicht, bis er nach eigenen Angaben eine 60fache Vergrößerung erreichte (ebd.). Es ist lohnenswert das näher zu betrachten, da eine solche Vergrößerung aus heutiger Sicht unter Beachtung der damaligen Fertigungsmöglichkeiten wahrscheinlich nur mit sehr starken Qualitätsverlusten herstellbar gewesen wäre. Wenn Galilei sagt, die Planeten schienen ihm dreimal näher, dann könnte sich diese Entfernungsangabe auf die scheinbare Vergrößerung beziehen. Im weiteren Text ist ein Verfahren zur Überprüfung der Vergrößerung angegeben, das darauf schließen lässt, Galileo meinte mit Vergrößerung nicht die heute übliche Angabe der linearen Vergrößerung, sondern die Vergrößerung der Fläche. Eine lineare Vergrößerung um den Faktor drei, entspricht einer quadratischen Flächenvergrößerung um den Faktor neun. Seine Angabe der sechzigfachen Vergrößerung entspräche also heute $\sqrt{60} \sim 7{,}75$. Eine achtfache Vergrößerung erscheint plausibel.

Etwa zur gleichen Zeit wie Galileo Galilei in Italien nutzte auch der Engländer Thomas Harriot[98] das neue Teleskop zur Kartierung des Mondes. Harriot nutzte für seine Zeichnungen ein holländisches Teleskop mit sechsfacher Vergrößerung [82]. Da Harriot aber nicht publizierte, wurden seine Leistungen erst

---

[95] Galileo Galilei (1564–1641), italienischer Gelehrter und Wissenschaftler.

[96] Die Länder der ehemaligen römischen Provinz „Gallia Belgica", wurde noch zu Galileis Zeiten nach dem namensgebenden Stamm der Belger ganz allgemein Belgier genannt, die neugegründete „Republik der Zeven Verenigde Nederlanden" wurde im Lateinischen auch als „Belgica Foederata" bezeichnet. Die möglichem Erfinder des „Vergrößerungsrohrs" Lipperhey, Metius und Jansen waren demzufolge allesamt Belgier und es ist daher nicht klar, auf wen sich Galilei direkt bezog.

[97] Gemeint war der französischstämmige Diplomat Jacques Badovere, ital. Giacomo Badoer (1575–1620), ein Studienkollege Galileis, der das Gerät selbst gesehen und untersucht hatte.

[98] Thomas Harriot (1560–1621), englischer Mathematiker und Astronom.

3.5 Renaissance der Optik

später bekannt. Auch seine Berechnungen der optischen Wirkung eines gewaltigen Brennglases[99] mit 48 Fuß (14,6 m) Durchmesser und einer Mittendicke von 4 Inch (etwa 10 cm) sind erst aus seinen Briefen bekannt geworden [83]. Es darf bezweifelt werden, dass ein solches Glas herstellbar gewesen wäre. Die größten bisher in Teleskopen eingesetzten Linsen bringen es auf einen Durchmesser von ca. einem Meter, die Bulkeley-Linse wäre sicher unter ihrem eigenen Gewicht zerbrochen. Dennoch haben die Berechnungen der imaginären Linse Harriot auf die Beschäftigung mit dem Brechungsgesetz gebracht. Basierend auf den Ideen des Witello und della Porta berechnete er den Brennpunkt der Linse unter Verwendung der von ihm gefundenen Sinusbeziehung, die ungefähr so gelautet haben könnte (nach [83] S. 148):

> „Wie sich der Sinus eines bekannten Einfallswinkels zum Sinus seines bekannten Brechungswinkels verhält, so verhält sich auch der Sinus eines beliebigen Einfallswinkels zum Sinus seines Brechungswinkels."[100]

Bulkeleys unmögliche Linse hätte nach Harriots Berechnung eine Brennweite von ungefähr 500 Yard (etwa 457 m) gehabt, was auch heute noch ein unerreichter Wert ist.

Johannes Kepler, ein Zeitgenosse Galileis, war wie dieser auf der Suche nach den Gesetzen der Planetenbewegungen. Durch Analyse der Beobachtungen von Tycho Brahe[101] und die Fortsetzung der Beobachtungen nach dessen Tod bestätigte Kepler die grundsätzliche Richtigkeit eines heliozentrischen Systems, wie von Kopernikus[102] in seinem Werk über die Kreisbewegungen der Weltkörper vorgeschlagen [84]. Die von Kopernikus übernommene antike Annahme der ausschließlichen Bewegungen auf Kreisbahnen setzte voraus, dass kosmischen Bewegungen grundsätzlich kreisförmig ablaufen und davon abweichenden Bewegungen durch Überlagerung von Kreisbewegungen dargestellt werden können. Die Bewegung eines Planeten erfolgt zunächst auf dem idealen Kreis um die Sonne, dem als „Deferent" bezeichneten Trägerkreis. Damit die Bewegung nicht gleichförmig ist, bewegt sich der Planet auf einem kleineren Kreis (dem Epizykel), der sich mit dem Mittelpunkt des Epizykels um den Mittelpunkt des Deferenten dreht. Kopernikus erlaubte nun weitere Epizyklen auf den bisherigen Epizyklen, wodurch sich zu seiner Zeit die beobachtbaren Planetenbewegungen vollständig beschreiben ließen.

---

[99] Ein walisischer Amateurmathematiker namens John Bulkeley hatte Harriot nach den optischen Eigenschaften einer fiktiven Plan-Konvex Linse befragt, wodurch Harriot sich zu umfangreichen Berechnungen veranlasst sah.

[100] Hier sei jedoch erwähnt, dass diese Aussage erst nach dem Tode Harriots von seinem ehemaligen Kollegen und posthumen Herausgeber Walter Warner (1557–1643) mündlich dem Mathematiker John Pell (1611–1685) überliefert wurde, der diese wiederum erst nach dem Tode Warners veröffentlichte. Das war aber schon nach der Veröffentlichung des Snelliusschen Brechungsgesetzes und Descartes Dioptrique.

[101] Tyche Brahe, eigentl. Tyge Ottesen Brahe (1546–1601), dänischer Astronom, Hofmathematiker bei Kaiser Rudolph II. in Prag.

[102] Nikolaus Kopernikus (1473–1543), polnischer Astronom.

Durch die die Aufzeichnungen Brahes und seine eigenen Beobachtungen entdeckte Kepler jedoch Abweichungen in den berechneten Vorhersagen des Kopernikus zu den tatsächlichen Positionen. Kepler fand heraus, dass sich die Bewegung der Planeten auf einer elliptischen Bahn mit der Sonne in einem der beiden Brennpunkte genauer beschreiben ließe. Gleichzeitig variiert aber die Geschwindigkeit der Planeten während der Bewegung auf der elliptischen Bahn. Zieht man von der Sonne zum Planeten einen Strahl, dann überstreicht diese Verbindungsline während der Bewegung auf der Ellipse immer die gleiche Fläche. Diese beiden Erkenntnisse, die heute als das 1. und 2. Keplersche Gesetz gelten, veröffentlichte er 1609 in der „Astronomia nova" [85]. Kepler hatte sich bereits einige Jahre zuvor intensiv mit dem bekannten Stand der Optik in Ergänzung zu Witelo beschäftigt [86]. Dort hatte er noch die optische Wirkung auf einzelne Linsen zurückgeführt. Die Kenntnis des neuen Fernrohrs erforderte nun die geometrische Beschreibung zusammengesetzter Optiken. Kepler erläuterte in seiner Dioptrik [87] nicht nur die bisherige Form des holländischen Aufbaus mit einer konvexen und konkaven Linse, sondern beschreibt auch ein Fernrohr mit zwei Konvexlinsen [88], das heute als Kepler-Teleskop bekannt ist. Er beschreibt korrekt die umgekehrte Bildlage, für die er als Lösung auch eine dritte Linse vorstellt. Keplers Dioptrik enthielt über seine Erläuterungen zu Brechung und Linsen hinaus auch die Beschreibung des Auges und des Sehprozesses und kann damit als eines der ersten optischen Fachbücher gelten.

3.5.2 Barocke Optik

Galilei und Kepler waren bedeutende Figuren der späten Renaissance an der Schwelle zum frühen Barock, die mit den Mitteln der Wissenschaft und Technik die bekannten Wahrheiten infrage stellten. Sie prägten den Beginn einer Periode, in der die modernen Wissenschaften auf mathematische Fundamente gestellt wurden. Die theoretischen Erkenntnisse wurden in dieser Zeit bereits häufig in mechanische Apparaturen umgesetzt und umgekehrt beeinflusste die Mechanik die wissenschaftlichen Erklärungsmodelle.

Der deutsche Astronom Christoph Scheiner[103] baute auf den Ideen seiner Vorgänger auf und verfasste eine detaillierte Schrift zur Anatomie und Optik des Auges, die auch die optische Abbildung mit Linsenkombinationen enthielt [89]. Scheiner erkannte in seinen Untersuchungen auch die Änderung der Pupillengröße bei unterschiedlichen Lichtverhältnissen und die Pupillenverengung bei Nah-Akkommodation. Scheiner nutzte jedoch die Keplersche Linsenkombination nicht nur zur direkten Betrachtung, sondern entwickelte daraus das Helioskop. Damit wurde die Sonne bei der Betrachtung auf eine Fläche projiziert und konnte so

---

[103] Christoph Scheiner (1573–1650), deutscher Jesuit, Mathematiker und Astronom, stritt sich jahrzehntelang mit Galilei um die Priorität der Entdeckung der Sonnenflecken und die Wahrheit des kirchlichen geozentrischen Weltbildes.

3.5 Renaissance der Optik

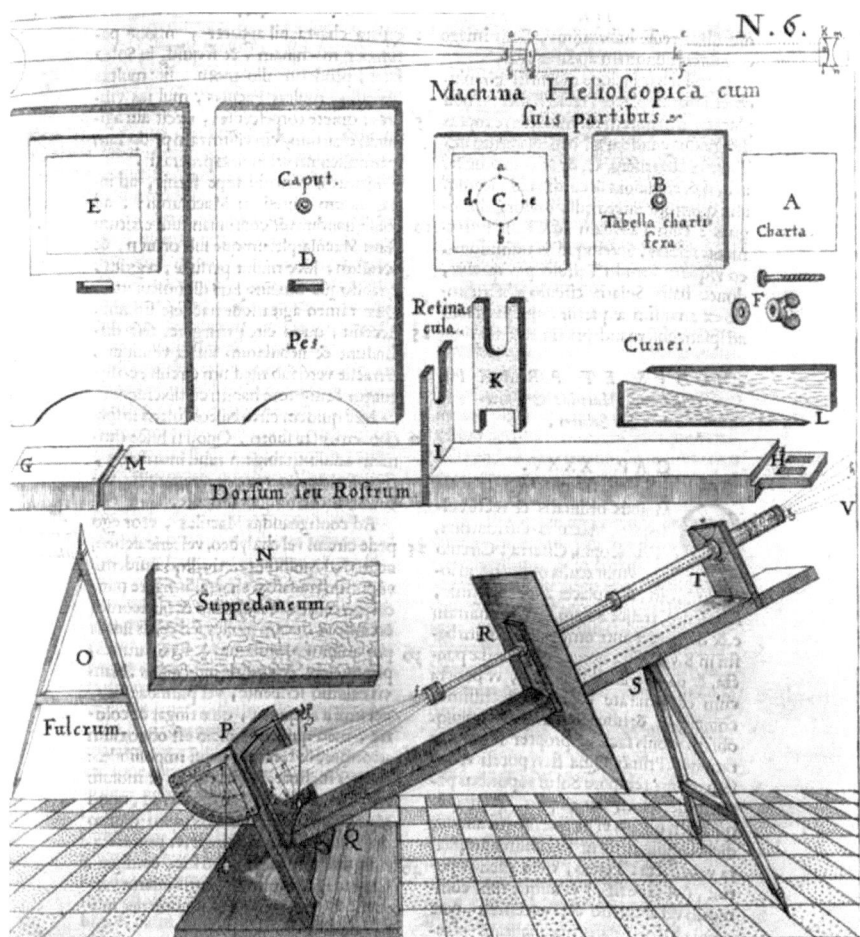

Abb. 3.12 Scheiners Helioskop zur Sonnenbeobachtung, Christoph Scheiner (1630) aus ([90] S. 138 N. 6)

gefahrlos betrachtet und nachgezeichnet werden. Die Resultate veröffentlichte er in seinem Werk „Rosa Ursina" – nicht nur um seine jahrelangen Beobachtungen zu dokumentieren, sondern auch als Argumentation gegen Galileis Einlassungen. In der nachfolgenden Abbildung Abb. 3.12 ist Scheiners Illustration wiedergegeben.

Scheiners wunderbare Illustration enthält nicht nur eine Zusammenbauzeichnung, sondern auch die Skizzen der Einzelteile sowie die Abbildung des Lichtwegs, wobei hier offensichtlich ein holländisches Teleskop dargestellt wird. Damit liegt zusätzlich zur schriftlichen Erläuterung, auch eine detaillierte Bauanleitung vor, was dieses Werk für die damalige Zeit bemerkenswert macht. Das Buch enthält darüber hinaus auch Zeichnungen von dreilinsigen Systemen, wobei

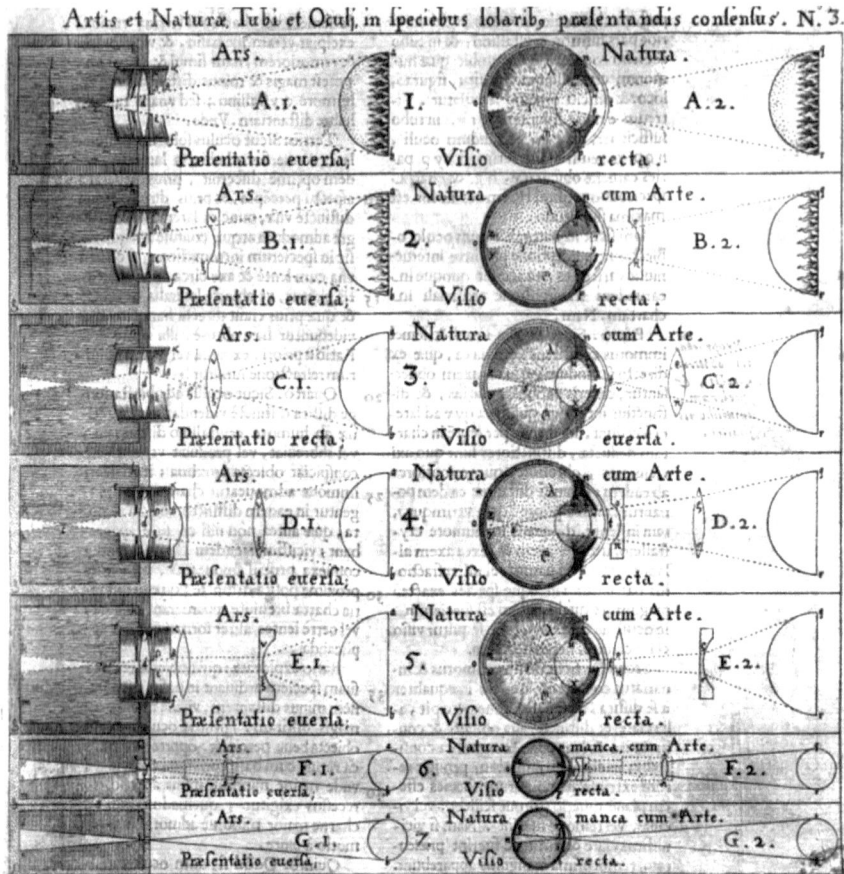

Abb. 3.13 Vergleich Abbildung Camera obscura und Auge, Christoph Scheiner (1630) aus ([90] S. 111 N. 3)

Scheiner hier gern die letzte Linse konvex darstellt, um so die Abbildung seines Systems auf einem Schirm mit der Abbildung beim Sehen durch ein Teleskop vergleichen zu können. In Scheiners künstlichen Auge übernimmt eine Camera obscura die Funktion mit Frontlinse des Auges. Diese Zeichnung ist nachfolgend in Abb. 3.13 wiedergegeben.

Die Wirkung brechender Flächen war den Astronomen dieser Zeit klar geworden, das Winkelverhältnis von einfallendem zu gebrochenem Strahl wurde allerdings nach antiken Vorgaben berechnet oder experimentell bestimmt. Der Mathematiker Snellius[104] beschäftigte sich damit, die sichtbaren Wirkungen der

---

[104] Willebrord van Roijen Snell, häufig auch Snellius (1580–1626), niederländischer Mathematiker und Astronom.

3.5 Renaissance der Optik

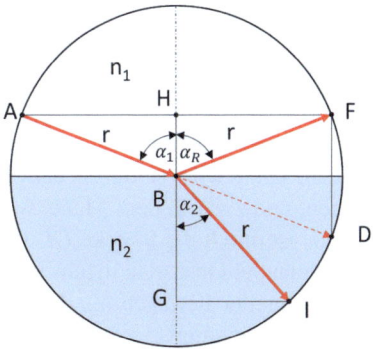

Abb. 3.14 Descartes Herleitung des Brechungsgesetzes, nach René Descartes (1637) aus ([92] S. 90)

Brechung zu erklären und fand so das, was wir heute als Brechungsgesetz kennen. Wie Harriot, hatte allerdings auch Snellius seine Ideen nicht publiziert. Sein Entwurf lag jedoch seinem Nachfolger auf dem Lehrstuhl der Mathematik der Universität Leiden, Jacobus Golius[105] vor, der dessen Notizen mit anderen Wissenschaftlern seiner Zeit teilte. Auch wenn das umständliche Traktat des Snellius[106] kaum die Eleganz der uns heute als Brechungsgesetz vertrauten Sinusverhältnisse aufweist, so ist mit dem Nachlass des Snellius bewiesen, dass er sich eindeutig vor Descartes „Dioptrique" mit dem Brechungsgesetz beschäftigt hatte (was von Huygens in seiner Dioptrik bestätigt wurde).

René Descartes war nicht nur ein bekannter Philosoph, sondern auch ein bedeutender Wissenschaftler. Sein vielleicht bekanntestes Werk ist „Discours de la méthode" [91], in der sich mit der „Methode des richtigen Vernunftgebrauchs" auseinandersetzt und darin die Lichtbrechung als ein Beispiel für seine Methode verwendet (s. Abb. 3.14).

Descartes beginnt seine Überlegungen mit einem Ball, der geradlinig auf eine Oberfläche geworfen wird und durch die Härte des Bodens wieder geradlinig wegspringt. Um seine Idee zu illustrieren, zeichnet Descartes einen Kreis um den Auftreffpunkt B und wirft den Ball von der Position A auf dem Kreisumfang in Richtung B. Auf dem Punkt B steht senkrecht zur Oberfläche ein Lot. Vom Lot geht im rechten Winkel eine Strecke $\overline{AH}$, sodass hier ein rechtwinkliges Dreieck ABH entsteht. Damit teilt Descartes elegant den Vektor[107] des Radius r in die beiden Strecken $\overline{AH}$ und $\overline{HB}$ auf. Da er nun annimmt, dass die vertikale Bewegungskomponente des Balls $\overline{HB}$ beim Herabsinken genauso hoch ist wie die beim Heraufsteigen $\overline{BH}$, muss er den Kreis bei F treffen. Daraus entsteht das zweite

---

[105] Jacobus Golius (1596–1667) niederländischer Orientalist und Mathematiker.

[106] Die Ideen des Snellius finden sich in den Fragmenten des „Amsterdamer Manuskript", das Hentschel in seiner Untersuchung des „Brechungsgesetzes in der Fassung von Snellius" wiedergegeben hatte [45].

[107] Obgleich die Vektorrechnung erst im 19. Jhdt. von Hermann Grassmann (1809–1877), einem Stettiner Lehrer [93] und dem irischen Mathematiker William R. Hamilton (1805–1865) [94] begründet wurde.

rechtwinklige Dreieck BHF. Da in beiden Dreiecken die Seiten von gleicher Länge sind, ist auch der Einfallswinkels identisch zum Reflexionswinkels gleich ($\alpha_1 = \alpha_R$). Oder wie Descartes sagt (in [92] S. 83): „Weshalb der Reflexionswinkel gleich dem Einfallswinkel ist."

Trifft der Ball an Punkt B jedoch nicht mehr auf den undurchdringlichen Boden, dann wird er durch den Widerstand der Oberfläche eine Ablenkung erfahren, und zwar in dem Maße, wie das Wasser auf den Ball einwirkt. Dieses Verhältnis ist durch die Strecke $\overline{GI}$ dargestellt, die nun kürzer ist als die Strecke $\overline{AH}$. Zwar glaubte Descartes irrtümlicherweise, das Licht würde sich durch Wasser und Glas schneller bewegen als durch Luft[108], dennoch kann seine Beschreibung absolut als Brechungsgesetz durchgehen. Der Sinus des Einfallswinkels α_1 errechnet sich zu

$$\sin(\alpha_1) = \frac{\overline{AH}}{r}$$

und der Sinus des Brechungswinkels α_2 mit

$$\sin(\alpha_2) = \frac{\overline{GI}}{r}$$

Wenn nun das Verhältnis der Streckenlängen $\overline{AH}$ zu $\overline{GI}$ dem Verhältnis der Brechungsindizes der Medien n_2 und n_1 entspricht, dann gilt:
$\frac{\overline{AH}}{\overline{GI}} = \frac{n_2}{n_1}$ bzw. $\overline{AH} \cdot n_1 = \overline{GI} \cdot n_2$

Die Verwendung der Brechzahlen in umgekehrtem Verhältnis zu den Strecken[109] scheint auf den ersten Blick nicht intuitiv zu sein. Allerdings ist genau das Gegenteil der Fall. Die Strecken sind tatsächlich das Reziproke der Brechzahlen, was den Vorteil hat, dass sie auf 1 (Luft) normiert sind. Die bei Descartes um 1/3 kürzere Strecke GI entspricht tatsächlich in reziproker Darstellung in etwa dem Brechungsindex eines einfachen Glases (ca. 1,5).

Durch Einsetzen der vorhin bestimmten Sinuswerte für die Strecken $\overline{AH} = r \cdot \sin(\alpha_1)$ und $\overline{GI} = r \cdot \sin(\alpha_2)$ ergibt sich durch Einsetzen das Brechungsgesetz mit $r \cdot \sin(\alpha_1) \cdot n_1 = r \cdot \sin(\alpha_2) \cdot n_2$. Da damit r herausfällt, ergibt sich die bekannte Schreibweise des Brechungsgesetzes.

$$sin(\alpha_1) \cdot n_1 = \sin(\alpha_2) \cdot n_2 \tag{3.9}$$

Das kartesische Koordinatensystem
Descartes kombinierte die Geometrie mit der Arithmetik und konnte so mathematische Probleme grafisch darstellen und Gleichungen aus geometrischen Problemen ableiten (aus [92] S. 315).

---

[108] Die heutige Definition für den Brechungsindex eines Mediums ist das Verhältnis der Lichtgeschwindigkeit im Vakuum c_0 zur Ausbreitungsgeschwindigkeit im Medium c_M. Die tatsächliche Ausbreitungsgeschwindigkeit in einem Medium ist immer geringer als im Vakuum.

[109] Die Brechzahl n_2 des dichteren Mediums ist der Strecke $\overline{AH}$ im dünneren Medium (der Luft) zugeordnet und umgekehrt.

3.5 Renaissance der Optik

„Alle Probleme der Geometrie lassen sich leicht auf solche Ausdrücke zurückführen, dass es hinterher nur noch nötig ist, die Länge bestimmter Geraden zu erkennen, um sie zu konstruieren."

Descartes nimmt sich der euklidischen Aufgabe an, eine Reihe von Geraden von einem gemeinsamen Punkt aus zu ziehen, sodass jede Gerade mit jeder der gegebenen Linien einen bestimmten Winkel bildet und sich die dadurch entstehenden geometrischen Figuren in einem festgelegten Verhältnis zueinander befinden. Diese Untersuchung bezog sich in der Antike auf die Beziehung zwischen linearen Konstruktionen und ihrer Lage zu Kegelschnitten, ein Thema, dem sich besonders der Apollonius in einem mehrbändigen Werk widmete [11].

Das schon in der Beschreibung schwierige Problem löst Descartes mit einer Art von Bezugsliniensystem (aus [92] S. 326):

„Um mich von der Verworrenheit aller dieser Linien zu lösen, betrachte ich eine gegebene Linie und eine, die es zu finden gilt, als die hauptsächlichen, … Auf diese beiden Linien bemühe ich mich, alle anderen zu beziehen. Das Segment der Linie AB … sei x, und BC sei y genannt."

Leibniz führt einige Jahre später die Begriffe Abzisse (lat. abscissa[110]) und Ordinate (lat. ordinata[111]), um die horizontale x- bzw. die vertikale y-Achse zu bezeichnen [95].

Heute wird bereits in der Schule in Würdigung des Descartes (lat. Cartesius) ein Koordinatensystem als „kartesisch" bezeichnet, wenn es durch zwei oder drei Achsen definiert werden kann, die jeweils senkrecht aufeinander stehen ([96], S. 29). In diesem System wird jeder Punkt eindeutig durch ein Zahlenpaar in der Ebene oder ein Zahlentripel im Raum definiert. Diese Zahlen, die Koordinaten, geben die Entfernungen des Punktes zu den festgelegten rechtwinkligen Achsen an.

Der gelehrte Jesuit Athanasius Kircher[112] sollte als Hofmathematiker beim habsburgischen Kaiser in Wien die Nachfolge Keplers antreten, wurde jedoch ans Collegium Romanum nach Rom berufen. Die dortige Möglichkeit zur Forschung führte zu vielen Veröffentlichungen auf den unterschiedlichsten Gebieten. Sein Werk „Ars magna lucis et umbrae" (Die große Kunst von Licht und Schatten) [97] kann sicher als eine Abhandlung über den Stand der Technik zur Mitte des 17. Jahrhunderts betrachtet werden, ist aber insbesondere auch eine praktische Anleitung zur Verwendung der Optik. Bereits auf dem Titelblatt findet sich der Leitspruch „Wie seine Schatten, so ist sein Licht" (Sicuti umbrae ejus, ita et lumen ejus) aus dem Psalm 138 der damaligen üblichen lateinischen Bibel[113], der den starken religiösen Bezug des Werkes unterstreicht. Kircher beginnt sein Werk mit der Natur von Licht, Schatten und Farben, kommt aber schnell auf die Wirkung

---

[110] Linea abscissa: abgeschnittene Linie.
[111] Linea ordinata: geordnete Linie.
[112] Athanasius Kircher (1602–1680), deutscher Jesuit und Gelehrter.
[113] Aus der offiziellen lateinischen Bibel „Vulgata Clementina" der römisch-katholischen Kirche S. 942, der Psalm 138 findet sich schon in ähnlicher Form in einer Handschrift des Psalms von 1335 ([98], recto). In der modernen Luther-Bibel ist die Zählung etwas anders, die betreffende Textstelle wäre Psalm 139, Vers 12: „so wäre auch Finsternis nicht finster bei dir, und die Nacht leuchtete wie der Tag. Finsternis ist wie das Licht." (aus [99]).

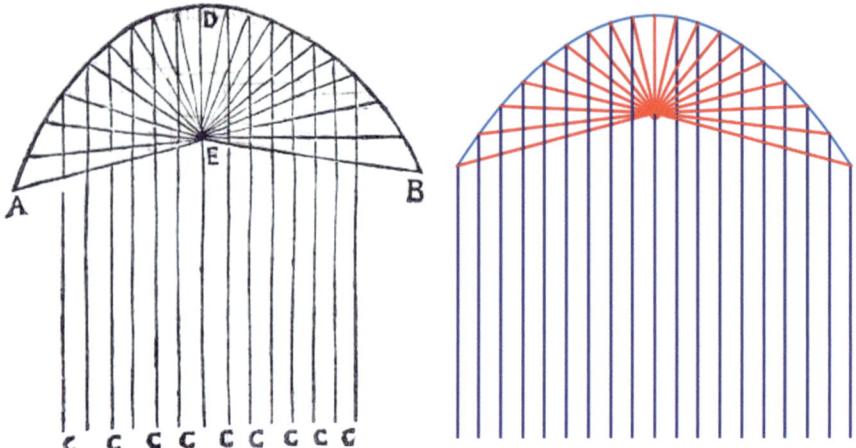

Abb. 3.15 Kirchers akustischer Parabolspiegel (links) aus [97], S. 138), moderne Interpretation (rechts) Armin Grasnick (2024)

von Spiegeln zu sprechen. Eine erste Anwendung ist akustischer Parabolspiegel mit dessen Hilfe die von C eintreffenden Schallwellen im Brennpunkt des Spiegels gebündelt werden „und daher wird auch folglich die Artikulation der Stimme dort wunderbar verstärkt, die Absicht des Sprechenden bei C offenbarend." (aus [97], S. 138). Die etwas unpräzise Zeichnung Kirchers offenbart jedoch dessen Absicht, eine Parabelkurve zu zeichnen, die ein paralleles Strahlenbündel in einen gemeinsamen Punkt reflektiert. In der nachfolgenden Abbildung (s. Abb. 3.15) ist Kirchers Interpretation mit einer Parabelkonstruktion gemäß der Gleichung $y = 4fx^2$ dargestellt, wobei f die Brennweite der Parabel ist.

Über die Betrachtung der Abbildung im Auge und einer ausführlichen Analyse der geometrischen Perspektive inklusive der Beschreibung anamorpher Abbildungen kommt Kircher auch auf die Theorie der Brechung zu sprechen. Die Theoreme und Experimente, die Kircher beschreibt, sind vor allem darauf ausgerichtet, die Prinzipien der Lichtbrechung zu illustrieren und zu demonstrieren, wie die Brechung die Wahrnehmung von Objekten beeinflusst. Der Text stützt sich auf viele Beobachtungen und beschreibt die Brechung als Verhältnis bekannter, experimentell bestimmter Brechungswinkel. Kircher bestimmt in der Tradition von Witello, Tycho (Brahe), Kepler und Scheiner den Brechungswinkel und stellt ihn wie diese tabellarisch dar. Verschiedene Tabellen zeigen den Brechungswinkel des Lichtes in verschieden Medien wie Wasser, Wein, Öl oder Glas (z. B. [100] S. 609). Zur Bestimmung des Brechungswinkels verwendet Kircher geometrische und trigonometrische Berechnungen, die durch Einbeziehung des Sinus dicht an die Werte des Snelliusschen Gesetzes herankommen. Dabei wird grundsätzlich die Veränderung der experimentell bestimmten Brechungswinkel betrachtet, die damit die Rolle des Brechungsindex einnehmen. Mithilfe seiner umfangreichen Tafeln,

3.5 Renaissance der Optik

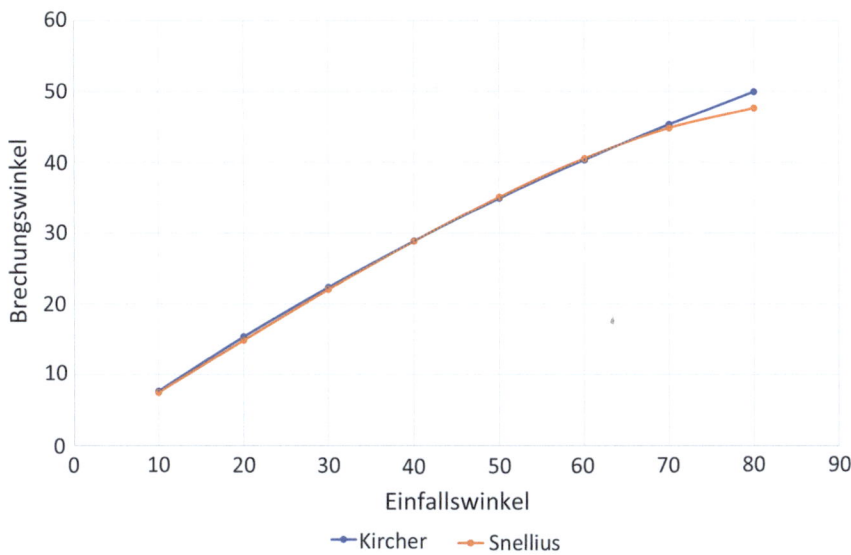

Abb. 3.16 Vergleich des Brechungsgesetzes von Kircher (in Wasser) mit dem Brechungsgesetz nach Snellius, Armin Grasnick (2024)

die zum Teil den gesamten Winkelbereich zwischen 0 und 90 Grad in einer Schrittweite von einem Grad mit einer Ausgabegenauigkeit bis auf die Winkelsekunde abdeckten, war Kircher in der Lage, eine gute Abschätzung des Strahlverlaufs in verschiedenen optischen Medien vorzunehmen. Das kann am Beispiel der Brechung in Wasser anhand seiner Tabelle (aus [100] S. 609) gezeigt werden (s. Abb. 3.16).

Kirchers sehr praktische Methode war geeignet, eine präzise Aussage zu den Wirkungen von gekrümmten Oberflächen an Linsen zu machen. Dieser praxisbezogene Ansatz zieht sich durch das gesamte Werk, das besonders durch seine illustrierten Ideen zur Projektion von Bildern hervorsticht.

Der wie Kircher dem Orden der Gesellschaft Jesu zugehörige Bettini[114] lehrte in Parma am Jesuitenkolleg Mathematik. Nachdem er sich dort einen Ruf als Mathematiker erarbeitet hatte, veröffentlichte er seine mathematischen Erkenntnisse in Form eines mehrbändigen Lehrbuchs, das dem Zeitgeschmack entsprechend durch zahlreiche Illustrationen ergänzt wurde und so die Mathematik einem breiteren Publikum zugänglich machte. Sein Apiarium (Bienenstock) der Mathematik [101] war insofern als lehrreiches und unterhaltsames Sammelwerk der „gesamten Mathematik" angelegt. In seinem ebenso lesenswerten wie umfangreichen Werk geht Bettini auf allerlei praktische Anwendungen der Geometrie ein und zeigt mittels sorgfältiger Konstruktion des Strahlenverlaufs durch eine sphärische Bi-Konvexlinse auf, dass der Brennpunkt dort nicht punktförmig sein kann (Abb. 3.17).

---

[114] Mario Bettini (1482–1657), italienischer Jesuit, Mathematiker und Astronom.

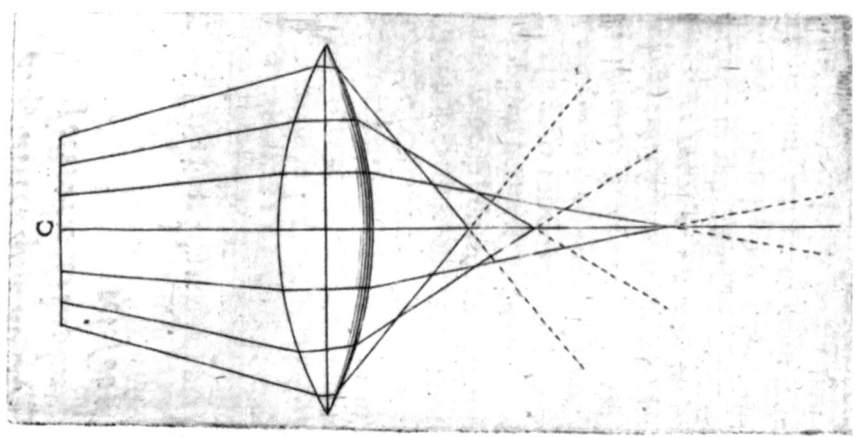

Abb. 3.17 Brennpunkt einer sphärischen Linse, Mario Bettini (1642) aus [101] S. 19

Die Folge der unterschiedlich starken Brechung an den sphärischen Flächen ist, dass die Lichtstrahlen, die durch den Rand der Linse fallen, zu einem Punkt vor dem Brennpunkt der durch die Mitte der Linse fallenden Strahlen fokussiert werden. Das resultierende Bild ist daher unscharf oder verzerrt, da sich nicht alle Lichtstrahlen im selben Punkt schneiden. Der sphärische Abbildungsfehler ist besonders bei kurzen Brennweiten und großen Öffnungsverhältnissen auffällig und tritt sowohl bei konvexen als auch bei konkaven Linsen und Spiegeln auf. Da Bettini seine Linsen zur Abbildung einsetzte, erarbeitete er dazu auch eine Lösung: Die asphärische Linse mit einer hyperbolischen Oberfläche (s. Abb. 3.18).

Nachdem 1660 in London die Royal Society gegründet worden war, entstand ein wissenschaftlicher Diskurs, der Gelehrte aus ganz Europa anzog und die Verbreitung neuer Erkenntnisse durch die Möglichkeit zur Veröffentlichung kürzerer Beiträge in den „Philosphical Transactions"[115] der Gesellschaft erleichterte. Die erste wissenschaftliche Zeitschrift der Welt beschäftigte sich von Beginn an auch mit den Phänomenen der Optik und der Mikroskopie. Bereits der erste Artikel der ersten Ausgabe ist der Besprechung eines Buches des Italieners Campani[116] zur Verbesserung der Optik gewidmet [103]. Campani, der zu dieser Zeit bereits ein bekannter Hersteller von Teleskopen und Linsen war, beschrieb in seinem Buch seine neuartige Methode, Linsen auf einer Art von Drehbank zu polieren und zu schleifen. Campani nutzte die Drehbank allerdings vermutlich eher, um die Schleif- und Polierschalen aus Messing oder Kupfer für seine Linsenfertigung herzustellen, wie eine Untersuchung seiner Optikwerkstatt durch Bindini zeigt

---

[115] Der volle Originaltitel lautete: „Philosophical transactions of the Royal Society of London: giving some accounts of the present undertakings, studies, and labours, of the ingenious, in many considerable parts of the world." [102].

[116] Giuseppe Campani (1635–1715), italienischer Optiker.

3.5 Renaissance der Optik

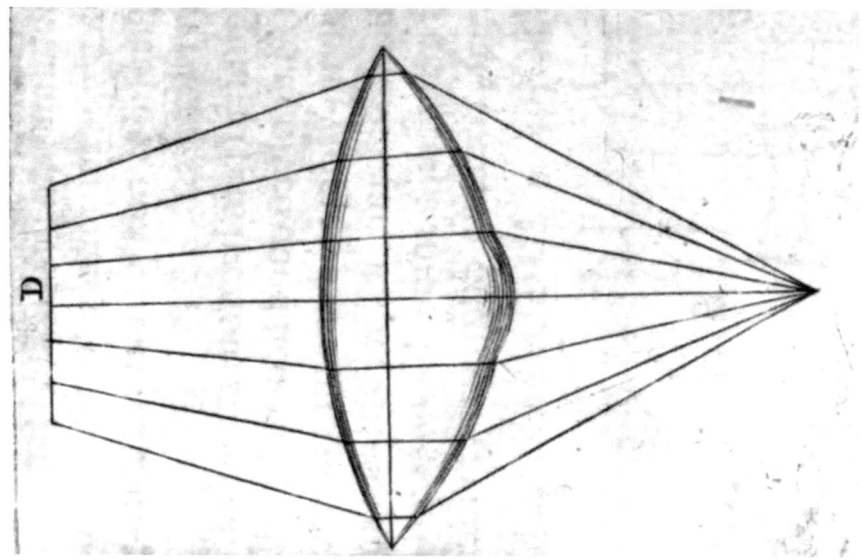

Abb. 3.18 Brennpunkt einer asphärischen Linse, Mario Bettini (1642) aus [101] S. 20

[104]. Diese Art der Fertigung war noch im 20. Jahrhundert der Quasi-Standard der Optikfertigung und wurde erst von computergesteuerten Schleif- und Poliermaschinen in den 1990er Jahren abgelöst. Der Vorteil der Nutzung verschiedener Schleifschalen liegt in der Möglichkeit der feinen Abstimmung der Oberflächenradien der Linsen. Durch seine ausgefeilte Fertigungstechnik konnte Campini auch größere Linsen in ausgezeichneter Qualität herstellen, die sich besonders für lichtstarke Teleskope eigneten. Er konnte so mit seinen Teleskopen den von Galilei entdeckten und Huygens[117] beschriebenen Saturnring [105] bestätigen. Auch der Engländer Hooke[118] hatte Gedanken zur Verbesserung des Linsenschleifens gemacht, wie in der ersten Ausgabe der „Philosophical Transactions" bei der Besprechung seines Mikroskopiebuchs „Micrographia" [106] ausgeführt wird. Im Vorwort seines Buches beklagt Hooke zunächst die Unzulänglichkeit sphärischer Gläser, geht dann aber auf die Möglichkeit einer bis zu 1000fachen Vergrößerung bei Teleskopen und Mikroskopen mit elliptische Linsenflächen ein. Tatsächlich verwendete Hooke ein zusammengesetztes Mikroskop mit einer Objektiv- und eine Okularlinse[119], was in der Realität zu starken sphärischen Abbildungsfehlern führen muss. Abhängig von der Beleuchtung und der konkreten Linsenwahl lagen die erzielbaren Vergrößerungen vermutlich irgendwo zwischen 20- und 50fach[120],

---

[117] Christiaan Huygens (1629–1695), niederländischer Mathematiker und Astronom.
[118] Robert Hooke (1635–1703), englischer Gelehrter und Mikroskopiker.
[119] Ebenso war die zusätzliche Verwendung einer Feldlinse möglich.
[120] Gloede berichtet gar von bis zu 150facher Vergrößerung ([107] S. 66).

was für die von ihm angefertigten Detailzeichnungen ausreichend gewesen wäre. Hooke war klar, dass die Verwendung einer ausgezeichnete Einzellinse aufgrund der Reduktion der brechenden Flächen Vorteile gegenüber einem System mit zwei oder mehr Linsen haben würde, aber er fand diese anstrengend für sein Auge und nur empfehlenswert für diejenigen das „besser ertragen" könnten (nach [108] S. 29). Ein einlinsiges Vergrößerungsglas zur Beobachtung von Insekten war zu Hookes Zeiten keineswegs eine Seltenheit und wird schon im Muffets[121] „Insectorum"[122] als eine Möglichkeit der Betrachtung dieser Plagegeister erwähnt. Die sogenannten „Flohgläser" [110] konnten in Ausfertigung als besonders kleine Linsen mit kurzer Brennweite als einfaches Mikroskop eingesetzt werden.

Blick durch die Glaskugel – Leeuwenhoeks Mikroskop
Die einfachste Art einer kurzbrennweitigen Linse ist die Kugel. Die Brennweite einer Kugel errechnet sich nur aus deren Durchmesser und dem Brechungsindex.

$$f = \frac{nD}{4(n-1)} \quad (3.10)$$

Damit berechnet sich die Brennweite einer winzigen Glaskugel mit einem Durchmesser D von nur 1 mm und eine Brechzahl n von 1,5 zu $f = 0{,}75\ mm$

Die Vergrößerung dieser winzigen Lupe ergibt sich als Verhältnis von der deutlichen Sehweite (250 mm) zur Brennweite 250/f = 333. Die deutliche Sehweite (Normsehweite) ist die Entfernung, in der ein Objekt ohne wahrnehmbare Akkommodationsanstrengung scharf gesehen werden kann ([111] S. 285).

Der Delfter Stadtbeamte Leeuwenhoek[123] widmete sich in seiner freien Zeit mit großem Interesse dem neuen Feld der Mikroskopie. Er hatte dabei eine Möglichkeit gefunden, kleine Linsen in guter Qualität herzustellen, die bereits in einfachster Montierung auf einer vor das Auge gehaltenen Lochplatte die Aufgabe eines Mikroskops erfüllten. Leeuwenhoeks stark vergrößernde Linsenmontierung ermöglichte ihm die Entdeckung vorher unbekannter mikroskopischer Lebewesen. In einem Brief an Oldenburg[124], dem Sekretär der Royal Society, beschrieb Leeuwenhoek die Beobachtung vieler kleiner „animalcula"[125] in einer Wasserprobe ([112] S. 110). Er schrieb zahlreiche Briefe an die Royal Society, in denen er von immer neuen Entdeckungen mit seinen Mikroskopen berichtete. Schließlich war es Hooke, der die Existenz der Animalcula prüfte und bestätigte. Diese seien „so extrem klein, dass mehrere Millionen von Millionen in einem Wassertropfen" ([112] S. 182) enthalten seien.

Da Leeuwenhoek zu seinen Lebzeiten weder die Herstellung der Linsen erklärte noch seine Mikroskope verkaufte, war lange nicht bekannt, wie er die Linsen herstellte. Gewisse Andeutungen über die Fertigung machte Leeuwenhoek selbst im Alter von fast 80 Jahren gegenüber

---

[121] Thomas Muffet (1553–1604), englischer Arzt und Naturforscher.
[122] „Insectorum sive Minimorum Animalium Theatrum" [109], das auch Anteile der Insektenkunde des Schweizer Arztes und Naturforscher Conrad Gessner (1516–1565) enthält.
[123] Antoni van Leeuwenhoek (1632–1723), niederländischer Mikroskopiker.
[124] Henry (Heinrich) Oldenburg (1618–1677), deutsch-englischer Diplomat und Herausgeber der „Philosophical Transactions".
[125] Die Verkleinerungsform von lat. animal = Tier, mit der Leeuwenhoek allgemein die von ihm beobachteten winzigen Lebewesen bezeichnet, vermutlich Bakterien und Einzeller.

L1: Messingmikroskop
Museum Boerhaave in Leyden
Vergrößerung **118x**
Brennweite **f = 2,12 mm**

L3: Messingmikroskop
Utrechts Universiteits Museum
Vergrößerung **266x**
Brennweite **f = 0,94 mm**

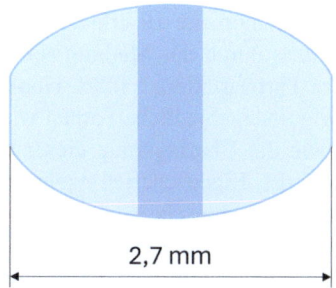
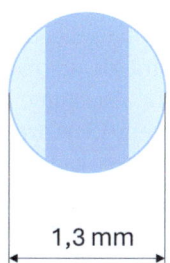

Abb. 3.19 Zwei verschieden Linsen aus Leeuvenhoeks Mikroskopen, Armin Grasnick (2024)

den Reisenden Uffenbach und seinem Bruder, die sich nach der Herstellung erkundigten. „Als wir Herrn Leuwenhoeck ferner fragten, ob er denn alle seine Gläser schliffe und keine bliese? Verneinte er solches, und bezeigte eine große Verachtung gegen die geblasene Gläser." (aus [113] S. 359). Einige von Leeuwenhooks Mikroskopen sind bis heute erhalten, sodass sich einige Linsen prüfen lassen. Van Zuylen hatte die erhaltenen neun Mikroskope hinsichtlich der optischen Eigenschaften untersucht [114]. Die beiden stärksten und vollständig vermessenen Linsen waren in den Messingmikroskopen des Museums Boerhaave in Leyden (L1, 118x) und dem Universiteits Museum in Utrecht (L3, 266x) zu finden. In der nachfolgenden Abbildung (Abb. 3.19) sind beide Linsen im Schnitt dargestellt.

Beide Zeichnungen basieren auf den Angaben van Zuylens. Da dieser die Linsen nur durch die Öffnung der Fassung bewerten konnte ohne die Mikroskope zu demontieren, stellen die Werte der Radienmessung nur die der freien Öffnung (Apertur) dar. Diese Werte sind in dunklerem Blau dargestellt. Eine neuere Vermessung der Linsen mittels Computertomographie offenbart die Linsenform [115]. Während die größere Leydener Linse eher einer klassischen Linse entspricht und durchaus geschliffen sein kann, erscheint die Utrechter Linse als beinahe perfekte Kugel. Vermutlich wird diese Kugellinse durch Erhitzen des Endes einer Glasfaser entstanden sein, da das Tomographiebild deutlich einen noch vorhanden kleinen Ansatz der dünnen Glasfaser zeigt. Das entspricht der Technik Hookes zur Erstellung der Kugellinse.

Grundsätzlich eignet sich einen Kugellinse immer dann, wenn eine besonders kurze Brennweite erzielt werden soll. Dabei ist die chromatische Aberration (der Farbfehler) einer Kugellinse erheblich geringer als die einer einzelnen dünnen Linse gleicher Stärke. Die starken sphärischen Aberrationen der Kugellinse hatte Leeuwenhoek gut durch die geringe Apertur abgemildert.

Die Farbfehler in Hookes zusammengesetztem Mikroskop führten ihn zu einer Überlegung, wie Farben entstehen. Hooke kritisiert zunächst Descartes' Farbtheorie, die besagt, dass Farben durch die Rotation von Partikeln entstehen. Er argumentiert, dass das Auge solche Rotationen insbesondere auf große Entfernungen nicht erkennen kann. Insgesamt bezweifelt Hooke die Fähigkeit von Descartes Theorie, die Farbphänomene seiner mikroskopischen Beobachtungen zu erklären. Im Resultat schlägt er vor, dass eine andere Eigenschaft der Lichtbrechung für die

Entstehung von Farben verantwortlich sein muss. Hooke fordert eine alternative Erklärung, die besser mit seinen Beobachtungen und dem Verständnis von Licht und Farbe übereinstimmt. In der Folge versucht Hooke die Farben des Regenbogens durch die geometrische Anordnung von Lichtquellen und brechenden oder reflektierenden Flächen zu erklären ([106] S. 60–67). Dann wird es interessant: Hooke beschreibt, wie er die Bewegung und Interaktion von Lichtpulsen innerhalb verschiedener Medien betrachtet, um Farbphänomene zu erklären. Er stellt fest, dass der vorangehende Teil eines Lichtpulses durch das Medium stärker abgeschwächt wird als der nachfolgende, was zu Farbvariationen führt. Hooke verwendet diese Beobachtung, um zu erklären, wie unterschiedliche Farben wie Blau und Rot in einem Lichtstrahl entstehen und wie die Überlagerung dieser Farben Grüntöne erzeugen kann. Dabei beeinflussen die Eigenschaften vieler nebeneinanderliegender Lichtstrahlen die resultierenden Farberscheinungen. Durch die Analyse dieser Interaktionen leitet Hooke die Prinzipien ab, die das Verhalten von Licht in Prismen und Wassertropfen erklären, welche zur Bildung von Regenbögen beitragen. Je nachdem, wie die Impulse auf die Netzhaut treffen, entstehen unterschiedliche Wahrnehmungen. Das führt ihn zu einer kurzen Definition der Farben (aus [106] S. 64[126]):

> „Blau ist der Eindruck eines schrägen und konfusen Lichtimpulses auf der Netzhaut, dessen schwächster Teil vorausgeht und dessen stärkster nachfolgt. Und dass Rot ein Eindruck auf der Netzhaut eines schrägen und konfusen Lichtimpulses ist, dessen stärkster Teil vorausgeht und dessen schwächster nachfolgt."

Er beschreibt die Regenbogenfarben, die in dünnen Schichten entstehen und der Reihenfolge Rot, Gelb, Grün, Blau und Purpur zwischen dem schwachen Blau und starkem Rot auftreten. Tatsächlich entspricht das dem Farbspektrum des sichtbaren Lichtes, vom langwelligen Rot zum kurzwelligen Purpur angeordnet. Auch wenn Hookes Theorie zur Farbentstehung und Interferenz nicht vollständig mit dem modernen Verständnis übereinstimmen, kann der Hinweis auf die Pulse und deren Abhängigkeit von der Farbe als ein früher Beitrag zur Wellentheorie des Lichtes gedeutet werden.

Allerdings hatte Hookes Farbtheorie nur kurzen Bestand. Nachdem der Cambridger Mathematiker Newton[127] der Royal Society seine Theorie zu Licht und Farbe mitgeteilt hatte [116], entspann sich ein lebhafter Disput zwischen den Wissenschaftlern Hooke und Newton. Hooke war keineswegs davon überzeugt, dass Newtons Theorie des aus verschiedenen Strahlen mit unterschiedlichen Eigenschaften zusammengesetzten weißen Lichtes besser sei als seine eigene

---

[126] „That Blue is an impression on the Retina of an oblique and confused pulse of light, whose weakest part precedes, and whose strongest follows. And, that Red is an impression on the Retina of an oblique and confused pulse of light, whose strongest part precedes, and whose weakest follows."
[127] Isaac Newton (1643–1727), englischer Physiker und Astronom.

3.5 Renaissance der Optik

Pulstheorie. Weiß sei einfach der Puls oder die Bewegung des Lichtes durch ein Medium und die Farbe lediglich dessen Störung ([117] S. 136- 137). Newton, der bereits durch die Präsentation seines Spiegelteleskops vor der Royal Society einigen Eindruck hinterlassen hatte, konnte jedoch seine Farbtheorie durch die Farbzerlegung in einem von ihm selbst gefertigten Prisma experimental nachweisen. Bei dem Durchgang des Sonnenlichtes durch ein Prisma wird es in Abhängigkeit seiner Farbe unterschiedlich stark gebrochen und erscheint als Spektrum auf der gegenüberliegenden Wand (aus [116] S. 3079[128]).

> „… Licht besteht aus unterschiedlich brechbaren Strahlen, die ohne Rücksicht auf einen Unterschied in ihrem Einfall je nach ihrem Grad der Brechbarkeit auf verschiedene Teile der Wand geleitet werden."

Diese Erkenntnis führte Newton zunächst dazu, die Limitierung von Linsenteleskopen hinsichtlich des Farbfehlers zu erkennen. Newton schlussfolgerte, dass die Erstellung eines Spiegelteleskops daher vorteilhafter sein müsste – was er vorab schon demonstriert hatte. Auch bei Newton sind die Original- oder Primärfarben Rot, Gelb, Grün, Blau und Purpur=Violett, allerdings mit einer unendlichen Zahl von dazwischenliegenden Abstufungen. Unterschiedliche Farbe können wieder zu neuen Farben zusammengesetzt werden und alle Primärfarben zusammen ergeben wieder Weiß. Newton beschrieb seine Methode und sein Experiment so präzise, dass seine Ergebnisse durch andere nachprüfbar waren. Die von Hooke noch angedeutete Wellennatur des Lichtes spielt bei Newton keine große Rolle mehr. Er begründete seine Theorie mit der materiellen Teilchenstruktur des Lichtes, dessen Partikel (Korpuskel) sich durch den Äther des Raumes bewegen. Dadurch entspann sich eine neue Auseinandersetzung mit dem Wissenschaftler Huygens, der bestimmte Effekte durch die Welleneigenschaften des Lichtes erklären konnte.

Überlichtschnelle Korpuskel
Die klassische Emissionstheorie ging seit Empedokles davon aus, dass Licht aus einer Art von Teilchen bestehen müsse, die von einer Quelle ausgestrahlt und irgendwie mit den optischen Körpern interagieren würden. Isaac Newton definierte im ersten Buch der Optik diese Lichtstrahlen ([118] S. 1):

> „Unter Lichtstrahlen verstehe ich die kleinsten Theilchen des Lichts, und zwar sowohl nach einander in denselben Linien, als gleichzeitig in verschiedenen."[129]

---

[128] „…Light consist of rays differently refractible, which,without any respect to a difference in their incidence,were, according to their degrees of refrangibility, transmitted towards divers parts of the wall."
[129] „By the Rays of Light I understand its least Parts, and those as well Successive in the same Lines as Contemporary in several Lines.", dt. Übersetzung aus [119] S. 6.

Abb. 3.20 Newtons Herleitung des Brechungsgesetzes, Armin Grasnick (2024)

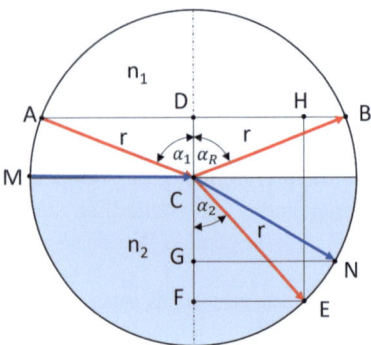

Genau wie bereits Descartes zerlegt Newton die Bewegung des Lichtstrahles bei der Brechung in zwei Bewegungen. Ein Anteil der Bewegung erfolgt senkrecht zur brechenden Fläche, der andere parallel zu dieser. Das lässt sich gut an einer Zeichnung illustrieren. Auch wenn Newton etwas andere Variablen benutzt als Descartes (s. z. B. [120] Fig 1. S. 6), so verwendet er auch doch eine sehr ähnliche Darstellung. Zum besseren Vergleich hier die Darstellung in Analogie zu Descartes mit Newtons Bezeichnungen (Abb. 3.20).

Der vom Punkt A ausgehende Lichtstrahl trifft auf den Punkt C und wird zum Punkt B reflektiert und zum Punkt E hin gebrochen. Da Newton bereits in seinem 2. Axiom postuliert, dass Reflexionswinkel α_R gleich Einfallswinkel α_1 sein müssen, lässt sich der Reflexionswinkel sehr einfach konstruieren. Bei gleichen Winkeln muss auch die senkrechte Komponente $\overline{DC}$ beim einfallenden und reflektierten Strahl gleich und zusätzlich die Längen $\overline{AD}$ und $\overline{BD}$ identisch sein.

Für die Brechung wird wieder der Sinus des Einfallswinkels $\sin(\alpha_1) = \overline{AD}/r$ betrachtet und ins Verhältnis zum Brechungswinkel gesetzt $\sin(\alpha_2) = \overline{EF}/r$

Die Strecke $\overline{EF}$ verhält sich so zu $\overline{AD}$ wie der Sinus des gebrochenen Strahls α_2 zu dem Sinus des einfallenden Strahls α_1

$$\frac{\overline{EF}}{\overline{AD}} = \frac{\sin(\alpha_2)}{\sin(\alpha_1)} \tag{3.11}$$

In Newtons Beispiel trifft der Lichtstrahl aus der Luft auf Wasser, sodass hier der Wert von $\overline{EF}/\overline{AD}$ dem Kehrwert der Brechzahl des Wassers n_2 entspricht (bei Newton korrekt ¾). Mit $n_1 = 1$ für Luft hätten wir also auch hier eine elegante Schreibweise des Brechungsgesetzes in der heute üblichen Form:

$$\frac{1}{n_2} = \frac{\sin(\alpha_2)}{\sin(\alpha_1)} \text{ bzw. } \sin(\alpha_1) = n_2 \cdot \sin(\alpha_2) \tag{3.12}$$

Die „senkrechte Kraft", die durch das Medium selbst auf die Lichtpartikel einwirkt, verändert an der Grenzfläche die senkrechte Geschwindigkeit des Lichtes. Der ursprüngliche senkrechte Anteil ist nun durch die Strecke $\overline{DC}$ gebildet. Wenn diese senkrechte Strecke immer weiter verkürzt wird, tritt das Licht fast parallel zur Grenzfläche in das brechende Medium ein und es wirkt eine anziehende Kraft auf die Korpuskel des Lichtes ein. Es ist nicht verkehrt anzunehmen, dass diese Betrachtung auf den von Newton bereits vorher in den „Philosophiæ naturalis principia mathematica" formulierten Grundgesetzen der Bewegung beruht [121]. Zur Illustration schlägt Newton vor, einen Lichtstrahl von einem nahen an der Oberfläche liegenden Punkt M auf den Punkt C auftreffen zu lassen und in den Punkt N zu brechen (hier in Blau dargestellt). Newton zerlegt nun die Bewegung der Strahlen $\overline{AC}$ und $\overline{MC}$ in deren vertikale und horizontale Komponenten. Das

3.5 Renaissance der Optik

bei $\overline{MC}$ die vertikale Komponente quasi wegfällt, genügt die Zerlegung von $\overline{AC}$ in $\overline{AD}$ und $\overline{CD}$. Der rote ausfallende Strahl $\overline{CE}$ hat die senkrechte Komponente $\overline{CF}$, der blaue Strahl $\overline{CN}$ die senkrechte Komponente $\overline{CG}$. Deren senkrechte Bewegung bestimmt Newton als Verhältnis der horizontalen Strecken von ein- und ausfallendem Strahl multipliziert mit der vertikalen Strecke im Medium. Also für den blauen Strahl $\left(\overline{MC}/\overline{NG}\right) \cdot \overline{CG}$ und für den roten $\left(\overline{AD}/\overline{EF}\right) \cdot \overline{CF}$. Der eigentlich unnötige Klammerausdruck wurde hier genutzt, um klarzustellen, dass es sich hier um die Repräsentation des Brechungsindex handelt. Die Folge dieser Betrachtung ist, dass sich die Geschwindigkeit des Lichtes im Medium bei Newton erhöht. Unter dieser Annahme ist die Theorie plausibel und Newton kann so beweisen, dass das Verhältnis des Sinus des Einfallswinkels zum Sinus des Brechungswinkels für ein Medium unabhängig vom spezifischen Einfallswinkel immer konstant ist:

$$\frac{\overline{AD}}{\overline{EF}} = \frac{\overline{MC}}{\overline{NG}}$$

Die heute wenig intuitive Vorstellung, dass sich das Licht im Wasser schneller bewegen wird als in der Luft, kann mit Newtons physikalischen Prinzipien erklärt werden. In Analogie zu den Kräften der Gravitation formuliert Newton die Bewegung sehr kleiner Körper beim Auftreffen auf große Körper, von denen sie „gleichsam angezogen" seien. Die Bewegung des Lichtes kann so erklärt werden, wobei hier Newton noch deutlich einschränkt: „wobei ich jedoch nichts über die Natur der Strahlen (ob sie Körper sind oder nicht) behaupte, sondern nur die Bahnen der Körper als denen der Lichtstrahlen sehr ähnlich voraussetze." (aus S. 226). Die Anziehung an der optischen Grenzfläche eines Körpers beschleunigt das Licht nun beim Fortschreiten im Inneren. Der Lehrsatz 142 (im Orginal [121] Prop. XCV. Theor. XLIX. S. 229[130]) betont die Verhältnisse der Geschwindigkeiten zu den Winkeln (aus [122] S. 234).

„Unter derselben Voraussetzung verhält sich die Geschwindigkeit des Körpers [v_1] vor dem Eintritt zu der nach dem Austritt stattfindenden [v_2], wie der Sinus des Austrittswinkels [α_2] zum Sinus des Einfallswinkels [α_1]".

Zur besseren Zuordnung sind in obigem Zitat die Variablen in eckigen Klammern eingefügt, sodass sich gier das nachfolgende Verhältnis ergibt.

$$\frac{v_1}{v_2} = \frac{\sin(\alpha_2)}{\sin(\alpha_1)} \quad (3.13)$$

Die Gleichung ergibt bei Newton eine höhere Geschwindigkeit, wenn das Licht in einem geringeren Winkel gebrochen wird und damit nach heutiger Betrachtung in ein Medium mit höherer Brechzahl eintritt. Im Wasser wäre Licht demnach schneller als in der Luft.

Das seit der Antike genutzte Modell der Emission des Lichtes vom Betrachter war spätestens mit Newton dem materialistischen Prinzip der Lichtpartikel ausgehend von Lichtquellen gewichen. Mit Newtons Modell ließ sich analog zur kosmischen Gravitation auch die mikroskopische Brechung des Lichtes erklären. Dabei blieb jedoch der Effekt der Beugung rätselhaft. Newton beschrieb unter anderem, wie Licht sich ausbreitet, wenn es durch enge Spalten oder kleine Öffnun-

---

[130] Iisdem positis, dico quod velocitas corporis ante incidentiam est ad ejus velocitatem post emergentiam, ut sinus emergentiae ad sinum incidentiae.

gen hindurchgeht. Er beobachtete, dass Licht, in diesen Fällen leicht von seinem geraden Pfad abweicht. Dazu schrieb er im 3. Buch seiner Optik (aus [119] S. 86):

„Grimaldi hat uns gelehrt, dass, wenn ein Strahl Sonnenlichts durch eine sehr kleine Öffnung in ein dunkles Zimmer eindringt, die Schatten von Körpern, die man diesem Lichte aussetzt, breiter sind, als sie sein sollten, wenn die Lichtstrahlen in geraden Linien an den Körpern vorübergehen..."

Das von Newton hier beschriebene Experiment Grimaldis[131] zeigt die Wirkung kleiner Öffnungen auf das Licht. Grimaldi ließ Licht durch eine sehr kleine Öffnung in einen dunklen Raum eintreten, wodurch es sich kegelförmig ausbreitete und einen sichtbaren Lichtkegel erzeugte ([123], 1. Experiment, ab S. 2). Wenn ein undurchsichtiger Körper in den Weg dieses Lichtkegels gesetzt wird, beobachtete Grimaldi, dass der Schatten dieses Objekts, der sich auf einem hinteren Schirm bildet, nicht scharf begrenzt ist, sondern unscharfe Ränder aufweist. Grimaldi stellte fest, dass der Schatten des Objekts größer zu sein scheint, als es die geradlinige Ausbreitung des Lichts erwarten lassen würde. Er bemerkte, dass um den Schatten herum ein Bereich von Halbschatten (Penumbra) existiert, in welchem das Licht nur teilweise blockiert wird. Das zweite Experiment Grimaldis befasst sich mit der Beobachtung von Licht, das durch zwei aufeinanderfolgende kleine Öffnungen geleitet wird ([123], 2. Experiment, ab S. 7). Das Licht tritt zunächst durch eine kleine Öffnung in einer dünnen Platte in einen abgedunkelten Raum ein. Dieses Licht bildet einen leuchtenden Kegel, das auf eine zwoite Platte mit einer weiteren kleinen Öffnung fällt. Das Licht, das durch die zweite Öffnung tritt, bildet erneut einen Kegel wird auf einem dahinterliegenden Schirm abgebildet. Die Basis dieses Lichtkegels wird bemerkenswert größer abgebildet, als wenn das Licht geradlinig nur durch die beiden kleinen Öffnungen durchtreten würde.

Weder Grimaldi noch Newton können die Ursache dieses Effektes ausreichend beschreiben. Grimaldi präsentiert in seiner Abhandlung eine Theorie darüber, wie sich das Licht ausbreitet. Er argumentiert, dass neben den allgemein anerkannten Modi der Lichtausbreitung – geradlinig (Direkt), gebrochen (Refrakt) und reflektiert (Reflex) – ein vierter Modus existiert, den er als „Diffraktion" (Beugung) bezeichnet. Newton wirft eher philosophische Fragen auf, als dass er definitive Antworten dazu geben kann. Allerdings stellt sich schon Newton die Frage, ob unterschiedliche Lichtstrahlen Schwingungen verschiedener Größen hervorrufen und dadurch die Empfindung verschiedener Farben auslösen – ähnlich wie verschiedene Schwingungen der Luft unterschiedliche Töne erzeugen. Er spekuliert, dass besonders brechbare Strahlen kürzere Schwingungen erzeugen, die den Eindruck von Dunkelviolett vermitteln, während weniger brechbare Strahlen größere Schwingungen für den Eindruck von tiefem Rot bewirken ([119] S. 105 Frage 13). Tatsächlich ist die Wellenlänge von Rot länger als die von Violett, sodass diese Vermutung eine als eine frühe Annäherung an den Wellencharakter des Lichtes

---

[131] Francesco Maria Grimaldi (1618–1663), italienicher Jesuit und Mathematiker.

3.5 Renaissance der Optik

gelten kann. Indem Newton Parallelen zwischen den Vibrationen, die in Wasser durch einen eingeworfenen Stein und in Luft durch eine Erschütterung entstehen, und denjenigen Vibrationen zieht, die entstehen, wenn Licht auf einen durchsichtigen Körper trifft ([119] S. 106–107 Frage 17), scheint er die Wellennatur des Lichtes zumindest nicht abzulehnen. Im Folgenden neigt er jedoch dazu, die nicht geradlinigen Effekte durch die allmähliche Brechung des Lichtes in einem ätherischen Medium zu erklären, welches das Licht in „krumme Linien biegt" und so die Beugung verursacht ([119] S. 108, Frage 20).

Als Newtons „Optik" 1704 erschien, war Christiaan Huygens bereits verstorben. Huygens hatte bereits 1690 in seiner „Traité de la lumière" (Abhandlungen über das Licht) die Ausbreitung des Lichtes durch sich in einem Äther fortpflanzende Kugelwellen erklärt. Huygens Äther besteht aus Ätherteilchen vollkommener Härte und beliebiger Elastizität ([124] S. 19). Die schnelle Bewegung der Teilchen, die das Licht erzeugen, setzen sich nun im Äther fort, wobei Huygens hier seine mechanische Theorie des Stoßes [125] für die Begründung der Ausbreitung verwendet. Er erkennt, dass diese Idee aufgrund der kosmischen Entfernungen des Lichts Schwierigkeiten bereiten könnten ([124] S. 22).

> „Zunächst könnte es nun sehr befremdlich und sogar unglaublich erscheinen, dass die durch die Bewegung so kleiner Körperchen hervorgebrachten Wellen sich bis auf so ungeheure Entfernungen fortzupflanzen vermögen, wie z. B. von der Sonne … bis zur Erde."

Seine Erklärung ist allerdings ebenso überraschend, wie seine Ausbreitungstheorie (ebd.):

> „Man wird indessen aufhören zu staunen, wenn man erwägt, dass in einer großen Entfernung vom leuchtenden Körper eine Unzahl von Wellen, obwohl sie von verschiedenen Punkten des Körpers ausgesandt sind, sich vereinigen, so dass sie nur eine einzige Welle bilden…"

Christian Huygens' Theorie über das Licht beschreibt, dass sich Licht von einem Punkt aus radial nach allen Seiten ausbreitet, ähnlich wie Wellen, die entstehen, wenn ein Stein ins Wasser geworfen wird. Das Teilchen, dessen Anregung die Welle verursacht, bildet den Mittelpunkt einer von ihm ausgehenden Wellenbewegung. Jeder Punkt der fortschreitenden Welle wird nun wieder zum Ausgangspunkt neuer Wellen. Die Überlagerung aller Wellen bildet eine gemeinsame neue Wellenfront. In der nachfolgenden Abbildung Abb. 3.21 ist im Teilbild a) der Ausgangspunkt der Wellenbewegung als blauer Punkt dargestellt. Der rote Pfeil zeigt die betrachtete Bewegungsrichtung an. Von dem blauen Punkt geht eine kreisförmige Welle aus (hier als blauer Kreis dargestellt), die nach einer gewissen Zeit in Abhängigkeit von der Ausbreitungsgeschwindigkeit eine bestimmte Entfernung zum Mittelpunkt und somit einen definierten Durchmesser erreicht. Da bei Huygens jeder Punkt der fortschreitenden Welle wieder Ausgangspunkt einer neuen Welle ist, wird hier beispielhaft auf dem blauen Kreis ein roter Punkt gesetzt, von dem wieder eine Welle ausgeht. Im Teilbild b) ist die die neue Welle in Rot dargestellt, die mit der weiterlaufenden blauen Primärwelle zusammentrifft.

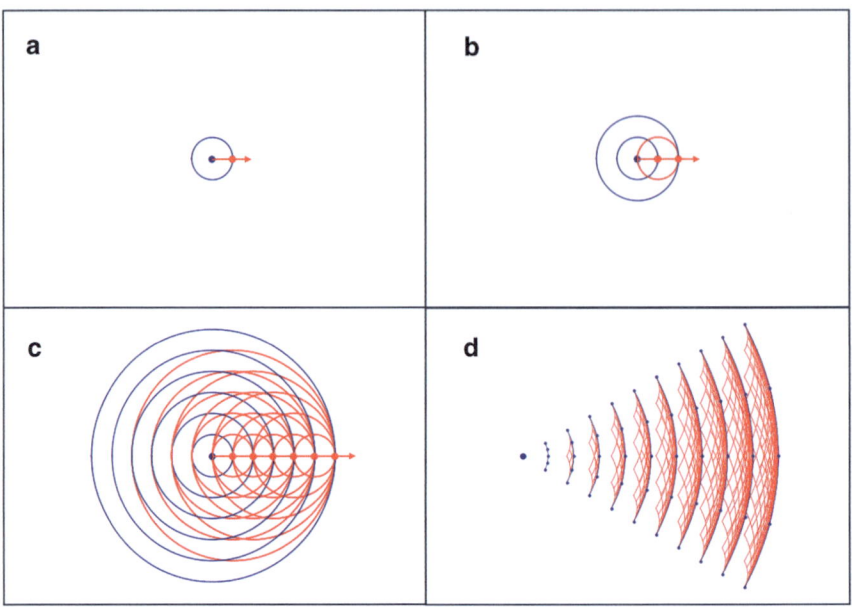

Abb. 3.21 Huygens' Kugelwelle, Armin Grasnick (2024)

Es entstehen nun immer wieder neue Wellen, die sich zu einem fortschreitenden Wellenmuster überlagern (Teilbild c). Wird nur ein Bogenabschnitt sowohl der (blauen) Primärwellen als auch der (roten) Sekundärwellen dargestellt, dann ergibt sich bei Betrachtung der Wellen in einem konstanten Zeitabschnitt eine typisch einhüllende Kurve, die Wellenfront (in Teilbild d) dargestellt). Das entspricht dem Verhalten, wenn Licht in einem Kegel abgestrahlt wird.

Mit dieser grundlegenden Betrachtungsweise lassen sich auch Reflexion und Brechung erklären. Zur Illustration der Reflexion soll eine in Anlehnung an Huygens Zeichnung aus der „Traité de la lumière" von 1690 ([126], S. 21) verwendet werden. In der Abbildung Abb. 3.22 treffen die blauen Lichtstrahlen von links im Bereich $\overline{AB}$ auf eine reflektierende Oberfläche. Die Strecke $\overline{AC}$ zeigt die ebene Wellenfront einer aus dem Unendlichen einfallenden Kugelwelle, bei der die Lichtstrahlen parallel zueinander auf die Oberfläche auftreffen. Der im Punkt A auftreffende Lichtstrahl würde in einer bestimmten Zeitspanne, von der Wellenfront $\overline{AC}$ ausgehend, die Strecke $\overline{AG}$ zurücklegen, die in den Punkten K auftreffenden Lichtstrahlen die Strecken $\overline{HM}$. Da die Ausbreitungsgeschwindigkeit für alle Strahlen gleich ist, gilt $\overline{AG} = \overline{HM} = \overline{CB}$. Die Reflexionsfläche $\overline{AB}$ beschränkt jedoch das Fortschreiten der Lichtstrahlen $\overline{HM}$ in die ursprüngliche Ausbreitungsrichtung, sodass sich die Ausbreitung in einen Teil $\overline{HK}$ vor dem Auftreffen auf die Punkte K und einem Teil $\overline{KM}$, der in dem verbliebenen Anteil dieser Zeitspanne eigentlich noch zurückgelegt worden wäre, aufteilt. Die äußeren Auftreffpunkte A und B sowie die inneren Auftreffpunkte K sind wieder

3.5 Renaissance der Optik

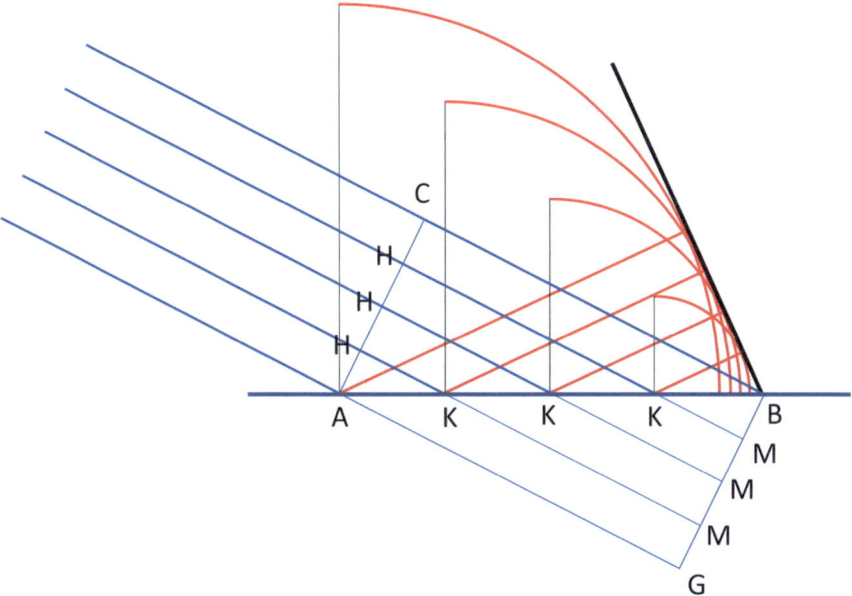

Abb. 3.22 Huygens' Reflexion von Kugelwellen, Armin Grasnick (2024) in Anlehnung an Huygens (1690) in [126] S. 21

Ausgangspunkte neuer Kugelwellen, hier als rote Kreisbögen dargestellt. Die Radien der Kreisbögen entsprechen genau den Strecken $\overline{AG}$ und $\overline{KM}$ und beschreiben die maximale Ausbreitung der Kugelwellen von den Auftreffpunkten in der nach dem Auftreffen noch verbleibenden Zeitpanne. Nun legt Huygens an alle Kreisbögen eine gemeinsame Tangente vom Punkt B aus an und trägt vom Schnittpunkt mit der Tangente zum Mittelpunkt der Kreisbögen die neue Ausbreitungsrichtung nach der Reflexion ein (in Abb. 3.22 die roten Linien).

Aus diesen Betrachtungen ergibt sich, dass Einfallswinkel und Reflexionswinkel identisch sein müssen.

Für die Erklärung der Brechung benutzt Huygens die Ausbreitungsgeschwindigkeit des Lichtes im transparenten Medium. Zunächst erläutert er, dass aus seiner Sicht in einem durchsichtigen Körper „... das Fortschreiten dieser Wellen im Inneren der Körper ein wenig langsamer sein muss wegen der Umwege, die eben diese Körperteilchen verursachen." (aus [124] S. 33). Die verschiedenen Geschwindigkeiten sind nach Huygens die Ursache der Brechung. Das lässt sich gut mit einer ähnlichen Zeichnung (Abb. 3.23) erklären. Auch hier treffen die blauen, parallelen Lichtstrahlen von links im Bereich $\overline{AB}$ auf eine Oberfläche. Diese Oberfläche stellt hier die Grenzfläche zu einem transparenten Medium dar, an der die Lichtstrahlen in den Auftreffpunkten A, B und K aufgrund der Brechung ihre Richtung ändern. Wie bei der Reflexion, sind auch bei der Brechung die Auftreffpunkte wieder Ausgangspunkte neuer Kugelwellen. Da Huygens postuliert, dass

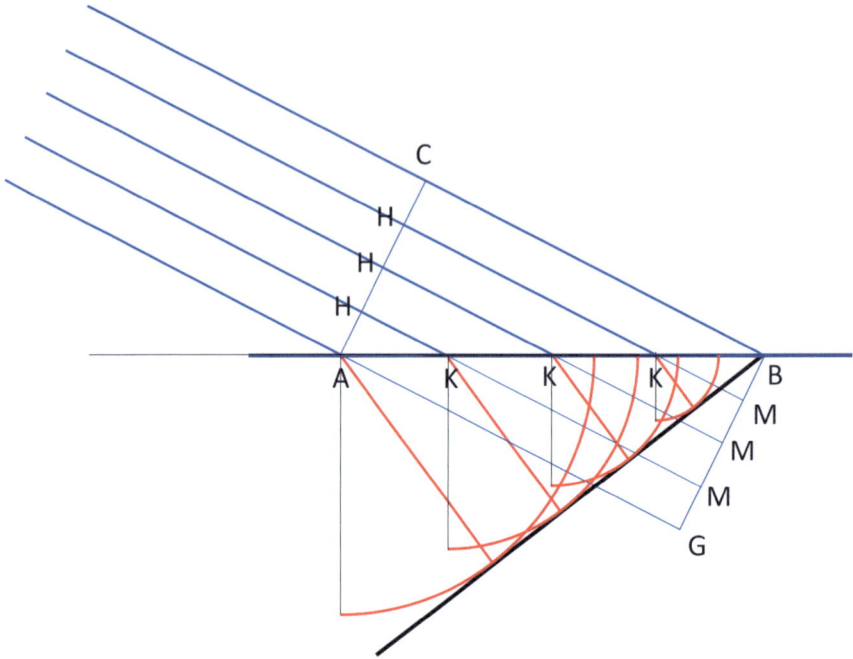

Abb. 3.23 Huygens' Brechung durch Kugelwellen, Armin Grasnick (2024) in Anlehnung an Huygens (1690) in [126] S. 33

sich Lichtgeschwindigkeit im Körperinneren verlangsamen muss, wird das Licht im Inneren des dichteren Mediums in der gleichen Zeitspanne einen kürzeren Weg zurücklegen als außerhalb. In der Folge sind die Radien der Kugelwellen auch kleiner (in Rot dargestellt). Beim Anlegen der Tangente an die Kreisbögen vom Punkt *B* aus ergibt sich auch hier eine gemeinsame Wellenfront. Die Schnittpunkte der (roten) Kreisbögen der Einzelzellen mit deren Tangente werden jeweils mit deren Ausgangspunkt (den Auftreffpunkten *A*, *B* und *K*) verbunden und ergeben so die neue Ausbreitungsrichtung der Lichtwellen (in Abb. 3.23 die roten Linien).

Huygens beschrieb hier die Phänomene von Reflexion und Brechung mithilfe der Ausbreitung von Kugelwellen und deren einhüllender Wellenfront in Abhängigkeit der Ausgangspunkte der Elementarwellen und der Ausbreitungsgeschwindigkeit in verschiedenen Medien. Tatsächlich ist die Verwendung der Lichtgeschwindigkeit im Brechungsgesetz möglich, wenn der Brechungsindex als Verhältnis der Vakuumlichtgeschwindigkeit c_{Vakuum} zur Ausbreitungsgeschwindigkeit im Medium c_{Medium} berechnet wird.

$$\frac{\sin(\alpha_{\text{Vakuum}})}{\sin(\alpha_{\text{Medium}})} = n_{\text{Medium}} = \frac{c_{\text{Vakuum}}}{c_{\text{Medium}}} \tag{3.14}$$

Es ist bemerkenswert, dass Huygens das Verhältnis der Geschwindigkeiten in Luft und Wasser mit 4/3 angegeben hatte ([124] S. 39), was einem Brechungsindex für Wasser $n_{\text{Medium}} = 1{,}333$ entsprechen würde – ein sehr präziser Wert.s

Literatur

1. Deutsche Bibelgesellschaft. 1. Mose 10 – Lutherbibel 2017 (LU17) – die-bibel.de [Internet]. 2017 [zitiert 2023 Apr 2]. Verfügbar unter: https://www.die-bibel.de/lesen/LU17/GEN.10/1.-Mose-10.
2. Layard A. Discoveries in the ruins of Nineveh and Babylon with travels in Armenia, Kurdistan and the desert. New York: G. P. Putnam and Co.; 1853.
3. Temple RKG. Die Kristall-Sonne: eine verlorengegangene Technologie des Altertums wiederentdeckt. Rottenburg: Kopp; 2002.
4. Mc Carthy J, Stoddard RH, Marsh AR, van Dyke P, Bergh AE, Herausgeber. The Epic of Izdubar, Hymns, Tablets, and Cuneiform Inscriptions. Revised Edition. New York: The Colonial Press; 1901.
5. Weeks RA, Underwood JR, Giegengack R. Libyan Desert glass: A review. J Non-Cryst Solids. 1984;67:593–619.
6. Carter H. THE TOMB OF TUT ANNKH AMEN. London: Cassel and Company; 1933.
7. Burton H. Tutankhamun tomb photographs: a photographic record in 5 albums containing 490 original photographic prints ; representing the excavations of the tomb of Tutankhamun and its contents (Bb. 4) [Internet]. Heidelberger historische Bestände – digital: [S.l.]: NN; 1923 [zitiert 2023 März 12]. Verfügbar unter: https://digi.ub.uni-heidelberg.de/diglit/burton1923bd4.
8. Nicholson P. Glass Working, Use and Discard. UCLA Encycl Egyptology [Internet]. 2011. Verfügbar unter: https://escholarship.org/uc/item/2w17t0cw.
9. Kisa A. Das Glas im Altertume. Leipzig: Karl W. Hiersemann; 1908.
10. Aristophanes. Aristofanes. Braunschweig: Friedrich Vieweg; 1821.
11. Apollonius. Des Apollonius von Perga sieben Bücher über Kegelschnitte. Balsam, Herausgeber. Berlin: Georg Reimer; 1861.
12. Herrmann D. Die antike Mathematik: Geschichte der Mathematik in Alt-Griechenland und im Hellenismus. 2., verbesserte Auflage. Berlin [Heidelberg]: Springer Spektrum; 2020.
13. Evans A. The Palace of Minos at Knossos. London: Macmillan and Co.; 1921.
14. Evans A. The Palace of Minos at Knossos. London: Macmillan and Co.; 1928.
15. Sines G, Sakellarakis YA. Lenses in Antiquity. Am J Archaeol. 1987;91:191–6.
16. Plantzos D. Crystals and Lenses in the Graeco-Roman World. Am J Archaeol. 1997;101:451–64.
17. Plinius d. Ä. Naturgeschichte. Rostock und Greifswald: Anton Ferdinand Rösens Buchhandlung; 1765.
18. Plinius d. Ä. Naturkunde Lateinisch – Deutsch – Buch XXXVI – Die Steine. 2. Aufl. München: Artemis & Winkler; 2007.
19. Seneca LA, Schönberger O, Schönberger E. Naturales quaestiones: = Naturwissenschaftliche Untersuchungen: lateinisch/deutsch. Stuttgart: Philipp Reclam jun. Stuttgart; 1998.
20. Ptolemaeus C. Ptolemy's theory of visual percpetion: an English translation of the Optics with introduction and commentary. Smith AM, Herausgeber. Philadelphia: American Philosophical Society; 1996.
21. Fahrmeir L, Heumann C, Künstler R, Pigeot I, Tutz G. Statistik: der Weg zur Datenanalyse. 8., überarbeitete und ergänzte Auflage. Berlin Heidelberg: Springer Spektrum; 2016.
22. Ibn an-Nadim M ibn I. Kitab al-Fihrist. Leipzig: F. C. W. Vogel; 1872.
23. Euclidis, al-Hadschdschadschii. Codex Leidensis 399, 1. Euclidis Elementa. Besthorn RO, Heiberg JL, Herausgeber. Hauniae: P. Hegel et Fil.; 1893.

24. Klamroth martin. Ueber den arabischen Euklid. Zeitschrift der Deutschen Morgenländischen Gesellschaft. 1881;35:270–326.
25. Al-Khalili J. Im Haus der Weisheit. Die arabischen Wissenschaften als Fundament unserer Kultur. Frankfurt, M: Büchergilde Gutenberg; 2011.
26. al-Chwarizmi ADM, Boncompagni, DB. Algoritmi de Numero Indorum. Roma: Tipografia delle Science; 1857
27. Khuwārizmī M ibn M, Folkerts M, Kunitzsch P. Die älteste lateinische Schrift über das indische Rechnen nach al-Ḫwārizmī. München: Verlag der Bayerischen Akademie der Wissenschaften; 1997.
28. Curtze M. Verba Filiorum Moysi, Fili Sekir, id est Maumeti, Hameti et Hasen. — Der Liber trium fratrum de geometria. Nach der Lesart des Codex Basileensis F. II. 33 mit Einleitung und Commentar. Nova Acta Academiae Caesareae Leopoldino-Carolinae Germanicae Naturae Curiosorum. Dresden: Blochmann und Sohn; 1887. S. 105–68.
29. al-Chwarizmi ADM ibn M. The Algebra of Mohammed ben Musa. London: The Oriental Translation Fund; 1831.
30. Banū-Mūsā, Hill DR, Banū-Mūsā I-Š, Banū-Mūsā. The book of ingenious devices: [Muhammad Ibn-Mūsā Ibn-Šākir] ; Kitāb al-ḥiyal. By the Banu (sons of) Mūsā bin Shākir. Transl. and ann. by Donald R[outledge] Hill. Dordrecht [usw.]: Reidel; 1979.
31. al-Jazarī I al-Razzāz. The Book of Knowledge of Ingenious Mechanical Devices. Dordrecht: Springer Netherlands; 1973
32. Hunain ibn Ishaq. Über die syrischen und arabischen Galen-Übersetzungen. Leipzig: Deutsche Morgenländische Gesellschaft; 1925.
33. Hunain ibn Ishaq. Liber de oculis Constantini. In: Israeli I ben S, Herausgeber. Omnia opera Ysaac in hoc volumine contenta. Lyon: Andrea Turini; 1515.
34. Hunain ibn Ishaq, Meyerhof M. The Book of the ten Treatises ascribed to Hunain Ibn Is-Haq. Cairo: Government Press; 1928.
35. Ibn an-Nadim M ibn I. The Fihrist of al-Nadim. A Tenth-Century Survey of Muslim Culture. New York: Columbia University Press; 1970.
36. Corbin H. History Of Islamic Philosophy. Routledge; 2014.
37. Lindberg DC. Theories of vision from al-Kindi to Kepler. Chicago London: University of Chicago press; 1981.
38. Alkindi J. Liber Jacob Alkindi de causis diversitatum aspectus et dandis demonstrationibus geometricis super eas. Codex Paris Latin 9335 [Internet]. Paris: Handschrift; Verfügbar unter: https://gallica.bnf.fr/ark:/12148/btv1b107211500/f75.item.
39. Björnbo AA, Vogel Seb, Cremonis G, al-Kindi I, Tideus, Euklid. Alkindi, Tideus und Pseudo-Eiklid. Drei optische Werke. Leipzig: Teubner; 1912.
40. Phillipson L, Theophrast, Aristoteles. Hylē anthrōpinē. Pars II. Philosophorum veterum usque ad Theophrastum doctrina de sensu. Theophrasti de sensu et sensilibus fragmentum ... Aristotelis Doctrina de sensibus. Theophrasti fragmenta de sensu, phantasia et intellectu e Prisciani metaphrasi primum excerpta. Berlin: List; 1831.
41. Diels H, Lucretius CT. De Rerum Natura. Berlin: Weidmannsche Buchhandlung; 1923.
42. Avicenna. Die Metaphysik Avicennas. Halle und New York: Rudolf Haupt; 1907.
43. Avicenna. Avicenna's Psychology: An English Translation of „Kitāb al-najāt", Book II, Chapter VI with historico-philosophical Notes and textual Improvements on the Cairo Edition. Facsim. ed. Westport (Conn.): Hyperion Press; 1990.
44. Avicenna, Hirschberg J, Lippert J. Die Augenheilkunde des Ibn Sina. Leipzig: Veit & Comp.
45. Hentschel K. Das Brechungsgesetz in der Fassung von Snellius. Arch Hist Exact Sci. 2001;55:297–344.
46. Rashed R. A Pioneer in Anaclastics: Ibn Sahl on Burning Mirrors and Lenses. Isis. 1990;81:464–91.
47. Bibliographisches Institut, Herausgeber. Meyers Konversations-Lexikon. 4. Aufl. Leipzig und Wien: Verlag des Bibliographoschen Instituts; 1890.

48. Coullet P, San Martin J, Tirapegui E. Kepler in search of the „Anaclastic". Chaos, Solitons Fractals. 2022;164: 112695.
49. Huxley GL, Anthemios. Anthemius of Tralles. A Study in Later Greek Geometry. Cambridg, Massachusetts; 1959.
50. Alhazen, Sabra AI. The Optics of Ibn al-Haytham. Books I-III: on direct vision. London: Warburg Institute, University of London; 1989.
51. Alhazen, Smith AM. Alhacen on refraction: a critical edition, with English translation and commentary, of Book 7 of Alhacen's De Aspectibus. Philadelphia: American Philosophical Society; 2010.
52. Temple R. Forntida Gotlaendska Linser (The Old Lenses of Gotland). Gotlaendskt Arkiv. 2000;2000(72):41–52.
53. Lingelbach B, Schmidt-Kiy O. Hatten die Wikinger perfekte Lupen? Bergkristall als optisches Hilfsmittel. In: Beer M, Herausgeber. Magie Bergkristall. München Köln: Hirmer Museum Schnütgen; 2022. S. 367–73.
54. Cowdrey HEJ. POPE URBAN II'S PREACHING OF THE FIRST CRUSADE. History. 1970;55:177–88.
55. Carolina Sparavigna A. On the Rainbow, a Robert Grosseteste's Treatise on Optics. ijSciences. 2013;1:108–13.
56. Grosseteste R. Die philosophischen Werke des Robert Grossetest, Bischofs von Lincoln. Baur L, Herausgeber. Münster: Aschendorffsche Verlagsbuchhandlung; 1912.
57. Bacon R, Burke RB. The opus majus of Roger Bacon. New Yourk: Russel & Russel; 1962.
58. Konrad von Würzburg. Die goldene Schmiede. Grimm WC, Herausgeber. Frankfurt a. M.: Berhard Körner; 1816.
59. von Würzburg K. Konrad von Würzburg: Die goldene Schmiede ; „Passional" (Auszug) [Internet]. Schwaben: Handschrift; 1460 [zitiert 2023 Dez. 17]. Verfügbar unter: https://digi.ub.uni-heidelberg.de/diglit/cpg378.
60. Albrecht. Der jüngere Titurel. Hahn KA, Herausgeber. Quedlinburg und Leipzig: Gottfr. Basse; 1842.
61. Rosen E. Carlo Dati on the Invention of Eyeglasses. Isis. 1953;44:4–10.
62. Rosen E. The Invention of Eyeglasses. J Hist Med Allied Sci. 1956;11:13–46.
63. Rosen E. The Invention of Eyeglasses: Part II. J Hist Med Allied Sci. 1956;11:183–218.
64. Da Pisa G, Delcomo C. Quaresimale fiorentino : 1305–1306. Firenze: G. C. Sansoni Editore; 1974.
65. Ilardi V. Renaissance Vision from Spectacles to Telescopes. Philadelphia: American philosophical society; 2007.
66. Da Peccioli D, Da San Concordi B, Da Cavalosari USN, Da Cascina S. Cronica Conventus Antiqua Sancte Katerine de Pisis Ordinis Predicatorum. Handschrift; 1350.
67. Panella E. Cronaca del convento Santa Caterina di Pisa [Internet]. 2005 [zitiert 2023 Dez. 10]. Verfügbar unter: https://www.e-theca.net/emiliopanella/pisa/cronica.htm.
68. Posedi I, Kertész Z, Barrulas P, Fronza V, Schiavon N, Mirão J. Medieval Tuscan glasses from Miranduolo, Italy: A multi-disciplinary study. J Archaeol Sci Rep. 2019;26: 101878.
69. Agazzi M. L'opera dei ‚cristalleri'. Cristalli di rocca, diaspri, oreficerie e reliquie a Venezia (secc. XIII-XIV). Hortus Artium Medievalium. 2016;22:145–56.
70. Peckham J. Perspectiva Commvnis: Ideo sic dicta, quod contineat elementa tēs optikēs, omnibus philosophiae studiosis necessaria. Hartmann G, Herausgeber. Norimbergae: Iohan. Petreius; 1542.
71. Lindberg DC. Lines of Influence in Thirteenth-Century Optics: Bacon, Witelo, and Pecham. Speculum. 1971;46:66–83.
72. PERSPECTIVA- VITELLIONIS MATHEMATICI DOCTISSIMI PERI OPTIKES. Norimbergae: apud Io. Petreium; 1535.
73. Witelo, Smith AM. Witelonis Perspectivae Liber Quintus Book V of Witelos's Perspectiva. Wroclaw: Ossolineum – The Polish Academy of Sciences Press; 1983.
74. Vitruv. Zehn Bücher über Architectur/De architectura libri decem. 3. Aufl. Wiesbaden: matrixverlag; 2015.

75. da Vinci L, O'Neill JP. Leonardo da Vinci: anatomical drawings from the Royal Library Windsor Castle; [exhibition held at The Metropolitan Museum of Art, New York, January 20, 1984, through April 15, 1984]. Metropolitan Museum of Art, Herausgeber. New York: The Metropolitan Museum of Art; 1983.
76. Pacioli L, Da Vinci L. Divina proportione. Venedig: A. Paganius Paganinus; 1509.
77. da Vinci L, Richter JP. The literary works of Leonardo da Vinci. London: Sampson Low, Marston, Searle & Rivington; 1883.
78. Porta JB. Natural Magick. London: Thomas Young and Samuel Speed; 1658.
79. Wall W. The Invention of the Telescope. A History of Optical Telescopes in Astronomy. Cham: Springer International Publishing; 2018:17–32.
80. Van Helden A. Galileo and the Telecope. In: Van Helden A, Dupré S, van Gent R, Zuidervaart H, Herausgeber. The origins of the telescope. Amsterdam: KNAW Press; 2010. S. 183–201.
81. Galilei G. Sidereus Nuncius. Venedig: Thomas Baglioni; 1610.
82. Pumfrey S. Harriot's maps of the Moon: new interpretations. Notes Rec R Soc. 2009;63:163–8.
83. Goulding R. Thomas Harriot's optics, between experiment and imagination: the case of Mr Bulkeley's glass. Arch Hist Exact Sci. 2014;68:137–78.
84. Kopernikus N. De revolutionibus orbium coelestium. Nürnberg: Apud Ioh. Petreium; 1543.
85. Kepler J. Astronomia nova. Heidelberg: G. Voegelinus; 1609.
86. Kepler J. Ad Vitellionem Paralipomena: astronomiae pars Optica Traditur. Frankfurt a. M.: Claude de Marne & Johann Aubry; 1604.
87. Kepler J. Dioptrice. Augustae Videloricum: Davidis Franci; 1611.
88. Kepler J. Dioptrik. Leipzig: Wilhelm Engelmann; 1904.
89. Scheiner C. Oculus hoc est. Oeniponti: Apud Danielem Agricolam; 1619.
90. Scheiner C. Rosa Ursina sive sol. Bracciani: Apud Andream Phaeum Typographum Ducalem; 1630.
91. Descartes R. Discours de la méthode pour bien conduire sa raison et chercher la verité dans les sciences. Leiden: L'Imprimerie Ian Maire; 1637.
92. Descartes R, Wohlers C. Entwurf der Methode: mit der Dioptrik, den Meteoren und der Geometrie. Hamburg: Felix Meiner Verlag; 2013.
93. Grassmann H. Die Wissenschaft der extensiven Grösse oder die Ausdehnungslehre. Leipzig: Otto Wiegand; 1844.
94. Hamilton WR II. On quaternions; or on a new system of imaginaries in algebra. London Edinb Dublin Philos Mag J Sci. 1844;25:10–3.
95. Leibniz GW. 1674–1676: Infinitesimalmathematik [Internet]. Meyer U, Probst S, Sefrin-Weis H, Herausgeber. Berlin: Akademie Verlag; 2008. Verfügbar unter: https://www.gwlb.de/leibniz/digitale-ressourcen/repositorium-des-leibniz-archivs/laa-bd-vii-5.
96. Albrecht H. Koordinatensysteme. Elementare Koordinatengeometrie [Internet]. Berlin, Heidelberg: Springer Berlin Heidelberg; 2020 [zitiert 2024 März 3]: [S. 29–38]. Verfügbar unter: http://link.springer.com/10.1007/978-3-662-61620-8_2.
97. Kircher A. Ars Magna Lucis et Umvrae. Romae: Hermann Scheus; 1646.
98. Incipit: Gloria Domini (Psalm 138). Deutschland/Flandern; 1335.
99. Psalm 139 | Lutherbibel 2017 :: ERF Bibleserver [Internet]. [zitiert 2024 März 10]. Verfügbar unter: https://www.bibleserver.com/LUT/Psalm139.
100. Kircher A. Ars Magna Lucis et Umbrae. Amsterdam: Apud Joannem Janssonium à Waesberge, & Haerdes Elizaei Weyerstraet; 1671.
101. Bettini M. Apiarium sextum in quo dioptrica arcana. Apiaria universae philosophiae mathematicae. Bononiae: Baptistae Ferronij; 1642.
102. Oldenburg H, Herausgeber. Philosophical transactions of the Royal Society of London: giving some accounts of the present undertakings, studies, and labours, of the ingenious, in many considerable parts of the world. London: Royal Society; 1665.

103. Campani G. Ragguaglio di due nuove osservazioni una celeste in ordine alla stella di Saturno; e terrestre l'altra in ordine a gl'istrumenti medesimi, co' quali s'e fatta l'una e l'altra osservazione. Roma: Fabio Di Falco; 1664.
104. Bedini SA. The optical workshop equipment of giuseppe campani. J Hist Med Allied Sci. 1961;XVI:18–38.
105. Huygens C. Systema Saturnium. Hagae: Adriaan Vlacq; 1659.
106. Hooke R. Micrographia: or, Some physiological descriptions of minute bodies made by magnifying glasses. London: James Allestry; 1667.
107. Vom GW. Lesestein zum Elektronenmikroskop. 1. Aufl. Berlin: Verlag Technik; 1986.
108. Lawson I. Crafting the microworld: how Robert Hooke constructed knowledge about small things. Notes Rec. 2016;70:23–44.
109. Muffet T, Wotton E, Gessner C, Penny T. Insectorum sive Minimorum Animalium Theatrum. London: Benjamin Allen; 1634.
110. Weidner H. Der Flohzirkus und seine vierhundertjährige poesiereiche Geschichte. Entomologische Mitteilungen aus dem Zoologischen Museum Hamburg. 10:139–51.
111. Paul H, Herausgeber. Lexikon der Optik: M-Z. Heidelberg, Berlin: Spektrum Akademischer Verlag; 2003.
112. Dobell C. Antony van Leeuwenhoek and his „little animals". New York: Harcourt, Brace and Company; 1932.
113. von Uffenbach ZC. Herrn Zacharias Conrad von Uffenbach Merkwürdige Reisen durch Niedersachsen, Holland und Engelland. Ulm: Gaumische Handlung; 1754.
114. Van Zuylen J. The Microscopes of Antoni van Leeuwenhoek. J Microsc. 1981;121:309–28.
115. Cocquyt T, Zhou Z, Plomp J, Van Eijck L. Neutron tomography of Van Leeuwenhoek's microscopes. Sci Adv. 2021;7:eabf2402.
116. Newton I. A letter of Mr. Isaac Newton, professor of the mathematicks in the university of cambridge; containing his new theory about light and colors: sent by the author to the publisher from cambridge, Febr. 6. 1671/72; in order to be communicated to the R. Society. Phil Trans R Soc. 1672;6:3075–87.
117 And all was Light: Hooke and Newton on Light and Color. The First Professional Scientist. Basel: Birkhäuser Basel; 2009:135–48.
118. Newton I. Opticks or, a treatise of the reflexions, refractions, inflexions and colours of light. London: Sam. Smith ans Benj. Walford; 1704.
119. Newton I. Sir Isaac Newton's OPTIK oder Abhandlung über Spiegelungen, Brechungen, Beugungen und Farben des Lichts. Abendroth W, Herausgeber. Leipzig: Wilhelm Engelmann; 1898.
120. Newton I. Opticks or A Treatise of the Reflections, Refractions, Inflections & Colours of Light. New York: Dover Publications; 1979.
121. Newton I. Philosophiæ naturalis principia mathematica. 1687: Jussu Societatis Regiæ ac Typis Joseph Streater; London.
122. Mathematische NI, der Naturlehre P. Wolfers JPh, Herausgeber. Berlin: Robert Oppenheim; 1872.
123. Grimaldi FM. Physico-Mathesis de Lumine, coloribus, et iride, aliisque sequenti pagina indicatis. Bolognia: Girolamo Bernia; 1665.
124. Huygens C. Abhandlung über das Licht. Lommel E, Herausgeber. Leipzig: Wilhelm Engelmann; 1890.
125. Huygens C. The Laws of Motion on the Collision of Bodies. Philosophical Transactions of the Royal Society of London, from their Commencement in 1665, to the Year. London: C. and R. Baldwin. 1800;1809:335–8.
126. Huygens C. Traité de la lumière. Leiden: Chez Pierre van der Aa; 1690.
127. Damianos, Schöne R. Damianos Schrift über die Optik. Berlin: Reichsdruckerei; 1897

Optik im Maschinenzeitalter

4

Übersicht

Die antike Optik hatte sich vornehmlich mit den philosophischen Hintergründen des Sehens und der Abbildung beschäftigt, die jedoch außerhalb der Funktion als Brennglas kaum praktische Anwendungen fand. In der Renaissance wurden Brillengläser und erste Teleskope entwickelt, im 17. Jahrhundert waren die Grundlagen der Optik hinsichtlich Reflexion und Brechung bekannt. Die Beobachtung von Beugungserscheinungen ließen sich jedoch mit Newtons Korpuskeltheorie schwer vereinbaren und schienen sich besser in Huygens' Wellenmodell einzufügen. Durch Youngs überzeugendes Doppelspaltexperiment begann sich zu Beginn des 19. Jahrhunderts die Erkenntnis durchzusetzen, dass sich durch Huygens Modell die Beugung widerspruchsfrei erklären ließe. Wissenschaftler wie Fresnel und Fraunhofer erweiterten die ursprüngliche Grundidee durch eigene Experimente und Forschungen.

Mit Fraunhofer geht auch eine Professionalisierung der Linsenfertigung einher. Die Kenntnis der optischen Gesetze ermöglichte die Manufaktur von hochwertigen Optiken, Teleskopen und Mikroskopen. Präzise gefertigte Linsen und zusammengesetzte optische Systeme beförderten durch immer höhere Auflösungen und geringere Abbildungsfehler wissenschaftliche Entdeckungen in Astronomie, Biologie und Medizin. Der Stand der Technik ermöglichte nun auch die Messung der Lichtgeschwindigkeit. Newton hatte postuliert, dass sich das Licht im Wasser schneller fortbewegen würde als in der Luft, Huygens hatte sein Wellenmodell genau auf der gegensätzlichen Aussage aufgebaut: Licht ist im Wasser langsamer als in der Luft. Die endgültige Messung sollte Huygens Modell bestätigen.

Optische Instrumente und Messgeräte spielten im Maschinenzeitalter eine wesentliche Rolle. Die Anfertigung von passgenauen, beweglichen Verbindungen und Lagern für die Kolben und Wellen der ersten Maschinen führte zum Bedarf an optischer Prüfung. Die Entwicklung von Maschinen war häufig mit dem Namen großer Forscher verknüpft. Huygens war nicht nur ein bekannter Optiker, sondern hatte auch eine „Pulverkraftmaschine" erfunden, die einen gewissen Einfluss auf die Entwicklung der Dampfmaschine haben sollte.

4.1 Konzepte der Moderne

4.1.1 Emission oder Undulation?

Isaac Newton war ein Verfechter der Korpuskeltheorie und erklärte die Optik durch die Interaktion der optischen Medien mit den Lichtpartikeln. Christiaan Huygens hatte mit seiner Wellentheorie des Lichtes ein Modell geschaffen, mit dem sich ebenso wie mit Newtons Modell die Reflexion und Brechung erklären ließ. Newtons Theorie erwies sich in den öffentlichen ausgetragenen Diskussionen der „Philosophical Transactions" nicht als eindeutig überlegen, da auch Huygens mit Hooke einen Fürsprecher hatte und bestimmte Effekte, wie die Beugung, kaum durch sich geradlinig ausbreitende Korpuskel zu erklären waren. Die vorherrschende Newtonsche Lehre erodierte durch die neuen Erkenntnisse anderer Wissenschaftler zusehends. Huygens Theorie der Doppelbrechung wurde schon bald nach dessen Tode auch von anderen Forschern bestätigt.

Der Däne Bartholin[1] hatte den isländischen Kristall[2]l beschrieben [1] und dort auch auf dessen ungewöhnlichen optischen Eigenschaften hingewiesen (aus [2] S. 12):

> „Gegenstände, die man durch den Kristall hindurch betrachtet, zeigten nicht wie bei anderen durchsichtigen Körpern ein einfaches, gebrochenes Bild, sondern sie erschienen doppelt."

Bartholin teilte die doppelten Bilder in ein ordentliches und ein außerordentliches Bild ein. Das erste Bild entstand vorhersehbar nach den ordentlichen Gesetzen der Brechung, das zweite Bild schien diesen nicht unterworfen zu sein. Bei der sorgfältigen Untersuchung einer planparallelen Platte aus isländischem Kristall bemerkte Bartholin, dass bei senkrechter Betrachtung eines Punktes, die außerordentliche Abbildung sich nicht nach Descartes Brechungsgesetz verhielt. Ein senkrecht einfallender Lichtstrahl sollte gemäß ordentlicher Brechung keine

---

[1] Erasmus Bartholin (1625–1698), dänischer Wissenschaftler.
[2] Calzit bzw. Doppelspat, ein aus Calciumkarbonat bestehender klarer Kristall, der zur Zeit Bartholins hauptsächlich auf Island gefunden und bis ins 20. Jahrhundert in der Mine von Helgustadir abgebaut wurde.

4.1 Konzepte der Moderne 117

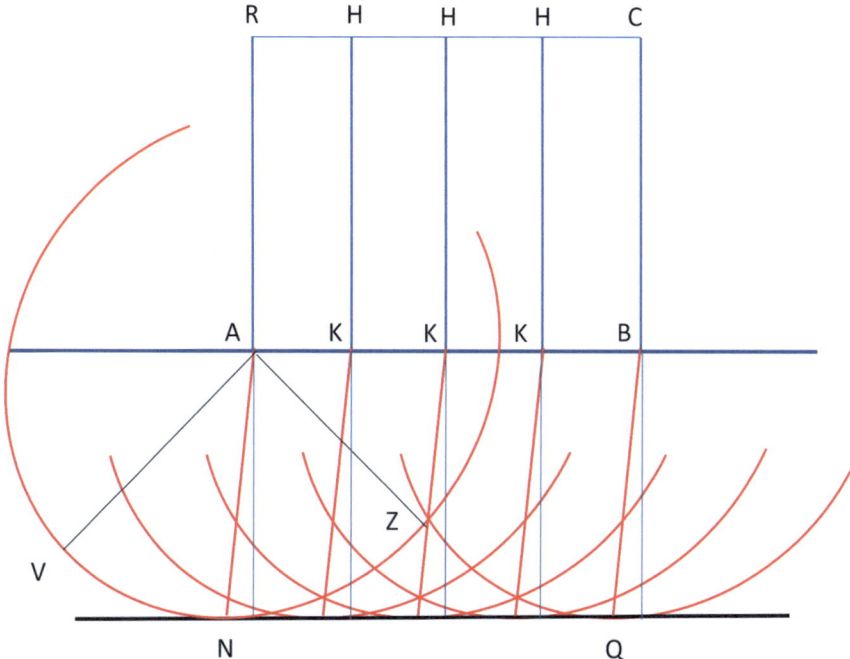

Abb. 4.1 Huygens' Doppelbrechung durch elliptische Wellen, Armin Grasnick (2024) in Anlehnung an Huygens (1690) in [4] S. 60

Ablenkung erfahren, sondern senkrecht ohne Ablenkung durch die Planplatte hindurchtreten. Der außerordentliche Teil der Ablenkung verhielt sich aber nicht nach diesem Gesetz, sondern wurde auch bei senkrechtem Einfall gebrochen. Das, was Bartholin beschrieb, versuchte Huygens mittels seiner Theorie zu erklären und führte beides auf eine gemeinsame Ursache zurück. Allerdings nahm Huygens hierzu an, dass sich das Licht im Kristall in einer Richtung schneller ausbreiten würde als in einer anderen und sich die Wellen dadurch nicht mehr kugelförmig, sondern elliptisch beziehungsweise sphäroidisch fortschreiten ([3] S. 56). In der Abb. 4.1 treffen die Lichtstrahlen senkrecht auf den polierten Kristall. In ordentlicher Brechung sollten es in diesem Fall nach dem Brechungsgesetz keine Abweichung von der senkrechten Ausbreitung geben, jedoch werden die Strahlen vom Lot weggebrochen (z. B. $\overline{RA}$ und $\overline{CB}$ nach $\overline{AN}$ und $\overline{BQ}$). Von den Auftreffpunkten A, K und B gehen nun keine Kugelwellen mehr aus, sondern elliptische Wellen, die in Form und Lage den speziellen Eigenschaften des Kristalls entsprechen. Die Ellipse ist gegen die Fläche $\overline{AB}$ geneigt, wobei die durch Mittelpunkt gehende Halbachse $\overline{AZ}$ kleiner ist als die Halbachse $\overline{AV}$. Die an den Schnittpunkten der elliptischen Wellen mit der an die Wellenfront angelegte Tangente $\overline{NQ}$ ist aber nun parallel zur Fläche $\overline{AB}$. Der Brechungswinkel wird hier nicht aus der Neigung der Tangente ermittelt, sondern aus den jeweiligen Schnittpunkten der

Ellipsen mit der Tangente $\overline{NQ}$. So definiert z. B. die Strecke $\overline{AN}$ vom Auftreffpunkt A bis zum Schnittpunkt mit der Tangente N die abweichende Lichtrichtung.

Huygens' Explosionspumpe, der Papinsche Topf und die Dampfmaschine

Wie viele seiner Zeitgenossen war auch Christiaan Huygens nicht nur an einem einzigen Thema interessiert, sondern bekanntermaßen auch in die großen Forschungsfragen seiner Zeit involviert. Als hochbegabter Geometer beschäftigte er sich fast zwangsläufig mit dem antiken Problem der Quadratur des Kreises. Er entwickelte einen einfacheren Lösungsansatz als den des Archimedes und berechnete mit seinem Verfahren die Kreiszahl Pi auf mehrere Nachkommastellen Stellen genau ([5] S. 130)[3]. Sein tiefes Verständnis der Geometrie ermöglichte ihm eine wissenschaftliche Analyse der Optik, die ihn zunächst bei der Verbesserung seiner eigenen Teleskope unterstützte, ihm die genaue Beschreibung der Saturnringe erlaubte und zur Entdeckung des Saturnmondes führte [6]. Durch die intensive Beschäftigung mit der Mechanik und der mathematischen Definition des elastischen Stoßes [7], stellte er eine mechanistische Verbindung zwischen Licht und dem Äther, her die seine Wellentheorie des Lichtes begründeten.

Huygens, der aufgrund seiner außergewöhnlichen Leistungen vom französischen König Louis XIV. zum Leiter der königlichen Akademie der Wissenschaften berufen wurde, entwarf für die Wasserspiele in Versailles eine mechanische Pumpe auf der Basis von Schießpulver. Zwar konnte er seine Maschine noch dem zuständigen Minister Colbert[4] vorführen [8], doch war seiner Pulverkraftmaschine kein kommerzieller Erfolg beschieden. Zumindest war jedoch Huygens Assistent, der französische Physiker Papin[5] ausreichend inspiriert, um den Dampfkochtopf, den nach ihm benannten sogenannten Papinschen Topf oder Digestor, zu erfinden [9]. Auf Basis dieser ungefährlicheren, mit Wärme und Wasser betriebenen Maschine, ersann Papin eine Wasserpumpe. Allerdings hatte der Engländer Savery[6] auf seine feuerbetriebene Wasserpumpe bereits ein weitreichendes Patent erhalten [10], die vom Wirkungsgrad jedoch unterhalb eines halben Prozentes lag. Prinzipiell war Saverys Idee, die Pumpe ohne bewegliche Teile auszustatten äußerst fortschrittlich, aber aufgrund des im Kessel und in den Rohren herrschenden hohen Drucks kaum umsetzbar ([11] S. 4). Der englische Erfinder Thomas Newcomen[7] ersann den ersten wahren „Miners Friend", indem er seine Fertigkeiten aus dem Metallhandwerk zur Verbesserung der Dampfpumpe einsetzte und so letztlich eine funktionsfähige Maschine für ein reales Problem der Bergwerke -das Abpumpen des Grundwassers- liefern konnte. Newcomens Maschine stellten für Jahrzehnte den Standard für Dampfpumpen dar, bis der Mechaniker James Watt[8] den Wirkungsgrad deutlich verbesserte und dabei auch den Kolbenhub in eine Kreisbewegung umsetzten konnte [12]. Die deutlich gesteigerte thermische Effizienz der Wattschen Dampfmaschine[9] führte durch die Ersparnis an Kohle und die als Maschinenantrieb einfach zu nutzende Drehbewegung zu einer starken Nutzung der Dampfkraft und trug damit auch zur Industrialisierung bei.

Den plastischen Vergleich einer Dampfmaschine mit der Stärke von Pferden, der häufig Watt zugeschrieben wird, hatte Savery bereits Jahrzehnte vor dessen Geburt angestellt (aus [10] S. 26).

---

[3] Korrekt als ein Wert zwischen 3,14159 26533 und 3,1415926538 ermittelt.

[4] Jean-Baptiste Colbert (1619–1683), französischer Politiker unter Louis XIV.

[5] Denis Papin (1647–1713), französischer Physiker und Erfinder.

[6] Thomas Savery (1650–1715), englischer Ingenieur und Erfinder.

[7] Thomas Newcomen (1663 -1729), englischer Eisenhändler, Baptist und Erfinder.

[8] James Watt (1736–1819), schottischer Instrumentenbauer und Erfinder.

[9] Watt erzielte 1775 einen thermischen Wirkungsgrad von 2,7 % gegenüber nur 0,5 % mit einer Newcomen Maschine von 1750 (aus [13] S. 5).

4.1 Konzepte der Moderne

„Wenn also eine Maschine, die so viel Wasser heben kann, wie zwei Pferde auf einmal in einer solchen Arbeit leisten können, und für die ständig zehn oder zwölf Pferde gehalten werden müssen, um dasselbe zu tun, dann, sage ich, wird eine solche Maschine die Arbeit oder Mühe von zehn oder zwölf Pferden verrichten."

Trotzdem das elegante Modell Huygens Reflexion, Brechung und sogar Doppelbrechung begründen konnte, blieb die Teilchentheorie im 18. Jahrhundert der dominierende Erklärungsansatz. Beide Theorien waren prinzipiell geeignet die bekannten Phänomene der Optik zu erklären, die größere Autorität Newtons nach dem Tode Huygens' führte jedoch zur allgemeinen Akzeptanz der Teilchentheorie. In Frankreich wurde Newtons Emissionstheorie auch von Voltaire[10] weiterverbreitet [14] und ebenso in England verlegt [15]. Voltaire beschrieb nicht nur die Theorien Newtons, sondern unterstützte diese auch gegen Zweifel. Die kritische Betrachtung mancher Zeitgenossen gegen einen von leuchtenden Körpern ausgesendeten, unendlichen Strom aus kleinsten Lichtpartikeln fegt er mit einer seiner modernen wissenschaftlichen Auffassung vom Tisch (aus S. 21):

„…kann es etwas geben, das sinnlosen Worten mehr widerspricht als Messungen, Berechnungen und Experimente?"

Die gelungene populärwissenschaftliche Darstellung profitierte sicherlich von der Zusammenarbeit mit Madame du Châtelet[11], die Newtons mathematische Beschreibungen zu interpretieren wusste.

Nach deren Tod ging Voltaire auf Einladung Friedrich des Großen[12] an den preußischen Hof, wo er unter anderem auch auf den Schweizer Mathematiker Euler[13] traf. Der eloquente Voltaire war dem Alten Fritz eine gewisse Zeitlang ein angenehmerer Gesprächspartner, jedoch war Euler nicht nur ein überaus produktiver Wissenschaftler, sondern auch ein praktischer Geometer und somit am Hof durchaus von Nutzen. Euler machte sich zu vielen Problemen der Mathematik, Geometrie und Physik Gedanken und beschäftigte sich in der Zeit am preußischen Hof auch mit der Ausbreitung des Lichtes im Äther [16]. Euler lehnte Descartes Hypothese ab, der Raum, in dem sich das Licht ausbreitet, bestünde aus festen, kugelförmigen Objekten deren Zwischenräume mit Äther gefüllt seien. Ihm genügt der Äther, um die Ausbreitung des Lichts analog zu der Ausbreitung des Schalls zu erklären. Stellt man sich die Ausbreitung des Lichtes als eine an den Enden fixierte Schnur vor, wird bei deren Anschlag eine Schwingung erzeugt, die sich geradlinig auf der Saite fortpflanzt. Der gleiche Prozess findet nach Euler im Äther auch ohne Saite statt. Die Ausbreitung eines initialen Impulses wird durch

---

[10] Voltaire, eigentlich Francois-Marie Arouet (1694–1778), französischer Schriftsteller und Philosoph.
[11] Émilie du Châtelet (1706–1749), französische Philosophin und Physikerin.
[12] Friedrich II. (1712–1786), König von Preußen.
[13] Leonhard Euler (1707–1773), Schweizer Mathematiker.

die elastische Bewegung der Ätherteilchen übertragen und als periodische Schwingung in geradliniger Ausbreitung übermittelt. Die Geschwindigkeit der Fortbewegung basiert demnach auf der Elastizität der Materie. Da das Licht sich durch die Materie des Äthers bewegt, die ungleich feiner und elastischer ist als Luft, bewegt sich das Licht auch schneller als der Schall. Zu Eulers Zeiten war nahm man an, dass Licht würde von der Sonne zirka acht Minuten bis auf die Erde benötigen würde, woraus sich (recht genau[14]) eine 800.000 fache Geschwindigkeit des Lichtes gegenüber dem Schall ergäbe ([17] S. 10). Die Farbe des Lichtes ergibt sich nach Euler wie der Ton des Schalls als Zahl der Eindrücke (Schwingungen). Rot hat die wenigsten Schwingungen und Violett die meisten[15]. Euler erkennt, dass die Farben von den Frequenzen des Signals abhängen und sich durch Reflexion oder Brechung in seine Farbe (den Schwingungen) nicht ändert (aus ([17] S. 14)

> „Die Reflexion und Refraction ändern die Natur der Strahlen gar nicht, ein rother Strahl bleibt immer roth, mag er reflectirt oder refringirt werden, denn die Farbe besteht in der Anzahl von Eindrücken, die Auge in einer gewissen Zeit empfängt."

Das umfangreiche wissenschaftliche Werk Eulers hatte großen Einfluss auf die nachfolgenden Mathematikergenerationen, seine Beiträge zur Optik nährten aber auch Zweifel an der Korpuskeltheorie. Es wird erzählt, dass der französische Mathematiker Laplace[16] zu sagen pflegte: „Lest Euler – er ist unser aller Meister" ([18] S. 50). Ungeachtet des Wahrheitsgehaltes dieser Anekdote ist klar, dass auch Eulers spezielle Einsichten in die Wellentheorie beachtet wurden. Der wohlhabende und einflussreiche Laplace gründete mit anderen Kollegen die Gelehrtengemeinschaft „Société d'Arcueil", in denen sich renommierte Wissenschaftler mit jungen, erfolgversprechenden Forschern trafen. Ein Mitglied der Gesellschaft, der Offizier Malus[17], entdeckte mit der Polarisation eine besondere Eigenschaft reflektierten Lichtes [19], bestätigte aber auch die von Huygens untersuchte Doppelbrechung[18] [20]. Die unsymmetrischen Eigenschaften der Doppelbrechung schienen zunächst mit der Korpuskeltheorie vereinbar, aber andere auf Beugung beruhende Experimente ließen sich so nicht erklären.

Der englische Mediziner und Physiker Young hatte zu Beginn des 19. Jahrhunderts ein Experiment durchgeführt, dessen Ergebnis sich nicht mit der Newtonschen Korpuskeltheorie in Einklang bringen ließ [21]. Young hatte sich als Augenarzt mit der Theorie des Lichtes und der Farben beschäftigt. Basierend auf

---

[14] Präzise: 874.030x.
[15] Was wiederum mit der Wellenlänge übereinstimmt, die bei Rot länger ist als bei Violett.
[16] Pierre-Simon Laplace (1749–1827), französischer Mathematiker.
[17] Étienne Louis Malus (1775–1812), französischer Offizier und Ingenieur.
[18] Dafür gewann er denn ersten Preis des „Institut de France" bei der Aufgabe „der doppelten Brechung, die das Licht beim Durchgang durch verschiedene kristallisierte Substanzen erfährt, eine mathematische Theorie zu geben, die durch das Experiment verifiziert wird."

den Arbeiten von Hooke, Huygens, Newton und Euler entwickelte Young Hypothesen zur Ausbreitung des Lichtes, die ebenso wie die Ansichten seiner Vorgänger auf einem das Universum durchdringenden Äther beruhten [22]. In seiner zweiten Hypothese werden in diesem Äther Wellenbewegungen ausgelöst, wenn ein Körper leuchtend wird. Dort verwendete er das Wort „Undulation"[19] anstelle von „Vibration", da nach seiner Auffassung unter Vibration im Allgemeinen eine abwechselnd vor- und rückwärts gewandte Bewegung verstanden wird, die durch einen Impuls ausgelöst und durch diese initiale Kraft beschleunigt wird (aus [22] S. 16).

> „Die Undulation [Welle] soll aber in einer schwingenden Bewegung bestehen, die nacheinander durch verschiedene Teile eines Mediums übertragen wird, ohne irgendeine Tendenz in jedem Teilchen, seine Bewegung fortzusetzen, außer in Folge der Übertragung von aufeinanderfolgenden Wellen, von einem bestimmten vibrierenden Körper; wie in der Luft, die Schwingungen eines Akkords erzeugen die Wellen, die den Klang bilden."

Hieran schließt Young die Vermutung an, die Wahrnehmung verschiedener Farben hänge von der unterschiedlichen Frequenz der Schwingungen ab, mit denen das Licht die Netzhaut des Auges anregt. Das Auge nimmt jedoch nicht jede Frequenz einzeln wahr, sondern setzt den Farbeindruck aus den Grundfarben Rot, Gelb und Blau zusammen. Alle verschiedenen Frequenzen pflanzen sich in einem homogenen Medium mit gleicher Geschwindigkeit fort, wobei in verschiedenen Medien diese Geschwindigkeit variieren kann. Young übernimmt Huygens Idee der Ausbreitung von Kugelwellen, vermutet aber eine gewisse, gegenseitige Beeinflussung der Intensitäten der Wellen beim seitlichen Aufeinandertreffen. Von Bedeutung ist jedoch die Beschreibung des Auftretens auf eine kleine Öffnung. Während sich die Welle geradlinig in konzentrischen Kreisen fortpflanzt, wird sie seitlich durch schwächere und unregelmäßige Teile divergierender Wellen beendet. Durch Beugung werden die Strahlungen über die Grenzen der Öffnung divergent abgelenkt und vergrößern so schwach das Bild der Blende auf einem dahinterliegenden Schirm. In der Abbildung Abb. 4.2 gehen von einem Punkt in der Mitte konzentrische Wellen aus. Die „Kraft" der Welle wird durch die Linienbreite dargestellt, wobei der Lichtkegel ABC nur durch die Öffnung BC treten kann. An den Kanten der Öffnung gehen Kugelwellen mit B und C als Zentren aus, die aber nicht mehr von anderen Kugelwellen in der Öffnung überlagert werden und somit (wie Young es ausdrückt) keine zusätzliche Kraft erhalten. Hieraus kann prinzipiell die Beugung hergeleitet werden.

Young setzt aber auch das Konzept der Wellenlänge zur Beschreibung der Farben des Lichts ein. Die von ihm angegebenen Werte[20] für die einzelnen Farben sind auch heute noch akzeptabel:

---

[19] Von lat. unda = Welle.
[20] Young gibt diese in Inch an ([22] S. 89), hier sind sie mit 1 inch = 25,4 mm umgerechnet.

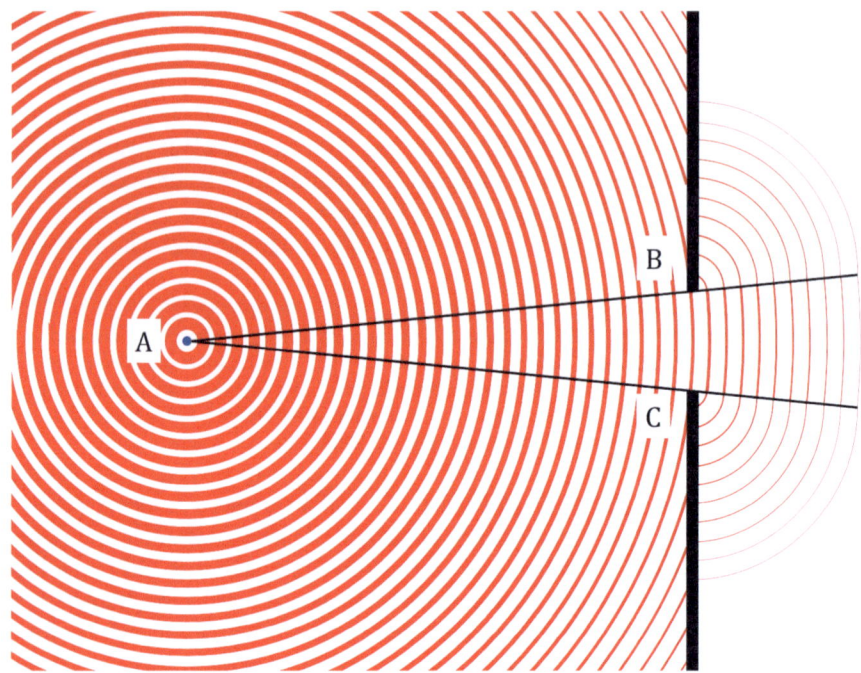

Abb. 4.2 Youngs Erläuterung der Beugung, Armin Grasnick (2024) in Anlehnung an Young (1801) in [22] Fig. 1

- Rot = 650,24 nm
- Grün = 535,94 nm
- Blau = 497,84 nm

In einem späteren Aufsatz beschreibt Young die Interferenz zweier Lichtbündel, indem er einen schmalen Streifen von 1/30 Zoll[21] in ein einzelnes Lichtbündel einbrachte [21]. Das Lichtbündel erzeugte er mittels einer dicken Karte, die er mit einer feinen Nadel perforierte und mit Sonnenlicht beleuchtete. Hinter dem schmalen Streifen brachte Young einen Schirm an und beobachtete den Schattenwurf des Streifens. Auf beiden Seiten des Schattens waren nicht nur Farbsäume zu beobachten, sondern auch der Schatten selbst wurde in hellere und dunklere Bereiche geteilt, wobei die Mitte des Schattens immer hell war – unabhängig von der Entfernung des Schirms. Young hatte hier die Beugung an den Kanten eines Objektes beschrieben, die sich ebenso an den Kanten einer Spaltblende bildet. In der Abbildung Abb. 4.3 ist der von Young erläuterte Sachverhalt noch einmal

---

[21] 0,85 mm.

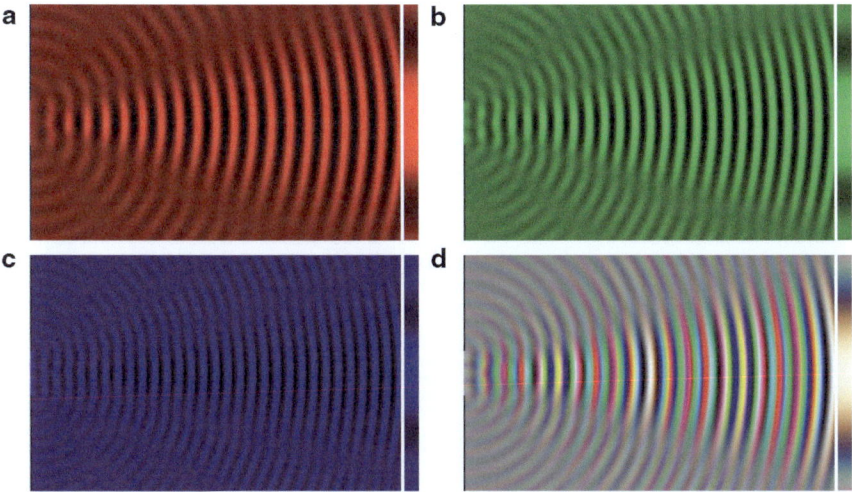

Abb. 4.3 Beugung am Spalt, Armin Grasnick (2024)

ausführlich dargestellt. Dabei wurde zur Vereinfachung das von Young verwendete weiße Sonnenlicht in drei Grundfarben Rot, Grün und Blau eingeteilt. Im Teilbild Abb. 4.3 a) entstehen nach dem Huygensschen Prinzip aus der auf den Spalt auftreffende Wellenfront in der Öffnung wieder neue Kugelwellen. Die Wellenlänge ist hier als Abstand der Intensität als wahrgenommene Farbe in Ausbreitungsrichtung dargestellt. Die fortschreitenden Kugelwellen überlagern sich in jedem Punkt des Raumes zu einer bestimmten Intensität. Wird in einer bestimmten Entfernung zur Öffnung ein Schirm aufgestellt (als weiße Linie dargestellt), dann ergibt sich für einen schmalen Spalt ein bestimmtes Interferenzmuster (rechts neben der weißen Linie). Der gleiche Sachverhalt ist auch für die kürzeren Wellenlängen Grün Abb. 4.3 b) und Blau Abb. 4.3 c) illustriert. Im weißen Licht überlagern sich die Interferenzen aller Wellenlängen gleichzeitig und ergeben beim Auffangen am Schirm ein Muster mit farbigen Rändern Abb. 4.3 d). So wie es Young beobachtet und beschrieben hatte.

Nachdem Young einige Jahre als Professor an der Royal Institution Naturphilosophie und Mechanik gelehrt hatte, sah er sich verpflichtet, mit seinem Ausscheiden seine sorgfältig vorbereiteten Vorlesungen zu publizieren. Im Sinne des populärwissenschaftlich Bildungsauftrages der Royal Institution ist seine in Buchform veröffentlichte Vorlesungsreihe [23] eine Zusammenstellung des damaligen Standes der Physik, verbunden mit der Vermittlung von Grundlagen in Geologie, Biologie oder Astronomie und ergänzt um praktische Anwendungen in den Ingenieurwissenschaften und den Künsten. Young vermittelt die Kenntnisse auf anschauliche Weise mit vielen Experimenten, von denen eines das bekannte Experiment mit dem Doppelspalt ist. Young lässt darin homogenes Licht einer Quelle durch zwei eng beieinanderliegende schmale Loch- oder Spaltblenden

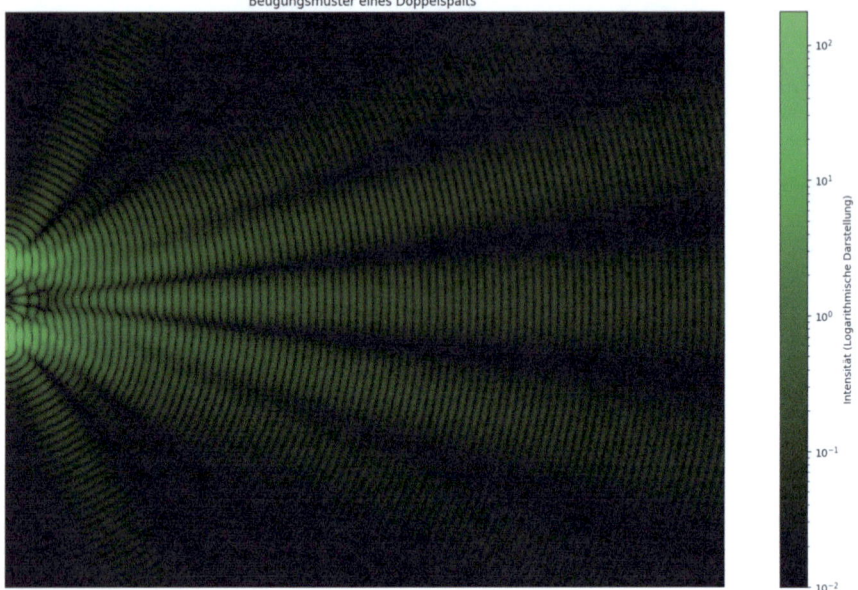

Abb. 4.4 Beugungsmuster eines Doppelspalts, Armin Grasnick (2024) in Anlehnung an Thomas Young (1807) aus [23], Plate XX, Fig. 267 S. 777

treten und erklärt die Beugungsmuster der beiden Kugelwellen im Bildraum prinzipiell durch destruktive oder konstruktive Interferenz (aus [23] S. 467)

> „Es hat sich gezeigt, dass zwei gleiche Serien von Wellen, die von nahe beieinander liegenden Zentren ausgehen, an bestimmten Punkten die Wirkung des jeweils anderen zerstören und an anderen Punkten verdoppeln…"

Dieser einfache Versuch hat sich zu einem der wichtigsten Experimente zum Nachweis der Wellennatur des Lichtes entwickelt und dient seit Feynman auch als Einführung in die Rätsel der Quantenmechanik [24].

Der Versuch lässt sich einfach nachbilden und führt zu den beschriebenen Beugungserscheinungen (s. Abb. 4.4).

Das eindrucksvolle Experiment Youngs wirkte auch in die französische Forschergemeinschaft. Die Académie des Sciences schrieb 1818 ein Wettbewerb aus, der vom Forscher Arago[22] inspiriert wurde und die Untersuchung der Diffraktion zum Inhalt hatte. Arago, der wie Malus Mitglied der von Laplace gegründeten exklusiven Forschergilde Société d'Arcueil war, hatte sich mit Fresnel

---

[22] François Arago (1786–1853), französischer Mathematiker und Physiker.

4.1 Konzepte der Moderne

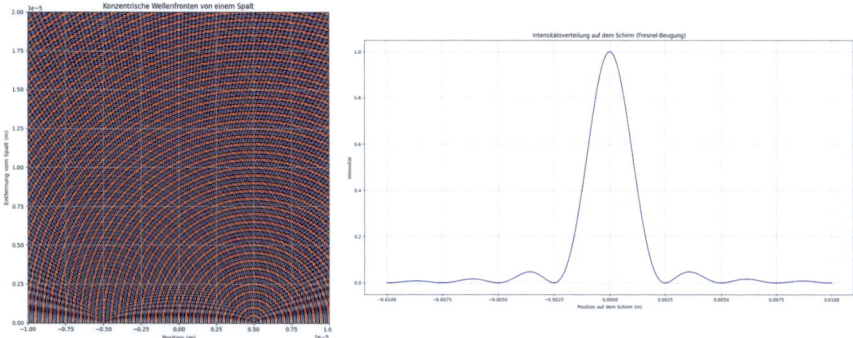

Abb. 4.5 Huygenssche Kreiswellen und Fresnelsche Beugung am Einfachspalt, Armin Grasnick (2024)

gemeinsam der von Malus entdeckten Polarisation zugewandt und Fresnel[23] auch zur Untersuchung der Beugung bewogen. Fresnel beteiligte sich mit einem eigenen Beitrag am Beugungs-Wettbewerb [25] und kann die Interferenz von Lichtwellen darin mathematisch erläutern. Von initialer Bedeutung ist dabei seine Beschreibung der Wellenfunktion des Lichtes (aus [26] S. 90).

> „Nennen wir λ die Länge einer Lichtwelle, d. h. den Abstand zwischen zwei Punkten im Äther, an denen Schwingungen gleicher Art zur gleichen Zeit und im gleichen Sinne auftreten, so ist $\lambda/2$ der Abstand zwischen zwei Ätherteilchen, deren Schwingungsgeschwindigkeiten zu einem beliebigen Zeitpunkt gleich, aber entgegengesetzt gerichtet sind."

Diese Betrachtung erlaubte Fresnel eine mathematische Beschreibung der Beugung. Dabei wird die Lichtintensität für einen beliebigen Punkt auf einem Schirm berechnet, indem die Beträge der sich von der Kante oder Öffnung ausbreitenden Wellen dort überlagert werden. Dazu führte Fresnel die Beugungsintegrale ein, mit denen die Amplitude und damit die Intensität des Lichts an jedem Punkt des Schirms bestimmt werden kann. Sowohl das Huygenssche Prinzip als auch die Fresnel-Integrale beschreiben dasselbe physikalische Phänomen der Interferenz. Zur Veranschaulichung ist in der Abbildung Abb. 4.5 auf der linken Seite die Beugung an einem Einfachspalt dargestellt, an dem die links und rechts von der Spaltkante ausgehenden Kugelwellen eingezeichnet sind. Die Intensität der Welle in Ausbreitungsrichtung ist durch unterschiedliche Farben gekennzeichnet (Rot = Maximum, Blau = Minimum, Schwarz = 0). Es ist nun möglich, die Schnittpunkte der verschiedenen Einzelwellen in der Schirmebene zu bestimmen. Die Amplitude an jedem Punkt auf dem Schirm wird dabei durch Summation der Beiträge von allen im Punkt eintreffenden Kugelwellen berechnet. Die Aufgabe

---

[23] Augustin-Jean Fresnel (1788–1827), französischer Ingenieur und Physiker.

vereinfacht sich, wenn Fresnels Integrale verwendet werden. Jetzt kann die Amplitude mittels der durch Phasenänderungen verursachten Interferenz der Wellen beschrieben wird (in der Abbildung rechts dargestellt).

Fresnels Theorie der Interferenz von Lichtwellen wurde von der Jury der Académie des Sciences geprüft. Poisson[24], ein prominentes Mitglied dieser Jury, argumentierte, dass wenn Fresnels Theorie korrekt sei, folgendes Phänomen auftreten müsste: Wenn ein kreisrundes Objekt in den Lichtstrahl gestellt würde, müsste sich nach Fresnels Berechnungen hinter dem Objekt, im Zentrum des Schattens, ein heller Lichtfleck bilden. Zu Poissons Überraschung führte das von Arago durchgeführte Experiment tatsächlich zu dem vorhergesagten Ergebnis. Der Poisson-Fleck[25] entsteht durch die Beugung und Interferenz von Licht, wobei die von den Rändern des Objektes ausgehenden Wellenfronten sich konstruktiv überlagern und zu einem Intensitätsmaximum im Schattenzentrum führen. Dieser experimentelle Beweis war ein starkes Argument für die Wellennatur des Lichts und trug maßgeblich zur Akzeptanz der Fresnelschen Theorie bei.

Arago und Fresnel beschrieben in ihren Arbeiten zur Polarisation auch, unter welchen Bedingungen linear polarisiertes Licht interferiert ([27] S. 155), was heute unter dem Namen Fresnel-Arago-Gesetze zusammengefasst wird. Die Experimente führten nebenbei auch dazu, dass sich die Erscheinungen nicht als Resultat der Interferenz von Longitudinalwellen[26], sondern nur als Transversalwellen[27] erklären ließen. Die Schwingungsrichtung der Transversalwelle entspricht dabei der Polarisation.

Fresnel war neben seinen wissenschaftlichen Forschungen auch Ingenieur im Corps Royal des Ponts et Chaussées und wurde von den Inspektoren des königlichen Straßen- und Brückenbauamtes zum Sekretär der Kommission für Leuchttürme ernannt. Hierbei konzentrierte sich Fresnels Aufgabe auf die Verbesserung der Beleuchtung. Fresnel schlug vor, die Parabolspiegel durch Linsen zu ersetzen. Eine Linse in der notwendigen Größe hätte aber neben der starken Absorption durch den schieren Lichtweg im Glas auch den Nachteil einer erheblichen Masse. Würde man diese Linse jedoch in konzentrische Ringe unterteilen und das Material zwischen den brechenden Flächen in der Dicke so weit reduzieren, dass es gerade noch mechanisch stabil wäre, hätte man eine leichte Linse mit den gleichen Abbildungseigenschaften ([28] S. 3). Ein solche Linse ist in Abb. 4.6 dargestellt. Auf der linken Seite ist die dicke Linse mit den konzentrischen Schnittkanten illustriert, rechts die resultierende Fresnel-Linse mit jeweils reduzierter Mittendicke pro Segment.

---

[24] Siméon Denis Poisson (1781–1840(, französischer Physiker und Mathematiker.
[25] Wobei sich der helle Fleck unter den Namen aller drei Wissenschaftler finden lässt: Als Poisson-, Arago oder Fresnel-Fleck.
[26] Längswelle, Schwingung in Richtung zur Ausbreitungsrichtung (z. B. Schall).
[27] Querwelle, Schwingung senkrecht zur Ausbreitungsrichtung (z. B. Saitenschwingung).

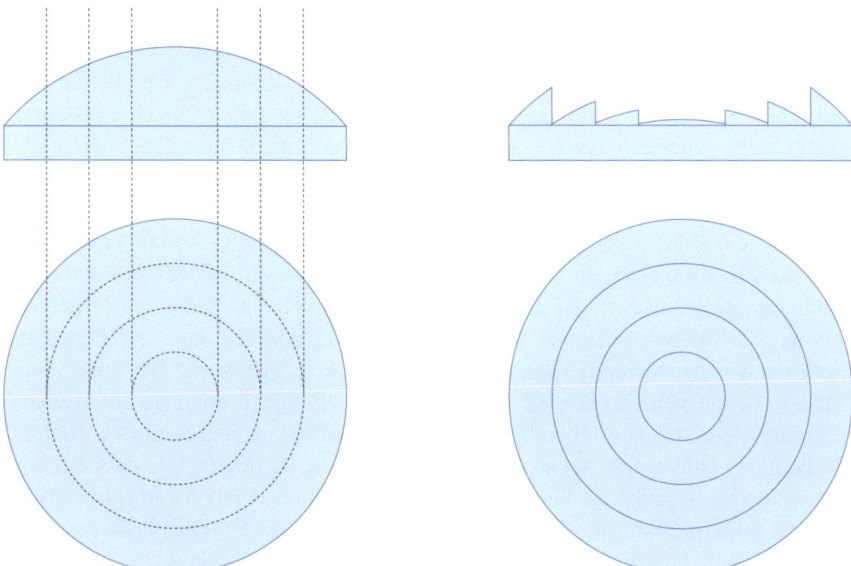

Abb. 4.6 Fresnsel-Linse, Armin Grasnick (2024),

4.1.2 Die Messung der Lichtgeschwindigkeit

Aristoteles betrachtete in seiner „Physik" die Konzepte der Leere, der Unendlichkeit und die Prinzipien der Bewegung. Bei der Beobachtung mit bloßem Auge war nicht zu bemerken, dass die Ausbreitung des Lichtes Zeit benötigt. Unter der Annahme, dass Licht sofort wahrnehmbar ist, lässt sich interpretieren, dass Licht ohne Verzug oder zumindest außerordentlich schnell von einem Punkt zum anderen reist ([29] S. 105):

> „Schnell ist durch Zeit bestimmt: schnell nämlich ist, was in wenig Zeit sich viel bewegt, langsam, was in vieler wenig."

Alhazen war später einer der ersten, der die Idee äußerte, dass Licht eine endliche Geschwindigkeit haben könnte. Er argumentierte, dass Lichtstrahlen Zeit benötigen würden, um von einer Öffnung auf einen Körper zu treffen ([30] S. 445).

> „...Licht braucht immer eine gewisse Zeit, um von einer Öffnung zu einem der Öffnung zugewandten Körper zu gelangen, auch wenn das Zeitintervall nicht wahrnehmbar ist."

In seinen „Discorsi" (Unterredungen und mathematische Demonstrationen) lässt Galileo Galilei in antiker griechischer Tradition seine ehemaligen Freunde

Salviati[28] und Sagredo[29] mit dem fiktiven Simplicio, einem Verfechter der aristotelischen und Galilei'schen Lehren, verschiedene Theorien diskutieren. Sagredo möchte wissen, ob das Licht sich instantan oder mit endlicher Geschwindigkeit ausbreitet. Simplicius argumentiert aus täglicher Beobachtung für eine instantane Ausbreitung, während Sagredo eine endliche, wenn auch hohe Geschwindigkeit vermutet. Salviati erzählt von einem Experiment, bei dem zwei weit voneinander entfernte Personen mit Laternen ausgestattet werden. Öffnet der Erste die Blende der Laterne soll auch der Zweite seine Laterne sofort öffnen – sobald er das Licht der ersten Laterne sieht. Es ist ohne weiteres klar, dass ein solcher Versuch schon durch die Reaktionszeit der Lampenträger untauglich ist. Selbst unter der Annahme, die Versuchspersonen stünden erhöht und könnten mit Teleskopen das Licht der jeweils anderen Laterne noch in 20 km sehen, würde bei einer Auge-Hand-Reaktionszeit von nur 0,2 s die Lichtgeschwindigkeit ungenau auf 100 km/s bestimmt werden[30]. Die scheinbare Messung des lichtschnellen Signals wird durch die deutlich langsamere menschliche Reaktionszeit so überlagert, dass der Versuch keinerlei Aussage zur Geschwindigkeit des Lichtes ergeben kann, sondern als Resultat prinzipiell nur die Reaktionsgeschwindigkeit liefert. Dies lässt vermuten, dass Galilei die Geschwindigkeit des Lichtes deutlich unterschätzte.

Der Astronom Roemer[31], ein ehemaliger Schüler des Bartholin, beobachtete Io, einen Mond des Jupiters und bemerkte, dass die Zeiten der Verfinsterungen des Mondes in Abhängigkeit des Abstandes von der Erde variieren. Von der Erde aus betrachtet verschwindet Io, wenn er in den Schatten des Jupiters eintritt und erscheint nach einer gewissen Zeit beim Austritt aus dem Schatten wieder. Aufgrund der Verdeckung des Mondes durch den Jupiter selbst können Ein- und Austritt nicht bei dem gleichen Ereignis beobachtet werden, sondern nur in längeren zeitlichen Abständen. In dieser Zeit hat sich naturgemäß auch der Abstand der Erde zum Jupiter verändert. Da Roemer als Astronom die Umlaufbahnen von Jupiter und Erde kannte, schloss er aus den unterschiedlichen Zeiten für die Mondfinsternisse auf eine endliche Lichtgeschwindigkeit. Seine Berechnung von 1676 ergab keinen exakten Wert, sondern die Aussage das Licht würde in 22 min eine Strecke zurücklegen, die dem Durchmesser einer Erdumlaufbahn entsprechen würde [31, 32]. Die mittlere Entfernung zwischen Sonne und Erde beträgt genau eine Astronomische Einheit[32], woraus sich eine Lichtgeschwindigkeit von 226.663 km/s errechnen lässt. Die exakten Werte waren zu Roemers Zeiten nicht bekannt, sodass Huygens bei der Abschätzung der Geschwindigkeit (in [3] S. 15–16) auf einen etwas geringeren, gerundeten Wert von 212.400 km/s kommt

---

[28] Filippo Salviati (1582–1614), florentinischer Wissenschaftler.
[29] Giovan Francesco Sagredo (1571–1620), venezianischer Mathematiker.
[30] $v_{Scheinbar} = Strecke/Reaktionszeit = 20\ km/0{,}2s = 100\ km/s$
[31] Ole Christensen Roemer, eigentl. Rømer (1644–1710), dänischer Astronom.
[32] Etwa 150 Mio. km (149.597.870,7 km).

4.1 Konzepte der Moderne

[33]. Naheliegenderweise nutzte Huygens die Angaben Cassinis[33], dem Vorgesetzten Roemers an der Pariser Observatoriums. Der englische Astronom Halley[34] kritisierte später die Genauigkeit der Cassinischen Messungen ([34] S. 255) und stellte durch seine Beobachtungen eine geringere Laufzeit gegenüber Roemer fest. Bradley[35], der Nachfolger von Halley am Greenwich Observatorium war, wendete sich 1694 von der Methode ab, die Lichtgeschwindigkeit aus den Eklipsen[36] der Jupitermonde zu berechnen. Unter der naheliegenden Annahme, das Licht der Sonne würde sich mit der gleichen Geschwindigkeit fortpflanzen, wie das der Fixsterne, konnte Bradley auch die Fixsterne zur Messung nutzen. Dazu verwendete er die von ihm beobachtete Aberration des Lichtes, also die scheinbare Ortsveränderung der Sterne bei Erdbewegung [35]. Diese Veränderungen werden nicht durch tatsächliche Bewegungen der Sterne verursacht, sondern durch die Bewegung der Erde um die Sonne. Zu zwei unterschiedlichen Zeiten im Jahr wird das Licht eines Sterns aus unterschiedlichen Winkeln wahrgenommen. Wenn zum ersten Zeitpunkt t_1 der Stern direkt auf die Bildmitte des Teleskops abgebildet wird, dann muss zum Zeitpunkt t_2 das Teleskop um einen geringfügigen Winkel α gedreht werden, um den Stern wieder in die Bildmitte zu bringen. Im Prinzip könnte aus dem Winkel und der seitlichen Entfernung der Erde zu den zwei verschiedenen Zeitpunkten auf der Umlaufbahn auf die Entfernung des Sterns geschlossen werden. Bradley hatte jedoch den Einfall, anstelle der Entfernungen, Geschwindigkeiten einzusetzen. Vereinfacht gesagt, kann die maximale seitliche Parallaxe durch die Geschwindigkeit der Erde v_{Erde} auf der Umlaufbahn ersetzt werden, die Entfernung des Gestirns durch die Lichtgeschwindigkeit c. Da die Geschwindigkeit der Erde bekannt ist und der Winkel α gemessen werden kann er gibt sich im rechtwinkligen Dreieck $\tan\alpha = v_{Erde}/c$ bzw. $c = v_{Erde}/\tan\alpha$. Bradley ermittelt einen Messwert von 20 Winkelsekunden für den Winkel α und errechnet so aus seiner einfachen Beziehung, dass die Geschwindigkeit des Lichtes mehr als 10.000 mal so hoch ist wie die Umlaufgeschwindigkeit der Erde um die Sonne. Das Sonnenlicht benötigt nach seiner Betrachtung 8 min und 12 s um die Erde zu erreichen[37] ([35] S. 653).

Arago, der nach vielen Experimenten zur Interferenz der Undulationstheorie zuneigte, wollte mit der Messung der unterschiedlichen Geschwindigkeit des Lichtes in Luft und Wasser dafür den finalen Beweis antreten. Wäre Newtons Korpuskeltheorie richtig, müsste sich Licht im Wasser schneller bewegen als in der Luft. Würde sich das Licht dagegen im Wasser langsamer ausbreiten, wäre Huygens Undulationstheorie korrekt. Arago wollte die von Wheatstone 1834 für die Messung der Geschwindigkeit des Stroms verwendete Spiegelapparatur [36]

---

[33] Giovanni Domenico Cassini (1625–1712), italienisch-französischer Astronom, Direktor des Observatoire de Paris.
[34] Edmond Halley (1656–1742), englischer Astronom.
[35] James Bradley (1693–1762), englischer Astronom.
[36] Eklipse = Verdeckung eines Himmelskörpers durch einen anderen.
[37] Tatsächlich im Mittel $1AE/c = 499\ s = 8\ min\ 19\ s$, Bradleys Wert war also sehr genau.

auch für die Messung der Lichtgeschwindigkeit nutzen, wie er in seinem Entwurf für ein „System von Experimenten, mit dessen Hilfe die Emissions- und Wellentheorie einer entscheidenden Prüfung unterzogen werden soll" berichtete (in [37] S. 954). Auch wenn Arago die Messung nicht mehr selbst ausführen konnte, so gewann er doch für diese Aufgabe zwei jüngere Wissenschaftler, Hippolyte Fizeau[38] und Leon Foucault[39]. Fizeau bestimmte 1849 die Lichtgeschwindigkeit in Luft mittels einer Methode, die der Laternengeschichte Galileis ähnelte [38]. Um die Reaktionszeit zu eliminieren, wurde der erste Laternenträger durch ein rotierendes Zahnrad ersetzt, welches das Licht in Abhängigkeit von der Zahl der Zähne und der Rotationsgeschwindigkeit in Form von Lichtsignalen zu dem ehemals zweiten Laternenträger schickt. An dessen Stelle sendete ein Spiegel das Licht wieder durch das Zahnrad zurück. Wenn die Drehzahl des Zahnrades so groß wurde, dass der reflektierte Lichtstrahl nicht mehr durch die Lücke zwischen zwei Zähnen trat, sondern vom nächsten Zahn blockiert wurde, konnte aus der Spiegelentfernung und der Drehzahl auf die Lichtgeschwindigkeit geschlossen werden. Das Zahnrad war mit 700 Zähnen versehen, die Entfernung des Spiegels betrug 8633 m. Fizeaus Ergebnis war, das Licht würde 70.948 französische Meilen[40] in der Sekunde zurücklegen. Das entspricht etwa einer Geschwindigkeit von 315.860 km/s [39].

Mitführung des Lichtes
Die Ausbreitung des Lichtes war nach dem damaligen Kenntnisstand an den Lichtäther gebunden. Das Medium des Äthers benötigte dafür einerseits eine körperliche Existenz, andererseits sollte es bei den Bewegungen der Himmelskörper kein Hindernis darstellen. Ein ruhender, alles durchdringender Äther konnte gut mit Huygens Wellentheorie in Einklang gebracht werden. Auch nach Fresnels Ansicht sollte sich der Äther gegenüber den Wellen des Lichtes wie ein elastischer Festkörper verhalten. Bestimmte Effekte, wie zum Beispiel die von Bradley zur Messung der Lichtgeschwindigkeit genutzte Aberration des Lichtes, ließen sich aber mit der Ausbreitung von Wellen durch einen ruhenden Äther nicht vollständig erklären. Fresnel machte dafür nun die teilweise Mitführung des Äthers in Medien verantwortlich. Beim Durchgang des Lichtes durch ein bewegtes, transparentes Medium sollte sich das Licht in Bewegungsrichtung schneller, gegen die Bewegungsrichtung langsamer fortpflanzen. In einem Brief an Arago im Jahre 1818 beschreibt Fresnel seine Hypothese (aus [40] S. 57 u. 58).

„Mein lieber Freund, Sie haben mit Ihren schönen Experimenten über das Licht der Sterne bewiesen, dass die Bewegung der Erdkugel keinen spürbaren Einfluss auf die Brechung der Strahlen hat, die von diesen Gestirnen ausgehen."

„Wenn man annähme, dass unser Globus dem Äther, von dem er umhüllt ist, seine Bewegung aufprägt, wäre es leicht zu verstehen, warum das gleiche Prisma immer die gleiche Welle bricht. Aber es scheint unmöglich zu sein, die Aberration der Sterne unter dieser Annahme zu erklären: Ich konnte mir dieses Phänomen zumindest bis jetzt nur dann klar vorstellen, wenn ich annahm, dass der Äther frei durch den Globus fließt und dass die

---

[38] Armand Hippolyte Louis Fizeau (1819–1896), französischer Physiker.
[39] Jean Bernard Léon Foucault (1819–1868), französischer Physiker.
[40] Eine französische Landmeile (Lieue) entspricht 1/25 Äquatorgrad also etwa 4,452 km.

Geschwindigkeit, die dieser subtilen Flüssigkeit verliehen wird, nur ein kleiner Teil der Geschwindigkeit der Erde ist, zum Beispiel nicht mehr als ein Hundertstel davon."

Fizeau führte 1851 ein Experiment aus, um die Annahmen Fresnels und Aragos zu prüfen [41].
Er ließ Wasser durch zwei Röhren in entgegengesetzte Richtungen strömen und jede von einem Teil eines Doppelspalts durchleuchten. Nach Durchgang durch jeweils eine Röhre wurden die Strahlen auf einem Schirm vereinigt und bildeten dort ein Interferenzmuster[41]. Dieses Interferenzmuster verwendete Fizeau um die Änderung der Lichtgeschwindigkeit in Abhängigkeit von der Geschwindigkeit des Wassers zu bestimmen ([42] S. 462).

„Die Fransen [Interferenzstreifen] sind nach der Rechten verschoben, sobald das Wasser in der rechts liegenden Röhre von dem Beobachter fort, und in der links liegenden Röhre auf ihn zu getrieben wird. Die Fransen sind nach der Linken verschoben, sobald der Strom in jeder Röhre die umgekehrte Richtung von der eben bezeichneten besitzt."

Sein Experiment schien zu zeigen, dass sich die Geschwindigkeit des Lichtes in bewegten Körpern tatsächlich in Abhängigkeit von der Geschwindigkeit des Mediums verändert.
Die Lichtgeschwindigkeit im bewegten Wasser c_{Wasser} ergibt sich als Verhältnis der absoluten Lichtgeschwindigkeit c zur Brechzahl des Wassers n_{Wasser} und dem Produkt aus Fließgeschwindigkeit des Wassers v_{Wasser} und dem Fresnelschen Mitführungskoeffizienten $\left(1 - \frac{1}{n^2}\right)$:

$$c_{Wasser} = \frac{c}{n} + v_{Wasser}\left(1 - \frac{1}{n^2}\right) \tag{4.1}$$

Die Formel liefert eine höhere Geschwindigkeit im Medium in Fließrichtung und eine verringerte entgegen der Fließrichtung. Der Fresnelsche Mitführungskoeffizient wurde nicht nur von Fizeaus Versuch, sondern später auch von anderen Experimenten grundsätzlich bestätigt. Seit Einsteins Relativitätstheorie kann der Koeffizient durch das relativistisches Additionstheorem für Geschwindigkeiten begründet werden.

Nachdem Foucault 1851 das später nach ihm benannte Foucaultsche Pendel im Pariser Pantheon vorgestellt hatte, experimentierte er auch mit Messungen zur Lichtgeschwindigkeit. Foucault verwendete in der Tradition Wheatstones gemäß Aragos Vorschlag einen schnell rotierenden Drehspiegel auf den durch eine kleine Öffnung ein Lichtstrahl gesendet wird. Dieser trifft auf einen zweiten Spiegel, der das Licht bei stehendem Drehspiegel wieder auf direkt zur Quelle zurücksendet. Da sich der Spiegel jedoch dreht, wird der Lichtstrahl an einer abweichenden Stelle auftreffen. Durch Messung des Abstands zwischen dem Auftreffpunkt und der Quelle sowie der Drehfrequenz und der Entfernungen der Spiegel kann die Lichtgeschwindigkeit berechnet werden. Foucaults Apparat eignete sich für Messungen von transparenten Medien ([43] S. 22)

---

[41] Der Apparat war etwas komplizierter aufgebaut und verfügte noch über Linsen und Spiegel, da Fizeau die Strecke vergrößern und mögliche Messfehler durch Druck oder Temperaturunterschiede in den Röhren ausschließen wollte.

„Wenn man beispielsweise den Raum zwischen den beiden Spiegeln mit Wasser füllt, ohne den Rest zu verändern, und der Brechungsindex des Wassers im Wesentlichen gleich ist, muss die Ablenkung im Verhältnis von 3 zu 4 zunehmen, um die Wellentheorie zu bestätigen, oder im Verhältnis von 4 zu 3 abnehmen, um das Emissionssystem zu rechtfertigen."

Damit hat Foucault ein elegantes System entwickelt, mit dem sich Aragos Frage im Laborversuch endgültig klären lässt: Bewegt Licht sich in der Luft schneller als im Wasser oder ist es umgekehrt?

Foucault kann nach einigen Messungen das Ergebnis liefern ([43] S. 26):

„Wir kommen also zu dieser endgültigen und mit dem System der Emission unvereinbaren Schlussfolgerung: Licht bewegt sich in der Luft schneller als im Wasser"

Mit seiner Apparatur bestimmte Foucault später die Lichtgeschwindigkeit sehr genau mit 298.000 km/s ([44] S. 796). Seine Drehspiegelmethode wurde auch von Michelson[42] genutzt und verbessert. Michelson hatte sich ab 1879, noch während seiner aktiven Zeit als Master[43] der amerikanischen Marine, mit der Messung der Lichtgeschwindigkeit beschäftigt [45]. Diese Messungen sollten sich über sein gesamtes Berufsleben hinziehen und nach vielen Messungen 1935[44] schließlich auf einen Wert von 299.774 km/s bestimmt werden ([46] S. 55).

Heute ist die Lichtgeschwindigkeit zur Definition des Meters auf 299.792,458 km/s festgelegt ([47] S. 97) und beschreibt die Strecke, die das Licht innerhalb des Bruchteils einer Sekunde (exakt 1/299792458) zurücklegt. Auch im Internationalen Einheitensystem SI ist die Lichtgeschwindigkeit c als eine von sieben definierenden Konstanten[45] mit diesem Wert festgelegt.

4.2 Praktische Beugung

Der schottische Wissenschaftler David Brewster beschäftigte sich zu Beginn des 19. Jahrhunderts in seinen Experimenten vor allem mit den praktischen Wirkungen der Optik. Bereits bei seiner Entdeckung der „Gesetze, die die Polarisation

---

[42] Albert Abraham Michelson (1852–1931), amerikanischer Physiker, Nobelpreis für Physik 1907.
[43] Damals ein niedriger Offiziersrang zwischen „Midshipman" und „Lieutenant".
[44] Michelson verstarb schon 1931. Ein Jahr nach Beginn der Messungen. Seine Messungen wurden von seinen Assistenten Francis G. Pease und Fred Pearson nach Michelson Tod weitergeführt und 1935 veröffentlicht.
[45] „Die sieben Konstanten sind so gewählt, dass jede Einheit des SI entweder durch eine definierende Konstante selbst oder durch Produkte oder Quotienten von definierenden Konstanten geschrieben werden kann." aus [48] S. 127, eigene Übersetzung.

des Lichts durch Reflexion an transparenten Körpern regeln"[46] hatte er in sorgfältigen Experimenten bei der Wiederholung von Malus Versuchen, eine „überraschende" Übereinstimmung zwischen bestimmten Brechungsindizes und den Tangenten der Polarisationswinkel bemerkt. Diesen, nicht unmittelbar offensichtlichen Zusammenhang, fasste er in dem einfachen Satz „Der Brechungsindex ist der Tangens des Polarisationswinkels"[47] zusammen. Die Kenntnis des Brewster-Winkels erlaubt es, nicht nur Licht effektiv zu polarisieren, sondern ergibt auch einen täglichen Nutzen. Da das Licht an spiegelnden Flächen (z. B. Fensterscheiben oder Wasserflächen) aufgrund der Reflexion stark polarisiert ist, lässt ein zweiter Polarisationsfilter in der Brille die Reflexe weitestgehend verschwinden[48]. Umgekehrt tritt bereits polarisiertes Licht ohne Reflexionsverluste in ein optisches Medium ein, was bei der Verwendung von polarisiertem Laserlicht ein willkommener Vorteil ist. Die Erfindung des Kaleidoskops[49] und dessen Verbreitung als Gegenstand allgemeiner Unterhaltung machten Brewster in Großbritannien auch außerhalb der wissenschaftlichen Gemeinschaft bekannt. Brewster sah sein Kaleidoskop aber nicht nur als vergnügliches Spielzeug an, sondern auch als nützliches optisches Instrument. In seinem Buch von 1819 beschreibt Brewster den optischen Aufbau und mögliche Varianten daher nicht nur präzise, sondern er liefert auch Ideen zu dessen praktischer Anwendung [50]. Er nennt z. B. die Projektion der Kaleidoskopbilder an eine Wand mit einer Laterna magica, die Verbindung mit einem Sonnenmikroskop für große Helligkeit oder die Darstellung der Bilder auf einem Schirm mittels einer Camera obscura. Die im Instrument optisch angelegte Aufgabe zur Erstellung von Mustern eignet sich nach Brewster vorzüglich zur Entwicklung von architektonischen oder grafischen Ornamenten, aber vor allem direkt zur Erstellung von Designs für Teppiche. Populärwissenschaftliche Beschreibungen und praktische Anwendungen sind für Brewster nicht ungewöhnlich. Er wird sich in der Folge lebenslang mit der Anwendung der Optik in verschiedenen Bereichen beschäftigen. In den „Letters on Natural Magic" [51] beschreibt und de-mystifiziert Brewster durch präzise Analyse optische Täuschungen, Illusionen und Zaubertricks. Einen bedeutenden Beitrag zum allgemeinen Verständnis der Optik leistete Brewster jedoch mit seinem populärwissenschaftlichen Werk zur Optik „Treatise on Optics" [52], in dem der Stand der Optik und allerlei nützliche Anwendungen vorgestellt werden. Die zweibändige deutsche Ausgabe von 1835 erhebt gar den Anspruch ein „Populäres, vollständiges Handbuch der Optik"[50] zu sein. Im ersten Band werden die physikalischen Grundlagen der Optik behandelt [53], im zweiten Band werden dann auch optische Naturphänomene erklärt und optische Instrumente beschrieben [53]. Nach dem tradi-

---

[46] „On the laws which regulate the polarisation of light by reflexion from transparent bodies", der Titel seines Aufsatzes von 1815 [49].
[47] „The index of refraction is the tangent of the angle of polarisation." aus [49] S. 127.
[48] Was Autofahrer, Fotografen oder Angler zu schätzen wissen.
[49] Aus griech. „kalos" = schön + „eidos" = Form, Gestalt + „skopein" = sehen, betrachten.
[50] So lautet der deutsche Titel.

tionellen Einstieg über Spiegel, Linsen[51] und Prismen und deren Anwendung geht Brewster über Laterna magica und Camera obscura auf Mikroskope und Teleskope ein. Dies kann als Übersicht des Standes der Technik in der technischen Optik der ersten Hälfte des 19. Jahrhunderts angesehen werden.

Bei der Entwicklung optischer Instrumente ist aber immer auch die Fertigung der Optik selbst und die handwerkliche Übersetzung der Theorie in die Praxis von entscheidender Bedeutung. Der junge Fraunhofer[52] vereinigte seine praktischen Kenntnisse als Optiker mit einem technisch-physikalischen Verständnis der Abbildung. Für Fraunhofer war es offensichtlich, dass für die Erstellung achromatischer Fernrohre neben der Formgebung der Linsen auch deren Vermögen zur Brechung und Farbzerstreuung (Dispersion) von Bedeutung war. Die sorgfältige Beobachtung des durch Dispersion an einem Prisma erzeugten Sonnenlichtspektrums führte ihn zur Entdeckung dunkler Linien im Farbenbild. Er überprüfte seinen Aufbau auf mögliche Fehlerursachen und experimentierte mit unterschiedlicher Beleuchtung (aus [54] S. 204–205).

„Ich habe mich durch viele Versuche und Abänderungen überzeugt, dass diese Linien und Streifen in der Natur des Sonnenlichtes liegen, und dass sie nicht durch Beugung, Täuschung usw. entstehen. Lässt man das Licht einer Lampe durch dieselbe schmale Öffnung am Fensterladen einfallen, so findet man keine dieser Linien…"

Die Beobachtung verschiedener Fixsterne führte ihn zur Erkenntnis, dass die Anordnung der dunklen Linien der Sterne verschieden zu denen im Sonnenlicht war und sich auch untereinander unterschied. Elektrisches Licht oder das Feuer einer Kerzenflamme führten ebenfalls zu ähnlichen Linien, wie auch Wollaston[53] schon einige Jahre vor Fraunhofer beschrieb [55]. Die dunklen Fraunhoferschen Linien[54] im Spektrum des sichtbaren Sonnenlichts entstehen aufgrund der Absorption bestimmter Wellenlängenbereiche durch die Interaktion der Photonen mit der Gasatmosphäre. Fraunhofer hat einige der Linien selbst benannt[55], wie in der Abbildung Abb. 4.7 dargestellt.

Die Linie A, a und B gelten heute nicht mehr als Fraunhoferlinien im eigentlichen Sinne, da diese nicht auf die Absorption in der Sonne, sondern auf die Absorption in der Erdatmosphäre zurückzuführen sind. Die D-Linie besteht, wie auch Fraunhofer schon bemerkte, aus zwei starken Linien und deutet die Existenz von

---

[51] Auch Brillengläser.
[52] Joseph Fraunhofer (1787–1826), deutscher Optiker.
[53] William Hyde Wollaston (1726–1828), englischer Arzt und Physiker.
[54] Da Wollaston es darauf beruhen ließ, Fraunhofer jedoch viele Messungen dazu anstellte und mehrfach dazu veröffentlichte, sind diese Linien heute eher mit dem Namen Fraunhofer verbunden.
[55] Fraunhofer beobachtete und zeichnete deutlich mehr als nur die benannten Linien ein, allein im Raum zwischen B und H zählte er 594 Linien (nach [54] S. 204), dargestellt hatte er nur die markantesten oder schmalbandige Anhäufungen von Linien.

4.2 Praktische Beugung

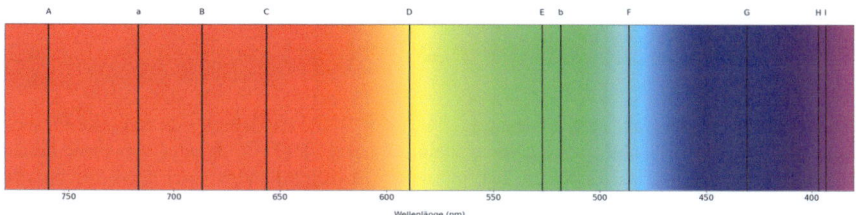

Abb. 4.7 Sonnenspektrum mit dunklen Spektrallinien, Armin Grasnick (2024), in Anlehnung an Joseph Fraunhofer in [54], Tab II, Fig. 6, Kolorierung nach [56]

Natrium in der Sonnenatmosphäre an. Bei der Verbrennung von Natrium auf der Erde emittieren die Natriumatome durch die Energiezufuhr genau an dieser Stelle Licht in der Wellenlänge der Absorptionslinie. Dies führt, wie auch in Abb. 4.7 dargestellt, zu der charakteristischen gelben Emissionslinie (Flamme) bei der Verbrennung von Natriumchlorid (Kochsalz).

Bei späteren Experimenten setzte Fraunhofer auch verschiedene Blendenformen zur Erzeugung der Spektren ein. Er beobachtete an den Beugungsmustern der konzentrischen hellen und dunklen Ringe, dass sich deren Durchmesser bei verkleinerter Öffnung vergrößerten und postulierte daraus zwei Gesetzmäßigkeiten (aus [57] S. 18).

> „Bei dem durch runde Öffnungen von verschiedener Größe gebeugten Lichte verhalten sich die Durchmesser der farbigen Ringe umgekehrt, wie die Durchmesser der Öffnungen."
>
> „In den bei der Beugung durch eine runde Öffnung entstandenen farbigen Ringen folgen die Abstände der roten Strahlen der verschiedenen Ringe von der Mitte in dem Verhältnis der Glieder einer arithmetischen Reihe, in welcher die Differenz kleiner ist als das erste Glied."

Diese Beobachtungen bilden die Grundlage dessen, was heute unter dem Begriff Fraunhofer-Beugung zusammengefasst wird.

Fresnelsche und Fraunhofersche Beugung

Bei der Beugung wird heute häufig in zwei Spezialfälle unterschieden, die von den maßgeblichen Prinzipien der Versuchsaufbauten von Fresnel und Fraunhofer inspiriert sind. Während Fresnel in seinen Experimenten üblicherweise mit divergentem Licht arbeitete und so Effekte im Nahbereich beobachten konnte, wird bei der Beugung nach Fraunhofer die Beugung von parallelem Licht in großer Entfernung betrachtet. In der Praxis werden sowohl auf der Beleuchtungs- als auch auf der Betrachtungsseite Objektive verwendet, um die Entfernungen realistisch zu verkürzen.

Die Entscheidung, ob eine Beugung nach Fresnel oder Fraunhofer vorliegt, kann durch die Fresnel-Zahl F beschrieben werden, die das Verhältnis zwischen Radius r der beugenden Öffnung (z. B. Kreis- oder Spaltblende) und dem Produkt aus der Entfernung zum Betrachtungsschirm a und der Wellenlänge λ beschreibt.

$$F = \frac{r^2}{a\lambda} \tag{4.2}$$

Wenn die die Fresnel-Zahl in der Nähe von 1 liegt ($F \approx 1$), handelt es sich um eine Fresnel-Beugung. Bei Fresnel-Zahlen, die deutlich kleiner sind als 1 ($F \ll 1$) wird von einer Fraunhofer-Beugung gesprochen. In diesem Fall muss die Öffnung sehr klein oder der Betrachtungsschirm sehr weit entfernt sein. Interessant ist aber auch der Fall, wenn die Fresnel-Zahl sehr hohe Werte annimmt ($F \gg 1$). In diesem Fall, wenn z. B. die Blende sehr groß ist, genügt häufig die Betrachtung der geometrischen Optik, da die Beugung nur noch an den Kanten auftritt.

Ob eine Beugung überhaupt zu beobachten ist, hängt auch mit der „Kohärenz"[56] der Beleuchtung zusammen. Unter Kohärenz werden diejenigen Eigenschaften der Lichtwellen zusammengefasst, die insgesamt eine grundsätzliche Interferenzfähigkeit des Lichtes erlauben. Werden die Lichtwellen als Paket von Sinuswellen betrachtet, die beim Übergang eines Elektrons von einem höheren auf einen niedrigeres Energieniveau abgegeben werden, dann wird mit jeder Abregung in endlicher Zeit (Kohärenzzeit τ_C) ein Wellenpaket endlicher Länge (Kohärenzlänge l_c) ausgesendet. Um interferieren zu können, muss nun ein zweites Wellenpaket in einer ebenfalls definierten Sinuswelle zum ersten in der gleichen Zeit vorhanden sein. Damit existiert eine Phasenbeziehung beider Wellenzüge zueinander.

Jeder einzelne Lichtimpuls sendet Licht in vielen Wellenpaketen einer gewissen spektralen Breite $\Delta\lambda$, also in einen bestimmten Wellenlängenbereich aus. Weißes Licht liegt etwa im Bereich von 380–780 nm[57] und weist somit eine spektrale Breite $\Delta\lambda = 400 \; nm$ auf. Die spektrale Breite wird häufig auch als Frequenzintervall $\Delta\nu$ angegeben. Die Beziehung zwischen der zeitlichen Dauer und der spektralen Breite eines Lichtimpulses wird über das Verhältnis von Kohärenzzeit τ_C zur spektralen Breite zum Frequenzintervall $\Delta\nu$ dargestellt, das über die Lichtgeschwindigkeit c mit der Wellenlänge verknüpft ist.

$$\tau_C = \frac{1}{\Delta\nu} = \frac{\lambda_0^2}{c \cdot \Delta\lambda} \tag{4.3}$$

Hier wird zusätzlich die Hauptwellenlänge λ_0 der Lichtquelle genutzt, die den höchsten Wert der Wellenlängenverteilung der Lichtquelle darstellt.

Unter der Annahme die betrachtete weiße Lichtquelle hätte eine Hauptwellenlänge von 530 nm, ergibt die Berechnung eine Kohärenzzeit $\tau_C = 2{,}3 \cdot 10^{-15} \; s$ (2,3 Femtosekunden).

Die Kohärenzlänge des Lichtes l_c ist nun einfach das Produkt aus der Kohärenzzeit τ_C und der Lichtgeschwindigkeit c.

$$l_c = \tau_C \cdot c \tag{4.4}$$

Im beispielhaften Fall hat das Licht eine Kohärenzlänge von weniger als einem Mikrometer (0,7 μm). Da bei Interferenz durch Beugung die Intensitätsverteilung am Schirm durch die unterschiedliche Ablenkung der jeweiligen Wellenlänge an der Kante verursacht wird, tritt die Interferenz durch den Wegunterschied von Lichtwellen gleicher Wellenlänge auf. Dieser geringe Wegunterschied resultiert in einer Phasenverschiebung gleicher Wellenlängen und tritt auch bei größeren Schirmentfernungen auf.

Um jedoch z. B. Hologramme zu erzeugen, muss die Kohärenzlänge größer als die abzubildenden Tiefen sein. Die Kohärenzlänge kann praktisch nur vergrößert werden, wenn die

---

[56] Von lat. cohaerere = zusammenhängen.

[57] Gem. Internatonaler Beleuchtungskommission zwischen 360 nm – 400 nm und 760 nm – 830 nm.

spektrale Breite verringert wird. Ein heutiger Laser kann eine so geringe spektrale Breite[58] haben, dass Kohärenzlängen im Bereich von Metern oder gar Kilometern möglich sind.

Die Beobachtungen der Beugung an kleinen Öffnungen benötigten zur Sichtbarmachung der Interferenzmuster starkes Sonnenlicht. Um eine größere Fläche zu beleuchten, fertigte Fraunhofer „vollkommene" Fadengitter[59] an und wiederholte seine Experimente mit diesen. Ein lineares Gitter liefert die gleichen Beugungserscheinungen wie ein Doppelspalt, wenn die Abstände der Spalten[60] identisch sind. Der entscheidende Vorteil eines Gitters ist die durch größere Transmission stark erhöhte Intensität der Beugungsmaxima. Optische Gitter waren zwar schon von Rittenhouse[61] vorgeschlagen worden [58], Fraunhofer hatte es jedoch bei der Untersuchung von Spektren als Gerätekomponente verwendet und so ein praktisches Spektroskop entwickelt.

Die praktischen und theoretischen Arbeiten, die Fraunhofer in der optischen Werkstatt und Glashütte[62] des gemeinsam mit Utzschneider[63] betriebenen Optischen Instituts durchführte, erlaubten die Fertigung präziser Optiken, die als Objektive und Okulare vorzugsweise in Fernrohren Anwendung fanden.

Der Talbot-Effekt
Bei der Beobachtung des Sonnenlichtes beim Durchgang durch ein Gitter[64] bemerkte Talbot[65] einen regelmäßigen Wechsel von zahlreichen hellen und dunklen Linien im Beugungsbild. Wie schon Fresnel und Fraunhofer vor ihm, benutzte auch Talbot zur Vergrößerung der Beugung eine vergrößernde Optik. Dadurch konnte er die durch die Beugung des weißen Lichtes farbig auftretenden Streifen auflösen. Das Streifenmuster erschien in einem bestimmten Abstand in rot und grün, in einem anderem blau und gelb. Bei unterschiedlichen Entfernungen ergaben sich unterschiedliche Farbmuster, deren Muster sich aber wiederholten (aus [59] S. 404).

> „Und dieser Wechsel vollzog sich in einer unbestimmten Anzahl von Malen [Wiederholungen], wenn sich der Abstand zwischen Linse und Gitter vergrößerte. In allen Fällen wiesen die Bänder zwei komplementäre Farben auf."

Was Talbot damals beobachtete, wird heute der Talbot-Effekt genannt. Das Beugungsmuster eines regelmäßigen Beugungsgitters ist in bestimmten Abständen die Abbildung seiner selbst. Der Abstand der Beugungsstreifen entspricht dann dem Gitterabstand. Diese Selbstabbildung kann genutzt werden, um eine Abbildung ohne abbildende Elemente, nur mit einem Gitter zu realisieren.

---

[58] Hier wird auch die Bezeichnung spektrale Linienbreite verwendet.
[59] In der Hinsicht, dass sowohl die Abstände der Fäden als auch deren Dicke gleichmäßig sind.
[60] Beim Gitter die Gitterkonstante.
[61] David Rittenhouse (1732–1796), amerikanischer Astronom und Mathematiker.
[62] Die Glashütte war bereits um 1805 vom Schweizer Optiker Pierre-Louis Guinand (1748–1824) im Auftrag Utzschneiders gegründet worden.
[63] Joseph von Utzschneider (1763–1840), bayerischer Beamter, Unternehmer und Politiker.
[64] Welches, wie er anmerkt, von Fraunhofer angefertigt wurde.
[65] William Henry Fox Talbot (1800–1877), englischer Gelehrter.

Abb. 4.8 Talbot-Effekt mit Selbstabbildern, Armin Grasnick (2024)

In der Abb. 4.8 ist der Talbot-Effekt illustriert. Ein regelmäßiges Gitter mit einer Gitterkonstante d von 100 μm wird vom monochromatischen Licht mit einer Wellenlänge von 633 Nanometern (entspricht dem roten Licht eines Helium–Neon-Lasers) bestrahlt. Hinter dem Gitter entsteht ein charakteristisches Muster, der sogenannte Talbot-Teppich.

In der Talbot-Länge L_{Talbot} entsteht die Selbstabbildung mit gleicher Gitterkonstante, in der halben Talbot-Länge das gleiche Muster – nur um die halbe Gitterkonstante versetzt. Zwischen diesen Selbstabbildern erscheinen weitere Gitter-Bilder mit geringerem Abstand zwischen den Maxima.

Lord Rayleigh[66], der sich mit der fotografischen Reproduktion von hochauflösenden Gittern[67] beschäftigt hatte, wiederholte 1881 Talbots Experiment mit einer Gitterkonstante von etwa 8 μm und monochromatischem Licht und beschrieb den Zusammenhang von Talbot-Länge L_{Talbot}, Wellenlänge λ und Gitterkonstante d mit einer einfachen Formel ([60] S. 204):

---

[66] John William Strutt, 3. Baron Rayleigh (1842–1919), englischer Physiker, erhielt 1904 den Nobelpreis für Physik.

[67] Mit Auflösungen von 3000–6000 Linien pro Inch, also einer Gitterkonstante von wenigen Mikrometern.

4.2 Praktische Beugung

$$L_{Talbot} = \frac{\lambda}{1 - \sqrt{1 - \lambda^2/d^2}} \quad (4.5)$$

Rayleigh schlug dazu in der gleichen Veröffentlichung eine Vereinfachung vor, wenn die Wellenlänge klein im Vergleich zur Gitterkonstante ist:

$$L_{Talbot} = \frac{2d^2}{\lambda} \quad (4.6)$$

Wie vormals der junge Fraunhofer begann auch Zeiss[68] sein Arbeitsleben mit einer praktischen Ausbildung. Seine Lehre beim Jenaer Universitätsmechaniker Körner[69] gab ihm die Gelegenheit neben der Ausbildung auch einige Vorlesungen an der Universität zu besuchen. Nach Jahren der Wanderschaft eröffnete Zeiss in Jena eine eigene Werkstatt und erwarb sich besonders mit seinen zusammengesetzten Mikroskopen eine Reputation. Zeiss, der daran interessiert war, seine optischen Geräte auf wissenschaftlicher Grundlage zu entwickeln, fand im Physiker Abbe[70] einen wissenschaftlich ausgebildeten Mitarbeiter. Grundsätzlich entstand durch die Fertigung nach physikalischen Grundlagen auch ein Bedarf an der Überprüfung der gefertigten Linsenradien. Der Optiker Löber[71] schlug zur Prüfung die Verwendung von „Probegläsern" vor. Ein Probeglas weist den gewünschten Krümmungsradius mit gegensätzlichem Vorzeichen auf und erzeugt beim Aufsetzen auf den Prüfling durch den geringen Luftspalt die bekannten Newtonschen Ringe. Die Berechnungen Abbes führten zu einer deutlichen Verbesserung der Abbildungsqualität der Mikroskope und begründeten den Erfolg des Unternehmens.

Abbes vielleicht wichtigster Beitrag war aber seine Theorie zur Auflösungsgrenze von Mikroskopen. In einem Beitrag zur Theorie des Mikroskops und der mikroskopischen Wahrnehmung. stellt eine Verbindung zwischen dem Öffnungswinkel und der erzielbaren Auflösung her (aus [61] S. 466).

> „… die physikalische Unterscheidungsgrenze dagegen hängt allein vom Öffnungswinkel ab und ist dem Sinus seines halben Betrages proportional."

Die bekannteste Darstellung dieses Sachverhaltes findet sich als Formel auf einem Denkmal für Abbe vor der Friedrich-Schiller-Universität in Jena:

$$d = \frac{\lambda}{2n\sin\alpha} \quad (4.7)$$

---

[68] Carl Zeiss, eigentl. Zeiß (1816–1888), deutscher Mechaniker und Unternehmer.
[69] Johann Christian Friedrich Körner (1778–1847), deutscher Mechaniker.
[70] Ernst Karl Abbe (1840–1905), deutscher Physiker und Unternehmer.
[71] August Löber (1830–1912), Werkmeister bei Carl Zeiss.

In dieser Gleichung stellt d den Abstand zweier gerade noch auflösbarer Linien dar, λ ist die Wellenlänge und n der Brechungsindex des Immersionsmediums[72] und α der Öffnungswinkel des Objektives.

Literatur

1. Bartholin E. Erasmi Bartholini Experimenta crystalli islandici disdiaclastici : quibus mira et insolita refractio detegitur [Internet]. Hafniae: Danielis Paulli; 1670 [zitiert 2024 Mai 10]. Verfügbar unter: https://www.e-rara.ch/zut/doi/10.3931/e-rara-3581.
2. Bartholin E. Versuche mit dem doppeltbrechenden Isländischen Kristall, die zur Entdeckung einer wunderbaren und außergewöhnlichen Brechung führte. Leipzig: Akademische Verlagsgesellschaft; 1922.
3. Huygens C. Abhandlung über das Licht. Lommel E, Herausgeber. Leipzig: Wilhelm Engelmann; 1890.
4. Huygens C. Traité de la lumière. Leiden: Chez Pierre van der Aa; 1690.
5. Huygens C. Über die gefundene Größe des Kreises (De circuli magnitudine inventa). In: Frudio R, Herausgeber. Archimedes, Huygens, Lambert, Legendre Vier Abhandlungen über die Kreismessung. Leipzig: B. G. Teubner; 1892. S. 83–132.
6. Huygens C. Systema Saturnium. Hagae: Adriaan Vlacq; 1659.
7. Huygens C. The laws of motion on the collision of bodies., philosophical, transactions of the royal society of london, from their commencement in 1665, to the year. London: C. and R. Baldwin. 1800;1809:335–8.
8. Sass F. Von den Anfängen bis Lenoir (1673–1860). Geschichte des Deutschen Verbrennungsmotorenbaues. Berlin, Heidelberg: Springer; 1962:2–15.
9. Papin D. A new digester or engine for softening bones. London: Henry Bonwicke; 1681.
10. Savery T. The Miner's friend; or an engine to raise water by fire [Reprint]. London: S. Crouch; 1872.
11. Lovland J. A history of steam power [Internet]. NTNU Trondheim, Norway (Online); 2007 [zitiert 2024 Mai 5]. Verfügbar unter: https://folk.ntnu.no/haugwarb/TKP4175/History/history_of_steam_power.pdf.
12. Watt J. Method of lessening the consumption of steam & fuel in fire engines. London; 1769.
13. Forrester R. The Invention of the Steam Engine [Internet]. 2019 [zitiert 2024 Mai 5]. Verfügbar unter: https://osf.io/fvs74.
14. Voltaire. Elémens de la Philosophie de Neuton. Amsterdam: Etienne Ledet; 1738.
15. Voltaire. The Elements of Sir Isaac Newton's Philosophy. London: Stephen Austen; 1738.
16. Euler L. Nova theoria lucis et colorum. Opuscula varii argumenti, Bd. 1, pp. Berolini: Sumtibus Ambr. Haude & Jo. Carol. Speneri; 1746. S. 169–244.
17. Euler L. Ueber das Licht und die Farben. Physikalische und Medicinische Abhandlungen der Königlichen Akademie der Wissenschaften z Berlin. Gotha: Carl Wilhelm Ettinger; 1783.
18. Biener K. Lest EULER – er ist unser aller Meister! 1997 [zitiert 2024 Mai 11]; Verfügbar unter: https://edoc.hu-berlin.de/handle/18452/6870.
19. Malus L. Sur une propriété de la lumière réfléchie. Mémoires de Physique et de Chimie del la Société d'Arcueil. Paris: Bernard; 1809.
20. Malus EL. Theorie de la double Réfraction de la Lumière dans les Substances Cristallisées. Paris: Baudouin; 1810.
21. Young T. The Bakerian lecture. Experiments and calculations relative to physical optics. philosophical transactions of the royal society of london. London: G. and W. Nicol; 1804. S. 1–16.

---

[72] Das Medium, insbesondere die Flüssigkeit zwischen Mikroskopobjektiv und Präparat.

22. Young T. II. The Bakerian Lecture. On the theory of light and colours. Phil Trans R Soc. 1802;92:12–48.
23. Young T. Course of Lectures on Natural Philosophy and the Mechanical Arts. London: Joseph Johnson; 1807.
24. Ananthaswamy A. Through two doors at once: the elegant experiment that captures the enigma of our quantum reality. New York, New York: Dutton, an imprint of Penguin Random House LLC; 2018.
25. Fresnel A. Mémoire sur la Diffraction de la lumière. Annales de Chimie et de Physique. Paris: Chez Crochard; 1819. S. 246–96.
26. Fresnel A. Memoir on the Diffraction of Light, crowned by the [French] Academy of Sciences. In: Crew H, Herausgeber. The wave-theory of light memoirs by Huygens, Younf ans Fresnel. New York – Cincinnati – Chicago: American Book Company; 1900. S. 79–144.
27. Arago F, Fresnel A. On the action of rays of polarized light upon each other. In: Crew H, Herausgeber. The wave-theory of light memoirs by Huygens, Younf ans Fresnel. New York – Cincinnati – Chicago: American Book Company; 1900. S. 144–55.
28. Fresnel A. Mémoire sur un nouveau système d'éclairage des phares. Paris: L'Imprimerie Royale; 1822.
29. Aristoteles. Aristoteles Physik. Leipzig: Johann Ambrosius Barth; 1829.
30. Ibn-al-Haiṯam al-Ḥasan I-Ḥasan, Ibn-al-Haiṯam al-Ḥasan I-Ḥasan. Alhacen's Theory of visual perception: a critical edition, with English translation and commentary, of the first three books of Alhacen's De aspectibus, the medieval Latin version of Ibn al-Haytham's Kitāb al-Manāẓir. Smith AM, Herausgeber. Philadelphia: Am Philos Soc; 2001.
31. Romer O. Demonstration touchant le mouvement de la lumiere trouve. Le Journal des sçavans. Paris: Jean Cusson; 1676. S. 233–6.
32. Kristensen LK, Pedersen KM. Roemer, Jupiter's Satellites and the Velocity of Light. Centaurus. 2012;54:4–38.
33. Tuinstra F. Rømer and the Finite Speed of Light. Phys Today. 2004;57:16–7.
34. Halley E. II. Monsieur Cassini his new and exact tables for the eclipses of the first satellite of Jupiter, reduced to the Julian stile, and Meridian of London. Philos Trans R Soc Lond. 1694;18:237–56.
35. Bradley J, Halley E. IV. A letter from the Reverend Mr. James Bradley Savilian Professor of Astronomy at Oxford, and F. R. S. to Dr. Edmond Halley Astronom. Reg. &c. giving an account of a new discovered motion of the fix'd stars. Phil Trans R Soc. 1728;35:637–61.
36. Wheatstone CXXIX. An account of some experiments to measure the velocity of electricity and the duration of electric light. Phil Trans R Soc. 1834;124:583–91.
37. Arago F. Sur un système d'expériences à l'aide duquel la théorie de l'émission et celle des ondes seront soumises à des épreuves décisives. Comptes rendus hebdomadaires des séances de l'Académie des Sciences. Paris: Bachelier; 1838. S. 954–65.
38. Fizeau H. Sur une expérience relative à la vitesse de propagation de la lumière. Comptes rendus hebdomadaires des séances de l'Académie des Sciences. Paris: Bachelier; 1849. S. 90–2.
39. Fizeau H. Versuch, Fortpflanzungsgeschwindigkeit des Lichts zu bestimmen. Annalen der Physik. Leipzig: Johann Ambrosius Barth; 1850. S. 167–9.
40. Fresnel A. Lettre de M. Fresnel à M. Arago sur l'influence du mouvement terrestre dans quelques phénomènes d'optique. Annales de Chimie et de Physique. Paris: Chez Crochard; 1818. S. 57–66.
41. Fizeau H. Sur les hypothèses relatives à l'éther lumineux, et sur une expérience qui parait démontrer que le mouvement des corps change la vitesse avec laquelle la lumière se propage dans leur intérieur. Comptes rendus hebdomadaires des séances de l'Académie des Sciences. Paris: Bachelier; 1851. S. 349–55.
42. Fizeau H. Ueber die Hypothesen vom Lichtäther und über einen Versuch, welcher zu beweisen scheint, dass die Geschwindigkeit, mit welcher sich das Licht im Innern der Körper fortpflanzt, durch deren Bewegung geändert wird. Ann Phys Chem. 1853;165:457–65.

43. Foucault L. Les vitesses relatives de la lumière dans l'air et dans L'eau. [Paris]: La faculté des sciences de Paris; 1853.
44. Foucalt L. Détermination expérimentale de la vitesse de la lumière ; descriptiondes appareils. Comptes rendus hebdomadaires des séances de l'Académie des Sciences. Paris: Mallet-Bachelier; 1862. S. 792–6.
45. Michelson AA. Experimental Determination of the Velocity of Light. In: Newcomb S, Herausgeber. Astronomical Papers. Nautical Almanac Office, Bureau of Navigation, Navy Department; 1882. S. 109–46.
46. Michelson AA, Pease FG, Pearson F. Measurement of the Velocity of Light in a Partial Vacuum. Science. 1935;81:100–1.
47. Bureau International de Poids et Mesures. Definition of the metre. Paris: BIPM; 1983 [zitiert 2024 Mai 20]. Verfügbar unter: https://www.bipm.org/en/-/resolution-cgpm-17-1.
48. Bureau International des Poids et Mesures. The International System of Units (SI) [Internet]. 9th edition. Sèvres Cedex: Bureau International des Poids et Mesures; 2019 [zitiert 2023 Juni 10]. Verfügbar unter: https://www.bipm.org/en/publications/si-brochure/.
49. IX. On the laws which regulate the polarisation of light by reflexion from transparent bodies. By David Brewster, LL. D. F. R. S. Edin. and F. S. A. Edin. In a letter addressed to Right Hon. Sir Joseph Banks, Bart. K. B. P. R. S. Phil Trans R Soc. 1815;105:125–59.
50. Brewster D. Treatise on the Kaleidoscope. Edinburgh: Archibald Constable & Co.; 1819.
51. Brewster D. Letters on Natural Magic. London: John Murray; 1834.
52. Brewster D. A Treatise on Optics. London: Longman, Rees, Orme, Brown, and Green; 1831.
53. Brewster D. Populäres, vollständiges Handbuch der Optik. Quedlinburg und Leipzig: Gottfr. Basse; 1835.
54. Fraunhofer J. Bestimmung des Brechungs- und Farbenzerstreuungs-Vermögens verschiedener Glasarten, in Bezug auf die Vervollkommnung achromatischer Fernröhre. Denkschriften der Königlichen Akademie der Wissenschaften zu München für die Jahre 1814 und 1815 Classe der Mathematik und Naturwissenschaften. München: Akademie der Wissenschaften; 1817. S. 193–226.
55. Wollaston WHXII. A method of examining refractive and dispersive powers, by prismatic reflection. Phil Trans R Soc. 1802;92:365–80.
56. Fraunhofer J. Sonnenspektrum mit dunklen Spektrallinien (Fraunhofer-Prisma), koloriert, Nachlass Joseph von Fraunhofer, Deutsches Museum, NL 014/029/1 GF [Internet]. 1817 [zitiert 2024 Mai 24]. Verfügbar unter: https://digital.deutsches-museum.de/de/digital-catalogue/archive-item/NL%2520014%252F029%252F1%2520GF/.
57. Fraunhofer J. Neue Modifikation des Lichtes durch gegenseitige Einwirkung und Beugung der Strahlen, und Gesetze derselben. Denkschriften der Königlichen Akademie der Wissenschaften zu München für das Jahr 1821 Classe der Mathematik und Naturwissenschaften. München: Akademie der Wissenschaften; 1821. S. 1–76.
58. Hopkinson F, Rittenhouse D. An Optical Problem, Proposed by Mr. Hopkinson, and Solved by Mr. Rittenhouse. Trans Am Philos Soc. 1786;2:201.
59. Talbot HF. LXXVI Facts relating to optical science. No. IV. The London, Edinburgh, and Dublin Philos Mag J Sci. 1836;9:401–7.
60. Rayleigh, Lord. XXV. *On copying diffraction-gratings, and on some phenomena connected therewith*. The London, Edinburgh, and Dublin Philos Mag J Sci. 1881;11:196–205.
61. Abbe E. Beiträge zur Theorie des Mikroskops und der mikroskopischen Wahrnehmung. Archiv f mikrosk Anatomie. 1873;9:413–68.

Elektrische Abbildungen 5

Übersicht

Die Kenntnis der Optik und die Möglichkeit, Abbildungen in hoher Qualität zu erzeugen, weckte den Wunsch nach Aufzeichnung und Reproduktion der Bilder. Der Beginn der Fotografie in der ersten Hälfte des 19. Jahrhunderts ist eng mit der Entdeckung fotoempfindlicher Schichten und der Fixierung des latenten Bildes verbunden. Die frühen Versuche von Niepce und Daguerre erfolgten noch mit einer Camera obscura. Das neue Medium der Fotografie benötigte aber eine Fotokamera, die vor allem über ein gutes Objektiv verfügen sollte. Die Fotografie war auch ein starker Treiber der optischen Objektivfertigung.

Die ehemals monochromatischen Aufnahmen wurden bereits zum Ende des gleichen Jahrhunderts durch die Entwicklung der Farbfotografie ergänzt. Renommierte Wissenschaftler wie Lippmann entwickelten Möglichkeiten, die Farbe einer Szene vollständig wiederzugeben. Aus der Möglichkeit zur Herstellung farbiger Aufnahmen entwickelte sich die Aufgabe zur Herstellung chromatisch korrigierter Objektive. Gleichzeitig wurde die Notwendigkeit zum Verständnis der Farbmischung erkannt. Aus wie vielen einzelnen Farben muss ein Farbbild zusammengesetzt sein? Der Beantwortung dieser Frage widmeten sich unter anderem Koryphäen wie der Physiologe Helmholtz oder der Physiker Maxwell. Maxwells Verdienst ist aber vor allem die Erkenntnis, dass Licht eine elektromagnetische Welle ist und sich wie dieses durch seine Theorie des elektromagnetischen Feldes beschreiben ließ.

Die entstehende Informationsgesellschaft erforderte die schnelle Übermittlung von Nachrichten. Durch die Nutzbarmachung der Elektrizität konnten bald kodierte Nachrichten über Kabelverbindungen telegrafiert werden. Die Übertragung war anfänglich langsam; neue Telegrafen wie z. B. die von Wheatstone oder Morse verhalfen der Technologie zum Durchbruch.

> Tageszeitungen hatten aber immer auch einen starken Bedarf an reproduktionsfähigen Fotografien. Zum telegrafischen Versand mussten die Bilder in einzelne Flächenelemente zerlegt werden. Die Fernfotografie benötigte dazu eine Abtastvorrichtung, die man aus heutiger Sicht getrost als Bildscanner bezeichnen könnte.
> Die Bildtelegrafie markiert damit den Übergang zum Rasterbild.

5.1 Permanente Bilder

Analoge Optik bezieht sich auf die klassische, stufenlose Übertragung realer Szenen durch optisch wirksame Medien wie Spiegel, Linsen oder Prismen. Die Veränderung des Originals erfolgt nicht über Programme, sondern durch reale Abbildung der Oberflächen, Winkel und Abstände zueinander.

Eine fotografische Kamera stellt die Weiterentwicklung einer Camera obscura dar, bei der die Lochblende mit einem Objektiv und die Projektionswand mit einem lichtempfindlichen Material ersetzt wurde. Das Verhalten bestimmter Stoffe, nach längerem Lichteinfall nachzudunkeln oder auszubleichen ist schon seit langem bekannt. Das Vergilben von Papier oder das Verblassen von Farben durch das Sonnenlicht benötigt aber eine zu lange Zeit, als dass der Effekt sich für die Aufzeichnung von Abbildungen nutzen ließe.

Der vielseitig interessierte hallische Gelehrte Schulze[1] entdeckte um 1720 einen „Dunkelbringer"[2], der eine viel schnellere Reaktion auf Licht zeigte (aus [2] S. 14).

> „Als ich Kreide an der offenen Sonne mit Scheidewasser tränkte, um einen Balduinischen Phosphor[3] herzustellen, ergab sich eine bemerkenswerte Farbänderung. Ich hörte daher mit der Untersuchung des Phosphors auf und beschäftigte mich mit der Erforschung der Ursachen dieser Verwandlung: Es ist offensichtlich, dass jene vom Licht der Sonne bewirkt wird."

Bei genauerer Untersuchung des Sachverhalts entdeckte Schulze, dass die Ursache für die Abdunklung bei Sonneneinstrahlung weder die Kreide noch das Scheidewasser selbst war, sondern das im Scheidewasser gelöste Silber.

Auch der Apotheker Scheele[4] widmete sich in seiner Freizeit der Untersuchung chemischer Vorgänge und verwendete zu seinen Untersuchungen nicht

---

[1] Johann Heinrich Schulze (1687–1744), deutscher Philosoph und Medizinhistoriker.
[2] Im Titel der Publikation Schulzes „Scotophorus pro Phosphoro inventvs" [1], zu Deutsch „Die Entdeckung eines ‚Dunkelbringers' anstelle eines ‚Lichtbringers'" [2].
[3] Balduinischer Phosphor war zu Schulzes Zeiten die Bezeichnung für einen nachleuchtenden Stoff, der aus gestoßener Kreide und Scheidewasser (eigentl. Salpetersäure) hergestelllt wird.
[4] Carl Wilhelm Scheele (1742–1786), deutscher Apotheker und Chemiker.

5.1 Permanente Bilder

nur gelöstes Silber, sondern auch Hornsilber[5], ein helles mineralisches Pulver, welches sich unter Lichteinwirkung dunkel verfärbt. Bei der Beleuchtung mit farbigem Licht bemerkte Scheele die spektrale Empfindlichkeit des Materials (aus [3] S. 144)

> „Man setze ein gläsernes Prisma vors Fenster, und lasse die gebrochenen Sonnenstrahlen auf die Erde fallen ; in dieses farbichte Licht lege man ein Stück Papier , welches mit Hornsilber bestreuet ist so wird man gewahr werden , dass dieses Hornsilber in der violetten Farbe weit eher schwarz wird, als in den andern Farben …"

Die erste bekannte Fotografie wurde allerdings nicht mit Silberchlorid, sondern auf Asphalt aufgenommen. Der französische Lithograf Niepce[6] vermengte zerstoßenen Asphalt mit Lavendelöl und trug die Substanz auf eine polierte, versilberte Metallplatte. Nach langer Belichtungszeit mit einer Camera obscura entsteht zunächst nur ein latentes Bild, das mittels eines „auflösenden Mittels"[7] entwickelt wird. Nach der Abwaschung des bildentwickelnden Mittels ist das Bild sichtbar (aus [4] S. 42)

> „Nunmehr erscheint das Bild vollkommen frei und überall von großer Genauigkeit und Reinheit, wenn die Operation richtig gemacht wurde, besonders wenn man sich einer vervollkommneten Camera obscura bedienen konnte."

Der Maler Daguerre[8] hatte mit Niepce eine Übereinkunft zur gemeinsamen Weiterentwicklung des als Heliografie bezeichneten Verfahrens getroffen. Ein Nachteil der Heliografie ist, dass die Bilder, wenn sie dem Sonnenlicht dauerhaft ausgesetzt sind, nach einer gewissen Zeit verblassen. Daguerre verbessert das Verfahren, indem er mit lichtempfindlichen harzigen Emulsionen auf poliertem Metall oder Glas als Trägermaterial experimentiert und das Bild nach dem Entwickeln fixiert. Wieder gibt er dem Lavendelöl[9] den Vorzug, da dieses neben einer größeren Lichtempfindlichkeit nach dem Fixieren den Vorteil einer größeren Dauerhaftigkeit aufweist. Die im Dunkeln gelagerten, mit der Emulsion versehen Platten werden in eine Camera obscura eingesetzt und belichtet. Bei den anfänglichen Fotografien benötigte Daguerre noch Stunden für die Aufnahme eines Bildes. Das latente Bild wird danach mit den Dämpfen von Bergnaphta entwickelt. Die Naphtadämpfe wirken auf die unbelichteten Stellen und lassen diese, je nach Grad der Belichtung mehr oder minder durchsichtig erscheinen.

---

[5] Chlorsilber (Silberchlorid).
[6] Joseph Nicéphore Niépce (1765–1833), französischer Offizier und Erfinder.
[7] Ein Raumteil Lavendelöl auf zehn Raumteile weißes Erdöl oder Bergnaphta dient hier als Entwickler.
[8] Louis Jacques Mandé Daguerre (1787–1851), französischer Maler und Pionier der Fotografie.
[9] Er trägt allerdings nicht das Öl direkt auf, sondern erzeugt durch Verdampfen der Flüssigkeit einen harten Extrakt, den er in Alkohol oder Essigäther löst und mit dieser Flüssigkeit die Trägerplatte begießt. Der Alkohol oder Äther verflüssigt sich und zurück bleibt die Emulsion.

Daguerreotypie

Diese ursprüngliche Verbesserung der Heliografie entwickelt Daguerre zu einem eigenen Verfahren, das er unbescheiden nach sich selbst „Daguerreotypie" nennt. Sein Verfahren teilt sich in fünf Arbeitsschritte (nach [4] S. 12). Die Vorbereitung des Trägersubstrates[10], die Aufbringung der lichtempfindlichen Emulsion, die Belichtung, die Entwicklung des latenten Bildes und schließlich dessen Fixierung. Die lichtempfindliche Schicht entsteht durch eine „schöne, goldgelbe" Ablagerung von Joddämpfen, was zu einer höheren Lichtempfindlichkeit führt, aber für den Fotografen aufgrund der Giftigkeit der Joddämpfe schädlich ist. Durch den Kontakt mit dem Silber bildet sich Silberiodid. Ist die Foto-Platte aber erst einmal mit der Jodschicht bedeckt, wird sie in eine Camera obscura eingesetzt. Die höhere Empfindlichkeit führt zu einer verkürzten Belichtungszeit, die stark von der Beleuchtungsstärke abhängt „…in Paris während der Monate Juni und Juli in 3 bis 4 min" (ebd. S. 23). Die Entwicklung erfolgt mit reichlich Quecksilber[11], dessen Dämpfe noch giftiger sind als die des Jods. Die Quecksilberdämpfe lagern sich nun an den belichteten Stellen ab und führen dort in Abhängigkeit von der Belichtungsstärke zur Bildung von Amalgan[12]. Die lichtempfindliche Jodschicht wird dann in einer Kochsalz- oder Sodalösung ausgewaschen, sodass das an den unbelichteten Stellen das Silber hervorscheint und das Bild nun fixiert ist. Die Schattenpartien einer Daguerreotypie werden durch das Silber des Trägermaterials repräsentiert. Die Wahrnehmung des Bildes, also ob die freiliegenden Silberstellen letztlich hell oder dunkel reflektieren, hängt somit von der Umgebungsbeleuchtung sowie der Betrachtungsrichtung ab.

Durch die Möglichkeit der Aufzeichnung realer Szenen entstand mit der Fotografie ein völlig neuer Wirtschaftsbereich; der auch für Wissenschaftler von Interesse war. Der umtriebige Privatgelehrte Talbot, der bereits zu mathematischen, chemischen und optischen Problemen veröffentlicht hatte, beschäftigte sich zeitgleich mit Daguerre mit der Fotografie. Talbot selbst berichtet, er habe bereits 1834 mit Aufzeichnung von Bildern auf mit Silbernitrat getränktem Papier experimentiert ([6] S. 137). Seine ersten Versuche des „Photogenic Drawings" entsprachen eher dem Aufzeichnen von Schattenrissen, waren aber äußerst einfach zu bewerkstelligen. Nachdem es Talbot gelungen war, den Prozess der Belichtung mit verdünnten Kaliumiodid oder starker Kochsalzlösung aufzuhalten, erfolgte die Entwicklung im Sonnenlicht (aus [6] S. 211).

> „Legt man nun das so gewaschene und getrocknete Bild in die Sonne, so färben sich die weißen Teile blasslila und werden danach unempfindlich."

Zweifelsfrei waren Talbots Photogenic Drawings im Vergleich zu Daguerres Prozess einfacher und aus heutiger Sicht auch gesünder herzustellen. Das vorbereitete Papier, das Talbot ein wenig eitel als „Talbotype" bezeichnet [7], kann natürlich auch mit einer Camera obscura belichtet werden und ergibt im Resultat ein negatives Bild. Talbot macht aber in seinem Patent den Vorschlag, daraus eine Kontaktkopie zu erstellen (aus [7] S. 2).

---

[10] Reinigung und Polierung der versilberten Kupferplatte.

[11] In seiner Anleitung empfiehlt Daguerre 1 kg.

[12] Dieser Hinweis kam von Arago, der das Verfahren an der Pariser Akademie der Wissenschaften selbst vorstellte [5].

> „Aber es ist leicht, von diesem negativen Bild ein anderes zu erhalten, das positiv oder naturgetreu sein soll – ein Bild, in dem die Lichter durch Lichter und die Schatten durch Schatten dargestellt werden sollen. Zu diesem Zweck braucht man nur ein zweites Blatt desselben empfindlichen Papiers zu nehmen und es in engen Kontakt mit dem ersten zu bringen, auf dem das Bild entstanden ist. … Wenn man es dann für eine kurze Zeit in die Sonne oder das Tageslicht legt, entsteht ein Bild oder eine Kopie auf dem zweiten Blatt Papier."

Das Prinzip von Negativ-Aufnahme und Positiv-Abzug auf Fotopapier ist das Grundprinzip dessen, was Herschel[13], in Anerkennntnis der Vorarbeiten von Daguerre und Talbot schon 1840 als „fotografischen Prozess" bezeichnet und dabei gleich den bis dahin üblichen Begriff der Camera obscura mit dem der „fotografischen Kamera" ersetzt ([8] S. 17). Herschels Kamera soll ein perfektes, achromatisches Objektiv aufweisen, dass aus einer überkorrigierten Kronglaslinse und einer etwas zu konkaven Flintglaslinse bestehen müsste. Die Idee der Farbkorrektur durch ein Linsenpaar unterschiedlicher Brechzahlen war zwar damals schon beinahe 100 Jahre alt[14], aber das Konzept fotografischer Apparate und die ersten der erfolgreichen Versuche zur Aufnahme von Farben erzeugten die Vision einer grundsätzlichen technischen Machbarkeit. Herschel hatte bei einem Experiment mit „einem schönen Kronglasprisma von Fraunhofer" ein Spektrum erzeugt und über eine Linse auf ein mit einer Lauge aus Silbernitrat, Silberchlorid, Kochsalz und Soda behandeltem Papier projiziert. Für ihn selbst unerwartet wurden auf dem Papier tatsächlich Farben erzeugt (aus [8] S. 19)

> „Das Ergebnis war ebenso verblüffend wie unerwartet. Es entstand rasch ein sehr intensiver fotografischer Eindruck des Spektrums, der, wenn er herausgenommen und bei mäßigem Tageslicht betrachtet wurde, mit düsteren, aber eindeutigen Farbtönen gefärbt war, die denen des Spektrums selbst entsprachen"

Niepce, Daguerre, Talbot und Herschel hatten wegweisende Verfahren zur Fotografie entwickelt, die von zahllosen Erfindern und Wissenschaftlern beständig weiterentwickelt wurden. Die Verbesserung der lichtempfindlichen Schichten und die Entwicklung lichtstärkerer Objektive erlaubte kürzere Belichtungszeiten, die spätestens mit der Aufnahme und Wiedergabe von Muybridges[15] galoppierendem Pferd auch das Potenzial zum Bewegtbild hatte. Zur ungefähr gleichen Zeit, als die Bilder laufen lernten, erhielten sie auch Farbe. Die Geschichte der Farbfotografie ist eng mit der Erforschung des Sehens und der Optik verknüpft.

---

[13] John Frederick William Herschel (1792–1871), britischer Astronom.

[14] John Dollond (1706–1761), ein englischer Optiker hatte bereits 1757 die Anfertigung einer konvexen Linse aus Kronglas, und einer konkaven aus Flintglas zur Reduktion der Farbfehler einer abbildenden Optik vorgeschlagen [9].

[15] Eadweard Muybridge (1830–1904), britischer Fotograf, zu den Aufnahmen des Pferdes s. z. B. [10].

Der Physiker Maxwell[16] experimentierte mit der Mischung von Farben, um eine Möglichkeit zu schaffen, jegliche Mischfarbe definiert aus einer begrenzten Anzahl von Grundfarben darzustellen. Dazu bediente er sich eines Farbkreisels, auf dem 100 Farbanteile als einzelne Plättchen moniert werden konnten. Wenn der Kreisel nun in schnelle Bewegung versetzt wird, vermischen sich die Farben in der Wahrnehmung und es entsteht eine einheitliche Mischfarbe [15]. Die Idee war nicht neu sondern schon 1807 von Young angeregt worden ([16] S. 440)

> „Die Empfindungen verschiedener Lichtarten können auch auf noch befriedigendere Weise kombiniert werden, indem man die Oberfläche eines Kreises in beliebiger Weise mit verschiedenen Farben bemalt und ihn so schnell rotieren lässt, dass das Ganze den Anschein eines einzigen Farbtons oder einer Kombination von Farbtönen annimmt, die sich aus der Mischung der Farben ergibt."

Maxwell entwickelte jedoch aus der Beschreibung eine Theorie. Aus den verschiedenen Farben, die ihm generell zur Verfügung standen, wählte Maxwell Zinnoberrot (Vermilion, V), Violettblau (Ultramarin, U) und Smaragdgrün (Emerald Green, EG) aus. Aus diesen drei Farben entstand durch additive Farbmischung beim Drehen des Kreisels durch additive Mischung eine neue Farbe. Um ein neutrales Grau zu erzeugen, genügten auch Schneeweiß (Snow White, SW) und Elfenbeinschwarz (Ivory Black, Bk). Um eine Balance der echten Grauwerte im Vergleich zur Mischung aus den Grundfarben zu erhalten, mussten die Farbwerte zu den Schwarz-Weiß-Werten in folgendem Verhältnis stehen:

$$37\,V + 27\,U + 36\,G = 28\,SW + 72\,Bk$$

Die angegebenen Werte erzeugen bei Mischung auf dem Farbkreisel ein gleiches Neutralgrau. Um das Ergebnis zu illustrieren, wurden die von Maxwell angegeben Farben nachempfunden und mit dem Grauwert im direkten Vergleich in Abb. 5.1 dargestellt.

Die Bildung des Grauwertes hat den Vorteil, dass sich nach einigen Beobachtungen in der Tradition Mayers[17] und Youngs ein Dreieck bilden lässt, an dessen Ecken die drei Grundfarben stehen, aus denen sich die anderen Farben zusammenmischen lassen. Mayer hatte aus den Grundfarbe Rot, Gelb und Blau (r, g, b) eine endliche Zahl von Farben zusammengestellt [17]. Wenn z. B. jede Seitenlänge des Dreiecks 12 Farben ohne die Eckpunkte enthält dann lassen sich über die Gaußsche Summenformel zusammenmit den beiden Eckpunkten $14(14 - 1)/2 = 91$ unterschiedliche Farben über ihre Positionen adressieren[18] (s. Abb. 5.2 oben links). Young entwickelte sein Farbdreieck mit den Grundfarben Rot, Grün und Violett ([16] S. 440, sowie Plate XXIX, Fig. 427) und verzichtete

---

[16] James Clerk Maxwell (1831–1879), schottischer Physiker.
[17] Tobias Mayer (1723–1762), deutscher Astronom und Mathematiker.
[18] Das machte Mayer in der Form $r^2 g^{10} b^9$, „ wobei die Zahlen keine Exponenten, sondern eine Positionsangabe darstellen (bei Mayer „Partienten").

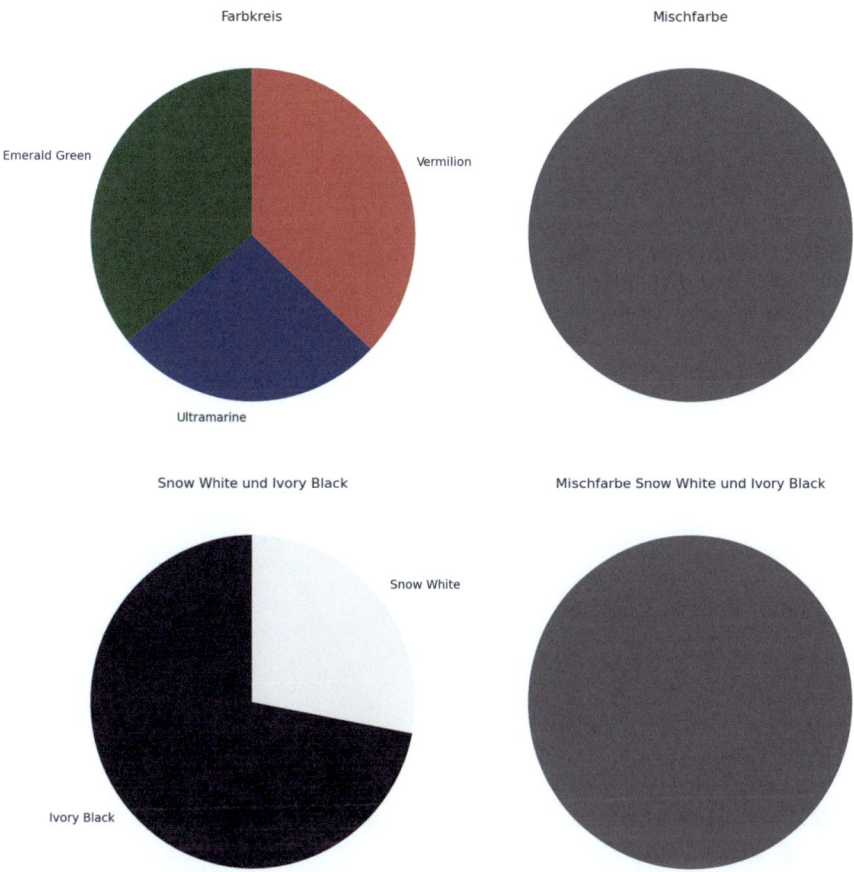

Abb. 5.1 Grauwertbildung aus 3 Grundfarben im Vergleich zu Neutralgrau, Armin Grasnick (2024)

auf die Einteilung in konkrete Farbwerte (s. Abb. 5.2 oben rechts). Maxwell nutzte prinzipiell die Farben Rot, Grün und Blau, jedoch in den ihm verfügbaren Farbtönen Zinnoberrot, Violettblau und Smaragdgrün. Die Erzeugung aller Farben des Spektrums ist aber stark von den tatsächlich verwendeten Farben und deren Sättigung abhängig (s. Abb. 5.2 unten links). Werden die reinen Farbwerte für Rot, Grün und Blau benutzt, kann im Farbdreieck schon ein großer Teil des sichtbaren Spektrums abgebildet werden (s. Abb. 5.2 unten rechts).

Interessant ist in diesem Farbdreieck die einfache Beschreibung jedes Punktes im Dreieck durch die Anteile der drei Grundfarben. Jeder Punkt kann eindeutig durch die Angabe der drei Werte, das Triplet (R, G, B) beschrieben werden, das die relativen Intensitäten von Rot, Grün und Blau angibt.

Maxwell illustrierte die Funktion seiner Theorie durch die Aufnahme einer Farbfotografie. Er nahm die gleiche Szene, ein farbiges Band, nacheinander durch

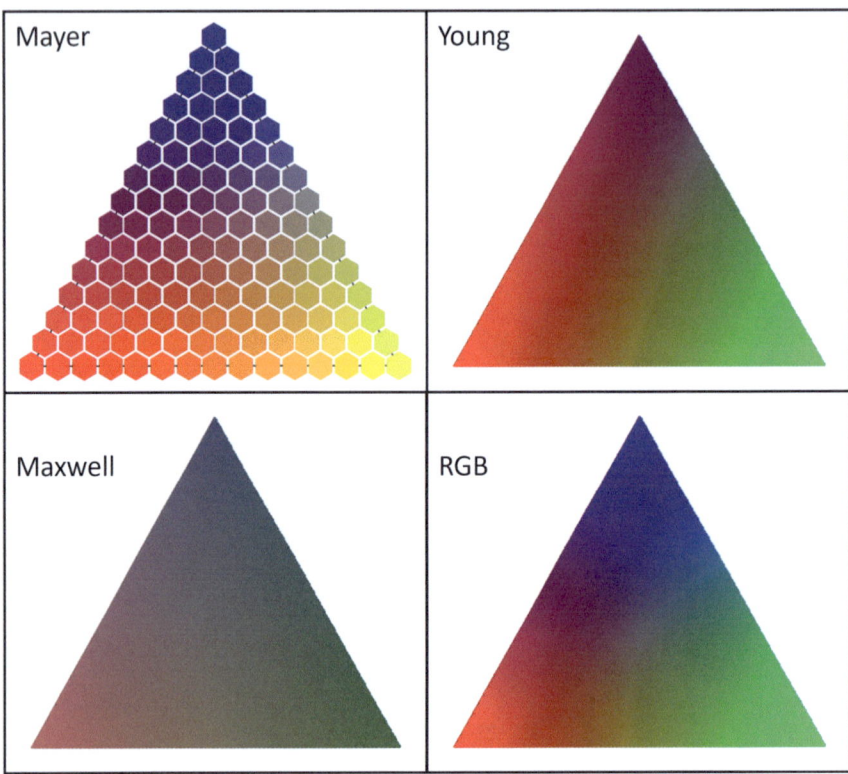

Abb. 5.2 Farbdreieck nach Mayer, Young, Maxwell und in RGB, Armin Grasnick (2024)

drei Farbfilter (Rot, Grün und Blau) auf. Die entwickelten Glas-Fotoplatten wurden zur Projektion in drei Laterna magica eingesetzt, wobei bei jeder der zugehörige Farbfilter vorgesetzt wurde. Durch die Überlagerung der drei Bilder auf der Leinwand konnte das rekonstruierte farbige Bild der Szene gesehen werden.

Der Physiologe Helmholtz[19] hatte sich in seiner Forschung intensiv mit der Theorie des Sehens und der Farbwahrnehmung beschäftigt und dabei auch die Vorarbeiten Youngs und Maxwells untersucht. Er bemerkte, dass es bestimmte Farben gibt, die in der Mischung mit einer anderen Farbe wieder Weiß ergeben – die Komplementärfarben. Er bestätigte schließlich Youngs Grundgedanken von drei grundsätzlichen Farbempfindungen der Nervenfasern im Auge und fügte diesen Fasern bestimmte spektrale Empfindlichkeiten hinzu, die im Roten, Grünen und Blau-Violetten ihr Maximum haben ([18] S. 291).

---

[19] Hermann von Helmholtz (1821–1894), deutscher Physiologe und Physiker.

Die Young-Helmholtz-Dreifarben-Theorie war unter Anwendung verschiedener Grundfarben auch die Basis für die Farbfotografie. Um farbige Fotografien auch auf Glas oder Papier herzustellen, bediente sich zum Beispiel du Hauron[20] einer ähnlichen Methode wie Maxwell. Auch er nahm in seinem indirekten Verfahren[21] zunächst die gleiche Szene durch drei unterschiedliche Farbfilter auf und übertrug die so erzeugten Negative auf rot, gelb und blau gefärbte Gelatineplatten. Wurden alle drei Glasplatten übereinandergelegt, entstand ein farbiges Bild [19]. Seine Idee, eine fotografische Rasterplatte mit einem dünnen Farblinienraster bei Aufnahme und Wiedergabe zu bedecken, wurde später von den Gebrüdern Lumiere[22] in deren Autochrome-Verfahren umgesetzt und kann durchaus als Vorwegnahme heutiger Bildschirme mit RGB-Farbfilter gelten.

Eine völlig andere Methode der Farbfotografie schlug zum Ende des 19. Jahrhunderts der französische Wissenschaftler Lippmann[23] vor [20]. Bei Lippmanns Interferenzmethode wird hinter einem fotografischen Film in direktem Kontakt ein metallischer Spiegel angebracht. Nach der Aufnahme wird der Film wie üblich entwickelt und fixiert. Das Ergebnis dieses einfachen Verfahrens ist ein fixiertes Farbfoto. Die von Lippmann vorgeschlagene Erzeugung des Spiegels durch eine dünne Quecksilberschicht war funktional, aber aufgrund der giftigen Quecksilberdämpfe heute kaum mehr empfehlenswert. Die Wirkung entfaltet sich durch die Erzeugung einer stehenden Welle am Spiegel. Wenn die dicke der fotografischen Schicht nur etwa zehn Wellenlängen entspricht, erzeugen die unterschiedlichen Wellenlängen in der Schicht in Lichtrichtung (senkrecht zum Spiegel) unterschiedliche Beugungsmuster. Nach der Entwicklung kann der wieder auf einen (Quecksilber)-Spiegel aufgelegte Film zu Wiedergabe mit normalem weißem Licht beleuchtet werden. Dabei interferieren Wellenlängen mit gleicher Periode der Beugungsmuster konstruktiv und erzeugen an diesen Stellen eine korrekte Farbwiedergabe. Wie bei einem Weißlichthologramm ist die korrekte Wiedergabe der Farben abhängig vom Betrachtungswinkel.

5.2 Elektromagnetisches Licht

Maxwell hatte erkannt, dass sich neben dem Magnetismus auch das Licht durch seine Theorie des elektromagnetischen Feldes beschreiben ließ [11]. Maxwell glaubte Grund zu der Annahme zu haben, dass ein ätherisches Medium existiert, welches den Raum ausfüllt und alle Körper durchdringt. Dieser Äther kann nun wie

---

[20] Louis Ducos du Hauron (1837–1920), französischer Forscher und Erfinder.
[21] Exposé théorique du Procédé indirect, ou d'interversion.
[22] Auguste Lumière (1862–1954) und Louis Lumière (1864–1948), Fotografie-Unternehmer und Wegbereiter des Kinos.
[23] Gabriel Lippmann (1845–1921), französischer Physiker; Nobelpreis für die Interferenzfotografie 1908.

in Huygens Theorie eine Bewegung übertragen, die Bewegung selbst beeinflusst bei Maxwell aber auch, zum Beispiel durch Erwärmung, die „grobe Materie".

Einige Jahre zuvor hatten Kohlrausch[24] und Weber[25] ein Experiment durchgeführt, um Stromintensitäten auf „mechanische Maße" zurückzuführen [12]. Die Grundidee dabei war, dass die Kraft, die eine elektrische Masse auf eine andere elektrische Masse ausübt, nicht nur von deren Entfernung, sondern auch von der Relativgeschwindigkeit zueinander abhängt. Neben der relativen Geschwindigkeit, der Beschleunigung und dem Abstand hängt die elektrische Wirkung nur noch von der Konstante c ab. Das wäre dann diejenige relative Geschwindigkeit, bei der die Massen keine Wirkung mehr aufeinander hätten. Diese Konstante ergab sich bei Kohlrausch in der Größenordnung der Lichtgeschwindigkeit[26], sodass bereits hier ein Zusammenhang zwischen Licht und Elektrodynamik vermutet werden kann.

Maxwell hält Webers grundlegende Theorie für „überaus genial und wundervoll", wobei er sich zunächst auf eine frühere Arbeit Webers bezieht, in der dieser seine Theorie der elektrodynamischen Maßbestimmungen umfassend ausbreitete. Weber äußerte darin schon die Vermutung einer Verbindung von Elektrizität und Licht (aus [14] S. 169).

> „Ferner brauche ich nur an Faraday's neueste Entdeckung des Einflusses elektrischer Strömungen auf Lichtschwingungen zu erinnern, welche es nicht unwahrscheinlich macht, dass das überall verbreitete elektrische neutrale Medium selbst derjenige überall verbreitete Äther sei, welcher die Lichtschwingungen mache und fortpflanze, oder dass wenigstens beide so innig miteinander verbunden seien, dass die Beobachtungen der Lichtschwingungen Aufschluss über das Verhalten des elektrischen neutralen Mediums zu geben vermöchten."

Maxwell entwickelt eine ganzheitliche Theorie elektromagnetischer Felder und schließt dabei auch das Licht mit ein. Auf Basis seiner Betrachtungen folgert Maxwell, dass die von Kohlrausch und Weber gemessene Geschwindigkeitskonstante identisch zu der Geschwindigkeit in Luft oder im Vakuum sein muss. Die Übereinstimmung der Angabe Kohlrauschs und Webers, nunmehr von Maxwell mit 310.740.000 m/s angeben[27], mit den Messungen der Lichtgeschwindigkeit von Fizeau und Foucault veranlassen Maxwell zu der Annahme, dass Licht ein Teil des elektromagnetischen Spektrums ist (aus [11] S. 499).

> „Die Übereinstimmung der Ergebnisse scheint zu zeigen, dass Licht und Magnetismus Auswirkungen derselben Substanz sind und dass das Licht eine elektromagnetische Störung ist, die sich gemäß den elektromagnetischen Gesetzen durch das Feld ausbreitet."

---

[24] Rudolf Kohlrausch (1809–1858), deutscher Physiker.
[25] Wilhelm Eduard Weber (1804–1891), deutscher Physiker.
[26] Der mit 439 Mio. Meter pro Sekunde etwas großzügig bemessene Wert basierte auf der damaligen Betrachtung von positivem und negativem Ladungstransport [13].
[27] Maxwell verwendet einen gemäß seiner Betrachtung reduzierten Wert auf Basis der Messungen von Kohlrausch und Weber.

5.3 Fernübertragung

5.3.1 Elektrische Telegrafie

Die Übertragung von Signalen ist seit Jahrtausenden Stand der Technik. Im Agamemnon[28] des griechischen Dichters Aischylos wird an einer Stelle auch die optische Telegrafie des Trojanischen Krieges[29] erwähnt ([22] S. 14)

> „Vom Dache der Herrenburg in Argos[30] späht der Wächter nach dem Feuerzeichen hinaus, das endlich die Kunde von Trojas Falle bringen soll; die Königin hat ihn erwartenden Herzens hieher [sic!] gestellt, und schon ein ganzes Jahr hat er ausgehalten. ... Plötzlich leuchtet von dem nahen Arachnaion das helle Feuer; froh' springt er auf, um der Königin Kunde zu bringen; ..."

Das hört sich erst einmal noch nicht beeindruckend an. Nimmt man aber als Ort Trojas den Palasthügel[31] nahe des türkischen Tevfikiye an[32], dann sind über verschiedenen Stationen mehr als 500 km zu überbrücken[33]. Allerdings konnte mit einem einfachen Feuer nur eine einzige, vorab zwischen Empfänger vereinbarte Nachricht übertragen werden.

Etwas umfangreicher war der Fackelcode des Polybios[34], bei dem ein bestimmter Buchstabe einer Buchstabenmatrix mit 5×5 Zeichen über zehn Fackeln signalisiert wurde. Dabei symbolisierte eine Gruppe von Fackeln die jeweilige Spalte und eine andere Gruppe die Zeile. Bei Kenntnis der Buchstabenmatrix konnte so ein Empfänger die Nachricht (den einzelnen Buchstaben) entschlüsseln ([25] S. 18).

Um Informationen lesbar zu übertragen, müssen diese vorab in Zeichen umgewandelt und anschließend entschlüsselt werden. Bei der Übertragung von Lichtzeichen oder Tonsignalen kann ein Beobachter die vorab vereinbarten Signale wahrnehmen und aufzeichnen. Die Entdeckung der tierischen Elektrizität durch Galvani[35] [26] und die Erfindung einer praktikablen elektrischen Batterie durch Volta[36] führte zu einem starken Interesse an dem neuen Fachgebiet. Faraday[37]

---

[28] Teil der Tragödie „Orestie" (458 v. Chr.).

[29] Beschrieben in der „Ilias" Homers [21], nach antiker Meinung ca. 1135 v. Chr.

[30] Die griechische Kleinstadt Argos auf der Halbinsel Peloponnes gilt als eine der ältesten Städte Europas, kontinuierlich seit dem Ende der Steinzeit bewohnt (vermutl. etwa ab 3000 v. Chr.).

[31] Hisarlik Tepe.

[32] Davon war zumindest der Archäologe Schliemann überzeugt [23].

[33] Nach Wolfgang Riepl [24].

[34] Polybios von Megalopolis (246 v. Chr. – 146 n. Chr.), griechischer Geschichtsschreiber.

[35] Luigi Galvani (1737–1798), italienischer Arzt und Forscher.

[36] Alessandro Volta (1745–1827), italienischer Physiker, Namensgeber der SI-Einheit Volt.

[37] Michael Faraday (1791–1867), englischer Chemiker und Physiker.

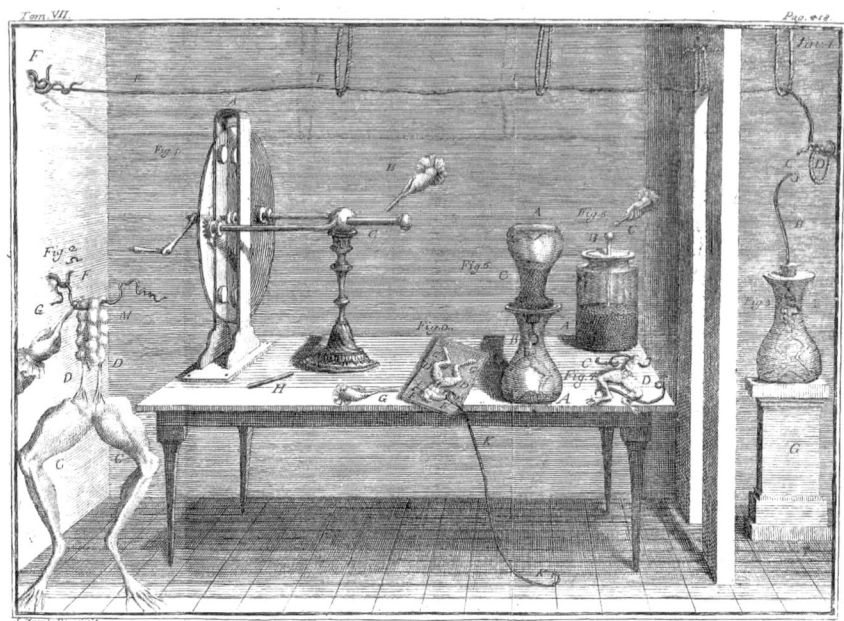

Abb. 5.3 Galvanis Experiment, Luigi Galvani (1791) aus [26] S. 410

hatte 1821 einen historischen Abriss über die Wurzeln des Elektromagnetismus vorgelegt [27] und sich seit dieser Zeit mit der Überlegung beschäftigt, mittels Magnetismus Elektrizität zu gewinnen.

Galvani, Volta und der zuckende Frosch

Der italienische Arzt Galvani hatte bei der Anatomie von Fröschen zufällig bemerkt, dass die Froschschenkel unter dem Einfluss von Elektrizität zuckten (aus [28] S. 4)

> „Ich secirte einen Frosch und präparirte … und legte ihn ., …auf einen Tisch, auf dem eine Electrisirmaschine stand … weit von deren Conductor getrennt und durch einen nicht gerade kurzen Zwischenraum geschieden . Wie nun der eine von den Leuten, die mir zur Hand gingen, mit der Spitze des Skalpellmessers die inneren Schenkelnerven des Frosches zufällig ganz leicht berührte, schienen sich alle Muskeln an den Gelenken wiederholt derart zusammenzuziehen, als wären sie anscheinend von heftigen tonischen Krämpfen befallen."

Der Aufbau Galvanis lässt sich gut nachvollziehen, da er in seiner Veröffentlichung auch einige Zeichnungen beifügte. In Abb. 5.3 ist das von Galvani beschriebene Experiment dargestellt.

Das, was Galvani für „tierische Elektrizität" (ebd. S. 22) hielt, identifizierte der Physikprofessor Volta als „Kontaktelektrizität" (extrinsische Elektrizität) und prägte gleichzeitig für Galvanis Idee den Begriff des „Galvanismus" – die Erzeugung von Muskelkontraktionen durch

5.3 Fernübertragung

Elektrizität [29]. Für die Widerlegung der tierischen Elektrizität benutzte Volta eine von ihm entwickelte Batterie[38], die er in der gleichen Publikation beschrieb (ebd. S. 403)

> „Das Hauptresultat dieser Experimente, das nahezu alle anderen umfasst, ist die Konstruktion eines Geräts, das in seinen Effekten, …, den Leydener Flaschen ähnelt und noch besser den schwach geladenen elektrischen Batterien, die jedoch ständig wirken oder deren Ladung sich nach jeder Entladung von selbst wiederherstellt."

Faradays Elektromagnetische Experimente führten 1831 zum Erfolg. In seiner Publikation beschrieb er, wie elektrische Ströme eine Wirkung auf Materie ausüben können [30]. Durch Anlegen einer Spannung an einer Spule konnte eine Magnetnadel bewegt werden, die Bewegung eines Stabmagneten durch eine Spule erzeugte wiederum eine Spannung. Die Entdeckung der elektromagnetischen Induktion hatte auch Gauß[39] inspiriert, seine Kenntnisse des Magnetismus mit der Messung des Stromes zu verbinden. Gauß' Kollege und Freund in Göttingen war der Physiker Weber, mit dem Gauß eine experimentelle Telekommunikation über Kupferdraht zwischen Webers Labor und Gauß' Sternwarte[40] durchführte. Beim Sender stand eine Spule, in der durch Heben und Senken eines Stabmagneten Stromstöße in eine Leitung zum Empfänger induziert wurden. Beim Empfänger verursachte der Strom in einer weiteren Spule die Verschiebung eines waagerechten Stabes. Weber und Gauß vereinbarten eine Code-Tabelle, in der bestimmte Kombinationen von Ausschlägen nach rechts oder links (+, -) einem bestimmten Buchstaben zugeordnet waren. Damit übertrugen die Wissenschaftler gehaltvolle Nachrichten wie „Wissen vor meinen, Sein vor scheinen" oder „Michelmann kömmt"[41] [32]. Gauß regte den Münchner Physiker Steinheil[42] an, sich dem Thema zuzuwenden. Steinheil entwickelte für den Telegrafen eine akustische Signalisierung und einen mechanischen Schreiber ([33] S. 28). Bedeutsam für die praktische Verwendung von Steinheils Apparat war jedoch besonders die Reduktion der benötigten Drahtlänge durch die Erdung (ebd. S. 16).

> „Ich habe gefunden, dass man noch die Hälfte dieser Kette entbehren kann, indem unter gewissen Bedingungen der Erdboden die andere Hälfte ersetzt."

Etwa um die gleiche Zeit wie Steinheil hatte sich auch Wheatstone mit der Elektrizität und dabei auch mit der Geschwindigkeit der Signalausbreitung beschäftigt und dafür einen vier Meilen langen Draht verwendet. Am anderen Ende

---

[38] Die sogenannte Volta'sche Säule.
[39] Carl Friedrich Gauß (1777–1855), deutscher Mathematiker und Physiker.
[40] Aufgrund der doppelten Drahtverbindung wurden fast 9000 Fuß Kupferdraht benötigt, also weit mehr als 2 km S. 73 [31].
[41] Dies basiert auf der Anekdote, dass Michelmann, der Assistent Gauß' zu Weber ins Labor geschickt sollte und so in Wettlauf mit der telegrafierten Nachricht trat, die ihn dort ankündigte.
[42] Carl August von Steinheil (1801–1870), deutscher Physiker und Astronom, Gründer des Optikunternehmens C. A. Steinheil & Söhne.

des Drahtes wurde beim Schließen des Stromkreises eine Nadel ausgelenkt. Wheatstone plante, aus dieser einfachen Idee einen Telegrafen zu konstruieren, der Signale durch die Auslenkung von Nadeln anzeigt – einen Nadeltelegrafen ([34] S. 110). Wheatstone tat sich mit dem Erfinder Cooke[43] zusammen, der sich ebenfalls bereits mit dem Thema beschäftigt hatte. Gemeinsam konnten beide in kurzer Zeit einen eigenen Telegrafen vorstellen, der Schillings[44] Apparat recht ähnlich war[45]. Dennoch erwarben beide auf ihre Vorrichtung ein Patent [36] und verbesserten die Erfindung, bis daraus ein praktisch einsetzbarer Telegraf wurde. Die Verbindung der beiden Männer war in der Folge nicht unkompliziert, da Cooke seiner Meinung nach nicht genügend gewürdigt wurde und die Presse dem reputablerem Wheatstone[46] die Erfindung des Telegrafen zusprach [37]. Cooke verfasste dazu einen längeren Aufsatz mit dem Titel „The Electric Telegraph, was it invented by Professor Wheatstone?" [38] den dieser mit einer eigenen Publikation „„A Reply to Mr Cooke's Pamphlet…"" [39] quittierte.

Unabhängig von Cooke und Wheatstone hatte sich der Amerikaner Morse[47] von der brotlosen Kunst der Malerei abgewandt und mit der Telegrafie experimentiert. Bei einer seiner ersten Vorführungen, bei der er eine Nachricht auf einem Papierstreifen ausgab, war auch der technisch begabte Alfred Vail[48] anwesend. Vail sollte später ein wichtiger Mitarbeiter werden, der maßgeblich an der Entwicklung der Geräte beteiligt war und auch den ersten Morse-Code verfasste. Im Januar 1838 konnten sie gemeinsam den ersten voll funktionsfähigen Telegrafen vorführen ([40] S. 12).

5.3.2 Fernphotographie

Die Telegrafie stellte sich schnell als geeignetes Mittel zur Übertragung von Zeichen heraus. Während einfache Signale noch durch Vergleich mit einer Code-Tafel verstanden werden können, sind Bildsignale schwieriger zu verarbeiten. Die Abbildung einer realen Szene kann aber auch dem unerfahrenen Zeichner gelingen, wenn das Bild in einzelne Rasterelemente zerlegt wird. In Analogie zu dem Bildsensor einer modernen Kamera ist ein solches Raster die zweidimensionale Abbildung der Szene auf eine Vielzahl kleiner Elemente, die jeweils nur einen

---

[43] William Fothergill Cooke (1806–1879), englischer Erfinder.
[44] Paul Ludwig Schilling von Cannstatt (1786–1837), deutsch-russischer Offizier und Diplomat; hatte bereits einen Nadeltelegrafen entwickelt und diesen in Deutschland Humboldt und in Russland zar Nikolaus vorgestellt, jedoch nicht selbst darüber veröffentlicht.
[45] Cooke hatte in München beim Physikprofessor Georg Wilhelm Munke (1772–1847) einen Nachbau des Nadeltelegrafen von Schilling gesehen und das Potenzial erkannt (s. [35] S. 33).
[46] Damals bereits Professor für Physik am ehrwürdigen Kings College und Mitglied der Royal Society.
[47] Samuel F. B. Morse (1791–1872), amerikanischer Maler, Kunsthistoriker und Unternehmer.
[48] Alfred Lewis Vail (1807–1859), amerikanischer Ingenieur und Mitarbeiter Morses.

winzigen Ausschnitt der abgebildeten Szene enthalten. Ist das Rasterelement klein genug, reicht -wie bei einem Mosaik- die Aufnahme eines einzelnen Farbwertes, um ein Bild aus bunten „Steinchen" (Pixel) entstehen zu lassen.

Rasterbilder
Unbewusst ist man mitunter versucht, die Anfänge der Rasterbilder mit dem Beginn der Moderne zu verknüpfen. Doch die Ursprünge der Bildrasterung reichen mindestens bis in die Renaissance zurück. In dieser Zeit waren bekannte Persönlichkeiten wie Leon Battista Alberti[49], Piero della Francesca[50], Leonardo da Vinci oder Albrecht Dürer[51] nicht nur als Künstler aktiv, sondern beschäftigten sich ebenso intensiv mit der Technik der Perspektive und den geometrischen Grundlagen der Malerei. Alberti verfasste um 1435/36[52] eine Anleitung zur Malerei, die zuallererst auf der Geometrie des Euklid beruhte.

Da Vinci ist heute vor allem für seine beeindruckenden Gemälde und Zeichnungen bekannt, aber er hatte sich ebenso intensiv mit der Wirkung von Licht und Schatten oder den Grundlagen der Bilder beschäftigt. Aus den zahlreichen Skizzen da Vincis fertigte sein Schüler Francesco Melzi[53] nach dessen Tod eine Sammlung des schriftlichen Erbes seines Meisters an[54]. Unter dem Namen „Trattato della Pittura"[55] entstand daraus in der Folge ein gedrucktes Werk, das großen Einfluss auf die spätere Wahrnehmung da Vincis und dessen Verständnis von den technischen Grundlagen der Malerei ausübte. Im Codex Atlanticus[56] findet sich das Blatt mit der Nummer fünf die Zeichnung eines sitzenden Mannes, der durch ein Loch auf einen Schirm schaut, der wiederum die Durchsicht auf eine Armillarsphäre[57] gestattet. Diese Skizze wird heute allgemein als „Perspektograf" interpretiert (s. z. B. [48] S. 102), womit hier ein einfaches Gerät perspektivisch richtigen Reproduktion körperlicher Objekte gemeint ist. Dem Bild ist nicht zu entnehmen, wie Leonardo sich das Raster konkret vorgestellt hatte, deshalb wenden wir uns einem Zeitgenossen da Vincis zu, dem deutschen Künstler und Kupferstecher Albrecht Dürer. Im Gegensatz zu da Vinci hatte Dürer bereits zu Lebzeiten publiziert. Dürer beschrieb in seiner geometrischen Anleitung „Underweysung der Messung" den Prozess des perspektivischen Zeichnens recht genau: „Nun will ich leren was man sicht wie wenn man das mag durchzeychnen" ([49], S. 90r). Im Bild ist der Künstler zu sehen, der durch ein Hilfsmittel schauend seine Position (und damit den Augpunkt) fixiert. Dabei blickt er durch ein Gitter von starkem schwarzen Zwirn und

---

[49] Leon Battista Alberti (1404–1472), italienischer Kunst- und Architekturtheoretiker.

[50] Piero della Francesca, auch Petrus Pictor Burgensis oder nur Piero (um 1410–1492), italienischer Maler und Kunsttheoretiker, Lehrer des Luca Pacioli, der wieder ein Lehrer da Vincis war.

[51] Albrecht Dürer (1471–1528), deutscher Maler und Kunsttheoretiker.

[52] Das Werk wurde von Alberti fast zeitgleich in Italienisch und Latein aufgelegt und ist auch in Englisch [41] oder auf Deutsch verfügbar [42].

[53] Francesco Melzi (1491–1570), italienischer Maler, Schüler und Erbe von Leonardo da Vinci.

[54] Eine Ausgabe ist in der „Biblioteca Apostolica Vaticana" als „Codex Urbinas Latinus 1270" erhalten (Urb.lat.1270, [43]).

[55] In einer deutschen Ausgabe von 1747 tituliert mit „Des vortrefflichen Florentinischen Mahlers Lionardo Da Vinci höchst-nützlicher Tractat von der Mahlerey" [44].

[56] In der „Veneranda Biblioteca Ambrosiana" in Mailand als „Codice Atlantico" [45].

[57] Ein Gerät zur Visualisierung der Position von Himmelskörpern, aus mehreren drehbaren Ringen zusammengesetzt, die sich innerhalb einer gedachten Sphäre (Kugel) bewegen lassen. Hier ist es möglicherweise das von Johann Müller, dem später als Regiomontanus bekannten Astronomen, nachgebaute Astrolabium des Ptolemäus ([46], S. 20–22), das von diesem beinahe anderthalb Jahrtausende zuvor beschrieben wurde (s. z. B. [47] S. 254–258).

Abb. 5.4 Konterfeien eines Corpus (Ausschnitt), Albrecht Dürer (vor 1528)

zeichnet den zu porträtierenden Korpus auf ein Rasterpapier ein (S. 92v). Dabei entspricht ein Rasterfeld auf dem Papier einem Rasterfeld des Zwirngitters (Abb. 5.4).

Dürer hatte mit seiner Methode ein dreidimensionales Objekt auf eine zweidimensionale Fläche projiziert und in kleine Rasterpunkte geteilt, was sicherlich eine gute Unterstützung für den ungeübten Zeichner gewesen sein wird.

Aber bereits 1843 wurden Versuche unternommen, auch Bilder über Draht zu übertragen. Der schottische Uhrmacher Bain[58] wandelte Grafiken durch ein chemisch-mechanisches Verfahren in elektrische Signale um, die übertragen und wieder als Grafik rekonstruiert werden konnten [50]. Dabei mussten zur Abtastung des Bildes die zu übertragenden Bereiche leitend sein.

Der Engländer Bakewell[59] verbesserte Bains Kopiertelegrafen durch eine elegantere Apparatur. Er entwickelte eine Methode, bei der die Nachricht mit isolierender Tinte auf eine metallische Folie geschrieben oder gezeichnet wird ([51] S. 170–175). Diese Folie wird dann auf den Sendezylinder gewickelt und während der Drehung um die eigene Achse von einem Stift abgetastet, der sich horizontal bewegt (s. Abb. 5.5, links). Dadurch wird die gesamte Walze spiralförmig abgetastet. Immer, wenn der Stift auf eine isolierende Stelle trifft, wird der Stromfluss unterbrochen. Auf der Empfangsseite dreht sich eine ebensolche,

---

[58] Alexander Bain (1811–1877), schottischer Uhrmacher und Erfinder.
[59] Frederick Bakewell (1800–1869), englischer Physiker und wissenschaftlicher Autor.

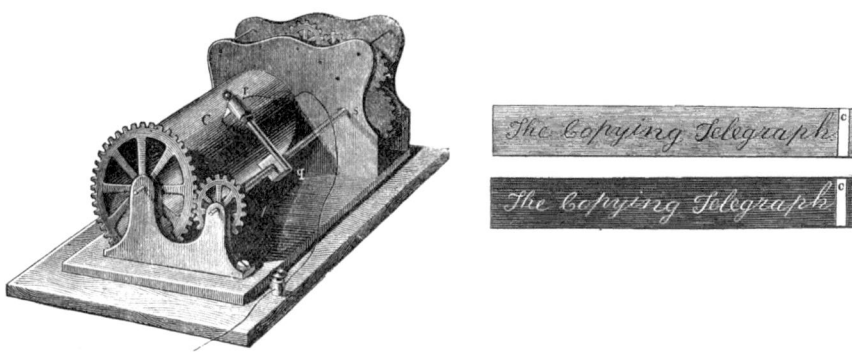

Abb. 5.5 Bakewells Trommelscanner mit Ein- und Ausgabe, links: Robert Sabine (1869) S. 204, rechts: Frederick Bakewell (1853) [51] S. 171

synchronisierte Walze mit einem chemisch behandelten Papier, bei dem durch Strom eine Verfärbung eintritt. Wird der Strom auf der Senderseite durch eine Linie unterbrochen, bleibt dieser Bereich auf der Empfangsseite hell. Die Ausgabe ist dadurch immer ein Negativ der Eingabe (s. Abb. 5.5, rechts).

Auch der italienische Physiker Caselli[60] nutzte in seinem als „Pantographic Telegraph"[61] bezeichnetem Gerät die Wirkung eines isolierenden Farbstoffs auf einer dünnen Metallfolie [52]. Diese Folie musste aber jetzt nicht mehr auf eine Trommel gespannt werden, sondern wurde auf einem zylindrisch gebogen Tisch montiert. Die metallene Abtastnadel bewegte sich in einer Pendelbewegung über den Tisch und wurde nach jeder Abtastung um 0,25 mm weiterbewegt[62]. Wo der Stift auf das Metall trifft, bleibt der Stromkreis geschlossen, wobei die Spannung konstant gering ist. Über isolierenden Bereichen wird dagegen der Stromkreis unterbrochen, die Spannung steigt an und kann so direkt über eine Drahtverbindung telegrafiert werden.

Auf der Empfangsseite bewegt sich eine Nadel in einer gleichartigen Vorrichtung synchron über einem chemisch behandelten Papier. Hohe Spannungen verursachen an diesen Stellen eine Blaufärbung[63] des Cyanid-Papiers. Wenn der Stromkreis auf der Sendeseite unterbrochen wird, bleiben diese Bereich auf der Empfangsseite hell, wodurch das Bild positiv (nicht negativ, wie bei Bakewell) reproduziert wird.

---

[60] Giovanni Caselli (1815–1891), italienischer Priester und Physiker, Herausgeber einer populärwissenschaftlichen physikalischen Zeitschrift.

[61] Auch „Pantelegraph"

[62] Der Prozess nahm etwa eine Sekunde pro Linie in Anspruch, sodass ein Millimeter abgetastetes Bild mit 4 Linien vier Sekunden dauerte.

[63] „Preußisch Blau"

Die Notwendigkeit zur Anfertigung spezieller Scan-Vorlagen mit isolierender Tinte in der Pantelegraphie begrenzte die Anwendung auf Handschriften oder einfache Grafiken. Dem Engländer Shelford Bidwell[64] war bei seinen Experimenten mit dem Photophon[65] aufgefallen, dass die Widerstandsänderung von kristallinem Selen durch Variation der Intensität des einfallenden Lichts nützlich zur Übertragung von elektrischen Bildern sein könnte [54]. Bidwell baute in Anlehnung an Bakewells Walzenabtastung einen Trommelscanner, der die metallene Spitze durch eine Selenzelle ersetzt. Diese Zelle tastet die Vorlage spiralförmig ab, wobei das Licht von einem kleinen Bereich der Vorlage auf die Selenzelle fokussiert wird. Auf der Empfangsseite wird ein Platindraht über ein mit Kaliumiodid getränktes Papier gezogen und hinterlässt je nach Widerstand der Selenzelle unterschiedlich dicke Linien.

Die Übertragung von Bildern mittels Elektrizität wurde in den Jahren nach Bidwells Experiment populärer und es entstanden verschiedene Verfahren. In Frankreich entwickelte Belin[66] den „Telestereograph", einen Apparat für die Übermittlung von grafischen Dokumenten auf Basis einer Reliefabtastung [55]. Dazu nutzte er die spezielle Eigenschaft einer dicken Bichromat-Gelatineschicht bei der Belichtung entsprechend der Lichtmenge Erhöhungen und Vertiefungen zu bilden. Dieses auf einem starken Papier aufgebrachte Relief wird nach der Entwicklung auf den Sendezylinder aufgeklebt. Bei der Abtastung mit einem Messstift werden dann die Höhenunterschiede in elektrische Signale umgewandelt. Auf der Empfangsseite werden die Signale an einen Oszillographen gesendet, der proportional zur Stromstärke einen winzigen Spiegel auslenkt. Das vom Spiegel reflektierte Licht einer starken Lichtquelle wird anschließend über eine Optik wieder auf die drehende Empfangswalze gesendet und führt zu einer stromstärkeabhängigen Belichtung des auf dem Empfangszylinder aufgebrachten Fotopapiers.

Auch in Deutschland wurde mit der telegrafischen Übertragung von Bildern experimentiert. Der Physiker Korn[67] analysierte die zur Verfügung stehenden Möglichkeiten und entschied sich diejenigen Methoden näher zu untersuchen, die prinzipiell kaum mechanische Vorrichtungen benötigen [56]. Ein praktikables Resultat seiner Arbeit war der Trommelscanner und -belichter. Zur Aufnahme wird eine transparente Fotografie auf einem Glaszylinder montiert in dessen Inneren sich die Selenzelle befindet. Durch den Film wird eine Lichtquelle auf die einen Punkt der Fotografie konzentriert und lässt so entsprechend der Schwärzung mehr oder weniger Licht auf die Selenzelle fallen. Der Glaszylinder dreht sich um seine Achse und wird nach jeder Abtastung um einen kleinen Betrag linear verschoben. Auf der Empfängerseite befindet sich ein zweiter Zylinder, auf dem eine

---

[64] Shelford Bidwell (1848–1909), englischer Physiker und Erfinder.
[65] Ein von Alexander Graham Bell (1847–1922) und Charles Sumner Tainter (1854–1940) erfundenes Lichttelefon [53].
[66] Édouard Belin (1876–1963), französischer Ingenieur, Erfinder der „Belinografie"
[67] Arthur Korn (1870–1945), deutscher Physiker und Mathematiker.

5.3 Fernübertragung

fotoempfindlicher Film montiert ist und der entsprechend zum ersten Zylinder bewegt wird. Die Belichtung erfolgt über ein raffiniertes Lichtrelais, bei dem die Blendenöffnung der Lichtquelle elektrisch in Abhängigkeit von der anliegenden Lichtstärke mehr oder minder geöffnet. Bei stabiler Synchronisation der Trommeln und proportionalen Verhältnis von Spannung zu Lichtstärke lässt sich mit Korns Verfahren eine gute Reproduktion des Originals erzielen. Allerdings merkte Korn selbst an, dass bei feinem Raster (Linienbreite 1 mm) die Übertragung eines Fernbildes noch 12 min dauert[68].

Bidwell diskutierte später die Vorarbeiten von Korn und Belin in einem Nature-Artikel [57]. Er wies darin besonders auf die technischen Herausforderungen hin, die mit der Umsetzung von Systemen zur „elektrischen Sicht"[69] über große Entfernungen verbunden sind. In Kritik der damaligen Erwartungshaltung einer echtzeitfähigen Bildtelegrafie, geht er von einer minimalen Bildrate von zehn Bildern pro Sekunde aus, bei dem jedes Flächenelement zwischen Sender und Empfängerseite synchronisiert werden muss. Die Schwierigkeit dabei liegt in der schieren Anzahl der Elemente. Bei einem quadratischen Bildschirm von zwei Zoll Seitenlänge schätzt Bidwell den Bedarf auf 150.000 Elemente, womit die Anzahl der benötigten Operationen pro Sekunde auf 1,5 Mio. steigen müsste.

Einige Jahre nach Korn integriert Ives[70] die Bildübertragungstechnologie durch Optimierungen in das tägliche Business von Bell Systems [58]. Die von Ives verbesserte Technik erlaubte nun eine höhere Auflösung von vier Zeilen pro Millimeter bei einer verkürzten Sendungsdauer von 7 min gegenüber Korn[71]. Ein entscheidender Vorteil von Ives System war die Nutzung bestehender Telefonleitungen zur Bildübertragung. Ives kodierte sowohl die Bild- als auch die Synchronisationssignale in einer für die Telefonleitungen tauglichen Frequenz[72].

Seit 1925 John Logie Baird[73] sein „echtes Fernsehen" bei Selfridge öffentlich vorgeführt hatte, wurde schnell klar, dass für die Übertragung bewegter Bilder eine deutlich geringere Zeilenzahl ausreichend schien, als für die Übertragung druckfähiger Bilder notwendig war. Bairds „Televisor" verwendete anfänglich eine rotierende Nipkow[74]-Scheibe mit nur 16 Linsen (Double 8) und gewann daraus durch Interlacing 30 Zeilen[75] [59].

---

[68] Bei einer Vorlage 13 × 24 cm im Scanner und einer Bildgröße 6½ × 12 cm im Belichter (aus [56] S. 69).
[69] Bei Bidwell „electric vision" oder „seeing by electricity".
[70] Herbert Eugene Ives (1882–1953), amerikanischer Physiker und Erfinder.
[71] Bei etwa gleicher Größe der Vorlage, bei Ives 5,, × 7".
[72] Die Bildsignale mit etwa 1300 Hz, die Synchronfrequenz betrug ungefähr 400 Hz.
[73] John Logie Baird (1888–1946), englischer Erfinder und Fernsehpionier.
[74] Paul Nipkow (1860–1949), deutscher Konstrukteur und Erfinder, hatte darauf schon 1884 ein Patent erhalten.
[75] Aufgrund des Interlacings wären auch 32 möglich gewesen.

Die praktische Vorstellung und die einfache Anwendung der Nipkow-Scheibe führten in den Bell Labs zu der Entwicklung des „Two-Way Television Project", das auch unter dem Namen „Ikonophone" bekannt wurde [60]. In einer öffentlichen Aufführung demonstrierten die Bell-Ingenieure 1927 unter Leitung von Ives eine Bild- und Ton-Übertragung von Herbert Hoover[76]. Bei einer Nipkow-Scheibe mit 50 Öffnungen unter einer Frequenz von 15 Bildern in der Sekunde waren dabei schon deutlich Gesichter zu erkennen. Höhere Auflösungen und größere Bildschirmdiagonalen bedingten immer größere Nipkow-Scheiben für die Aufzeichnung und Wiedergabe der Bewegtbilder.

In Deutschland entwickelte Ardenne[77] ein vollelektronisches Fernsehsystem, das keine mechanischen Teile verwendete. 1931 stellte Ardenne seinen Fernseher vor [61], bei dem ein Film vom Leuchtfleck einer Braunschen Röhre (der Senderöhre) beleuchtet und von einer Photozelle erfasst wird[78]. Die Photozelle überträgt die Daten auf eine zweite Braunsche Röhre (die Empfängerröhre), die dann das Bild anzeigt ([62] S. 122).

Entwicklungen von Ingenieuren und Erfindern wie Baird, Ives und von Ardenne bildeten die Basis für das analoge Fernsehen, das über Jahrzehnte hinweg ein zentrales Kommunikations- und Unterhaltungsmedium war.

Literatur

1. Schulze JH. Scotophorus pro Phosphoro inventvs seu experimentum curiosum de effectu radiorum solarium. In: Franck JC, Herausgeber. Bibliotheca Novissima Observationvm Ac Recensionvm : Accedvnt Indices Necessarii/Praefationem Praemisit Ioannes Christophorus Franck. Halae Magdeburgicae: Novi Bibliopolii; 1721. S. 234–40.
2. Schulze JH, Roth P, Egetenmeier P, Soentgen J. Johann Heinrich Schulze: Scotophorus pro Phosphoro inventvs seu experimentum curiosum de effectu radiorum solarium. Die Entdeckung eines „Dunkelbringers" anstelle eines „Lichtbringers". Oder ein interessantes Experiment über die Wirkung der Sonnenstrahlen. [Internet]. Augsburg: Universität Augsburg; 2005 [zitiert 2024 Mai 23]. Verfügbar unter: https://opus.bibliothek.uni-augsburg.de/opus4/3001.
3. Scheele CW. Sämtliche physische und chemische Werke, nach dem Tode des Verfassers gesammelt und in deutscher Sprache herausgegeben. 2. Aufl. Hermbstädt SF, Herausgeber. Berlin: Heinrich August Rottmann, 2. Aufl. Mayer & Müller; 1891.
4. Daguerre LJacqM. Das Daguerreotyp und das Diorama. Stuttgart: J. B. Metzlersche Buchhandlung; 1839.
5. Arago F. Extrait d'un rapport fait à la chambre des députés, par M. Arago, sur le Daguerréotype, procédé inventé par M. Daguerre pour prodiure spontanément des images de la nature recues dans la chambre noire. Bulletin de la Société d'encouragement Trente-Huitième Année. Paris: L. Bouchard-Huzard; 1839. S. 325–49.

---

[76] Herbert Clark Hoover (1874–1964), amerikanischer Ingenieur und Unternehmer, damals Handelsminister, später der 31. Präsident der USA.

[77] Manfred von Ardenne (1907–1997), deutscher Wissenschaftler und Erfinder.

[78] Daher auch Leuchtfleck-Abtaster bzw. Flying Spot Scanner.

6. Talbot HF. XXXVII. Some account of the art of photogenic drawing. The London, Edinburgh, and Dublin Philosophical Magazine and Journal of Science. 1839;14:196–211.
7. Talbot henry F. Improvement in Photographic Pictures. 1847.
8. Herschel JI. On the chemical action of the rays of the solar spectrum on preparations of silver and other substances, both metallic and non-metallic, and on some photographic processes. Phil Trans R Soc. 1840;130:1–59.
9. Dollond J. XCVIII. An account of some experiments concerning the different refrangibility of light. By Mr. John Dollond. With a letter from James Short. Phil Trans R Soc. 1757;50:733–43.
10. Muybridge E. Descriptive Zoopraxography on the Science of Animal Locomotion. Pennsylvania: University of Pennsylvania; 1893.
11. Maxwell JCVIII. A dynamical theory of the electromagnetic field. Phil Trans R Soc. 1865;155:459–512.
12. Kohlrausch R, Weber WE. Elektrodynamische Maassbestimmungen insbesondere Zurückführung der Stromintensitäts-Messungen auf mechanisches Maass. Abhandlungen der Königl-Sächs Gesellschaft der Wissenschaften, mathematisch-physische Klasse. Leipzig: Hirzel; 1857. S. 221–92.
13. Elbel M. Das Kohlrausch/Weber-Experiment. In: Schneider WB, Arbeitskreis Bayerischer Physikdidaktiker, Herausgeber. Wege in der Physikdidaktik 3: Rückblick und Perspektive/ Werner B Schneider (Hrsg) [Hrsg anlässlich der 250-Jahrfeier der Friedrich-Alexander-Universität Erlangen]. Erlangen: Palm & Enke; 1993. S. 37–42.
14. Weber W. Elektrodynamische Maassbestimmungen. Leipzig: Weidmannsche Buchhandlung; 1846.
15. Maxwell JC. XVIII. Experiments on Colour, as perceived by the Eye, with Remarks on Colour-Blindness. Trans R Soc Edinb. 1857;21:275–98.
16. Young T. Course of Lectures on Natural Philosophy and the Mechanical Arts. London: Joseph Johnson; 1807.
17. Mayer T. Nachricht von Hrn. Prof. Mayers Abhandlung von Messung der Farben. Bibliothek der schonen Wissenschaften und der freyen Kunste. 2. Aufl. leipzig: Johann Gottfried Dyck; 1762. S. 823–7.
18. Helmholtz H. Handbuch der Physiologischen Optik. Leipzig: Leopold Voß; 1867.
19. du Hauron LD. Les Couleurs en Photographie. Solutions due Problème. Paris: A. Marion; 1869.
20. Lippmann G. On colour photography by the interferential method. Proc R Soc Lond. 1897;60:10–3.
21. Homer. Homers Ilias. 2. Aufl. Königsberg: Friedrich Nicolovius; 1802.
22. Aischylos. Die Orestie des Aischylos. Bern: Stämpfli'sche Buchdruckerei; 1890.
23. Schliemann H. Trojanische Alterthümer. Bericht üner die Ausgrabungen in Troja. Leipzig: F.A. Brockhaus; 1874.
24. Riepl W. Das Nachrichtenwesen des Altertums: mit besonderer Rücksicht auf die Römer. Reprogr. Nachdr. der Ausg. Leipzig, 1913. Hildesheim: Olms; 1972.
25. Hoffmann DW. Geschichte der Nachrichtentechnik. Einführung in die Informations- und Codierungstheorie [Internet]. Berlin, Heidelberg: Springer Berlin Heidelberg; 2014 [zitiert 2024 Mai 26]: [S. 13–80]. Verfügbar unter: https://link.springer.com/10.1007/978-3-642-54003-5_1.
26. Galvani L. Aloysii Galvani De viribus electricitatis in motu musculari commentarius. Bononiae: Ex Typographia Instituti Scientiarium; 1791.
27. Faraday M. Historical Sketch of Elektromagnetism. Annals of Philosophy. London: Baldwin, Cradock, and Koy; 1821. S. 195–9, 274–90.
28. Galvani A. Abhandlung über die Kräfte der Electricität bei der Muskelbewegung. Öttingen A, Herausgeber. Leipzig: Wilhelm Engelmann; 1894.
29. Volta A. XVII. On the electricity excited by the mere contact of conducting substances of different kinds. In a letter from Mr. Alexander Volta, F. R. S. Professor of Natural Philosophy

in the University of Pavia, to the Rt. Hon. Sir Joseph Banks, Bart. K.B. P. R. S. Phil Trans R Soc. 1800;90:403–31.
30. Faraday MV. Experimental researches in electricity. Phil Trans R Soc. 1832;122:125–62.
31. Zetsche KE. Handbuch der elektrischen Telegraphie. 2. Aufl. Berlin: Julius Springer; 1877.
32. Martin-Rodriguez F, Garcia GB, Lires MA. Technological archaeology: Technical description of the Gauss-Weber telegraph. 2010 Second Region 8 IEEE Conference on the History of Communications. Madrid, Spain; 2010:1–4.
33. Steinheil CA. Ueber Telegrafie, inbesonders durch galvanische Kräfte. München: Dr. Catl Wolff; 1838.
34. Wheatstone C. Experiments in Electro-Magnetism. Note by Editor. Mag Popular Sci J Useful Arts. 1837;3.
35. Munro J. Heroes of the Telegraph. London: The Religious Tract Society; 1891.
36. The Jubilee of the Electric Telegraph. Nature. 1887;36:326–9.
37. Fava-Verde J-F. A tale of two telegraphs: Cooke and Wheatstone's differing visions of electric telegraphy. Science Museum Group Journal [Internet]. 2023 [zitiert 2024 Juni 1];[8 S]. Verfügbar unter: https://journal.sciencemuseum.ac.uk/article/cooke-and-wheatstones/.
38. Cooke WF. The electric Telegraph: Was it invented by Professor Wheatstone? London: Smith and Son; 1857.
39. Wheatstone C. A Reply to Mr Cooke's Pamphlet „The electric Telegraph: Was it invented by Professor Wheatstone?" London: Richard Tylor and William Francis; 1855.
40. Vail JC. Early History of the Electro-Magnetic Telegraph. From Letters and Journals of Alfred Vail. New York: Hine Brothers; 1914.
41. Alberti LB. Leon Battista Alberti: On Painting: A New Translation and Critical Edition. 1. Aufl. Sinisgalli R, Herausgeber. Cambridge University Press; 2011.
42. Alberti LB. Leone Battista Alberti's kleinere kunsthistorische Schriften. Wien: Wilhelm Braumüller; 1877.
43. da Vinci L. Libro di pittura, Trattato della pittura, lib. I-VIII. [Internet]. Rom; 1501. Verfügbar unter: https://digi.vatlib.it/view/MSS_Urb.lat.1270.
44. da Vinci L. Des vortrefflichen Florentinischen Mahlers Lionardo Da Vinci höchst-nützlicher Tractat von der Mahlerey. ; Aus dem Italiänischen und Frantzösischen in das Teutsche übersetzet; Auch nach dem Original mit vielen Kupfern und saubern Holzschnitten versehen: auch mit beygefügtem Leben des Auctoris. Weigel; 1747.
45. da Vinci L. Codice Atlantico [Internet]. Mailand; 1478. Verfügbar unter: https://www.ambrosiana.it/scopri/codice-atlantico-leonardo-da-vinci/codice-atlantico/.
46. Regiomontanus J. Scripta Clarissimi Mathematici M. Ioannis Regiomontani. Nürnberg: Ioannem Montanum & Vlricum Neuber; 1544.
47. Ptolemäus C. Des Claudius Ptolemäus Handbuch der Astronomie. Leipzig: B. G. Teubner; 1912.
48. Navoni M, Buzzi F, da Vinci L. Leonardo Da Vinci and the secrets of the Codex Atlanticus. Revised. Novara, Italy: White Star Publishers; 2015.
49. Dürer A. Underweysung der Messung, mit dem Zirckel und richtscheyt. Nürnberg: Andreae; 1538.
50. Robertson JC. Mr . Bain's Electric Printing Telegraph. The Mechanics' Magazine. 1844;XL:268–70.
51. Bakewell FC. Electric Science; its History, Phenomena, and Applications. London: Ingram, Cooke, and Co.; 1853.
52. Caselli G. Improved Pantographic Telegraph. 1858.
53. Bell AG. Das Photophon: Vortrag, gehalten auf der XXIX. Jahresversammlung der Amerikanischen Gesellschaft zur Förderung der Wissenschaften zu Boston im August 1880. Leipzig: Quandt & Händel; 1880.
54. Bidwell S. Tele-Photography Nature. 1881;23:344–6.

55. Belin E. Bericht über den „Telestereograph": (Apparat für die telegraphische Uebermittlung aller graphischen Dokumente). Jahrbuch der Photographie und Reproduktionstechnik. 1908;22:212–22.
56. Korn A. Elektrische Fernphotographie und Ähnliches. 2. Aufl. Leipzig: Hirzel; 1907.
57. Bidwell S. Telegraphic Photography and Electric Vision. Nature. 1908;78:105–6.
58. Ives HE. Telephone Picture Transmission. The Scientific Monthly. 1925;21:561–9.
59. McLean DF. Before „true television": investigating john logie baird's 1925 original television apparatus [scanning our past]. Proc IEEE. 2022;110:807–19.
60. Roberts I. Vision of electric media: television in the victorian and machine ages. Croydon: Amsterdam University Press; 2019.
61. Schwandt E. Zehntausend Bildpunkte mit der Braunschen Röhre. Funkschau. 1931.
62. Rost M. Vakuumelektronik: Zwischen Elektronenröhre und Ionentriebwerk. 1. Aufl. Berlin: De Gruyter Oldenbourg; 2019.

Computer-Stereoskopie 6

Übersicht

Die auf der historischen Optik beruhende Bildverarbeitung funktionierte noch völlig analog. Analog bedeutet aber keineswegs langsam: Die optische Manipulation der Abbildung erfolgt mit Lichtgeschwindigkeit, schneller als mit jedem Computer. Dabei sind Rechenmaschinen keine Erfindung des 20. Jahrhunderts. Der Mechanismus von Antikythera, der vor zwei Jahrtausenden gebaut wurde, ist noch heute ein eindrucksvolles Beispiel für ein komplexes mechanisches Rechenwerk.

Steuerbare Maschinen, die nur spezifische Aufgaben ausführen konnten, wurden durch Vaucansons automatischen Webstuhl und Jacquards Lochkartensystem bekannt. Jacquards System zeigte einen Weg zur Entwicklung programmierbarer Maschinen und war eine Inspiration für Babbages „Analytical Engine". Im 20. Jahrhundert entwickelten Ingenieure wie Zuse und Atanasoff erste elektrische Computer, die binäre Zahlen und logische Operationen nutzten.

Charles Wheatstone entwickelte in den 1830er Jahren das Stereoskop, um das binokulare Sehen zu erforschen. Er erkannte, dass die unterschiedliche Perspektive beider Augen durch ihren Abstand ein räumliches Seherlebnis erzeugen kann. Diese Idee bildet die Grundlage für spätere Head-Mounted Displays und VR-Brillen. Heutige Headsets nehmen Ereignisse aus der realen Welt auf, wandeln sie durch die Kameras und Elektronik in ein virtuelles Phantomfeld um und zeigen sie dem Nutzer an. Die Übertragung und Verarbeitung beeinflussen dabei die Darstellung und können zu Latenzproblemen führen. Die optische Abbildung kann hochauflösende Bilder erzeugen, die erzielbare reale Auflösung ist jedoch durch die Auflösungsgrenze physikalisch begrenzt. Beim Einsatz von Optik in den Okularen von

> VR-Headsets sind aber immer auch die antiken optischen Fehler zu beachten und Strategien zur Verringerung der Abbildungsfehler anzuwenden.
> Die Abbildung in modernen Headsets basiert auf den Ideen antiker Optik, die über die Jahrtausende eine Evolution vom einfachen Obsidianspiegel bis hin zu hochkorrigierten Abbildungssystemen durchliefen. Die Virtuelle Realität ist eine beeindruckende Mischung aus immersiver Darstellung, aktueller Rechentechnik und raffinierten Algorithmen.

6.1 Binäre Maschinen

6.1.1 Mechanisches Rechnen

Bereits wenige Jahre, nachdem um 1900 ein antikes Schiffswrack vor der griechischen Insel Antikythera gefunden wurde, wurden einige der aufgefundenen Artefakte im Archäologisches Nationalmuseum von Athen ausgestellt. Der ehemalige Minister für religiöse Angelegenheiten und öffentliche Bildung, Spyridon Stais, bemerkte bei einem seiner häufigen Besuche im Museum Zahnräder und Inschriften an einem der Ausstellungsstücke ([1], S. 87). Sein Cousin Valerios Stais[1] studierte den Mechanismus von Antikythera und datierte den Fund auf die Mitte des 1. Jahrhundert v. Chr. [2]. Man nahm zunächst an, dass es sich um ein Uhrwerk ([1], S. 90) oder um ein Astrolabium handeln würde [3], da allein durch Augenschein keine ausreichende Bewertung der potenziellen Funktion stattfinden konnte (s. hierzu auch Abb. 6.1). In den folgenden Jahrzehnten konnten dem Mechanismus weitere Fundstücke zugeordnet werden, durch Reinigung der Artefakte wurden Mechanik und Inschriften besser sichtbar. Die Gelegenheit nutzte in den 1950er Jahren der Physikhistoriker Price zu einer Analyse, in deren Verlauf er den uhrwerkartigen Mechanismus als antiken Computer bezeichnete [4].

Die Bezeichnung Computer für ein Gerät, mit dem man die Positionen der Planeten vorhersagen und in Kalenderereignisse umrechnen konnte, erscheint aus heutiger Sicht ein wenig hochgestochen. Allerdings war „Computus" im Mittelalter eher eine kirchliche Rechenaufgabe zur Bestimmung der beweglichen Feiertage[2] (z. B. Ostern). Dabei meint der lateinische Wortstamm „computare" das Rechnen oder Zusammenzählen von Dingen – bei den Römern insbesondere unter Zuhilfenahme der Finger[3]. Im 7. Jhd. n. Chr. verfertigte der gelehrte Benediktiner

---

[1] Der damalige Direktor des Athener Archäologischen Nationalmuseums.

[2] S. hierzu z. B. „Computus Ecclesiasticus" (kirchliche Berechnungen) [5].

[3] Schön erläutert in den Briefen des jüngeren Plinius „intendit oculos, movet labra, agitat caput, digitos computat…" („…[Er] starrt aufmerksam, bewegt seine Lippen, schüttelt den Kopf; die Finger zählen…"; aus [6] S. 137).

6.1 Binäre Maschinen

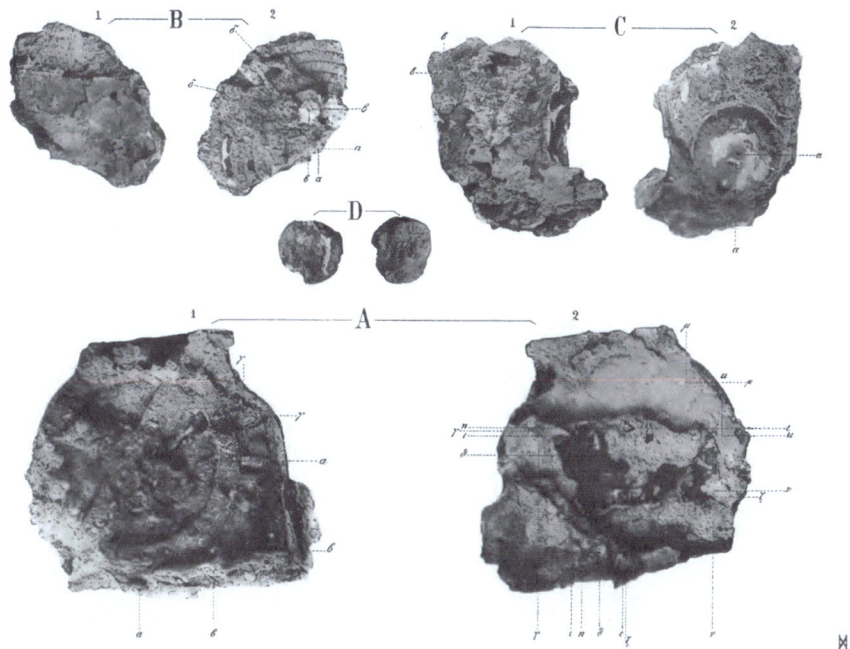

Abb. 6.1 Astrolabos, Svoronos/Rediadis (1908), aus [3] Tafel Computus Ecclesiasticus X

Beda (der Ehrwürdige) dazu eine Schrift zur Zähl- oder Fingersprache[4]. Damit erhielt sich dieses Wissen bis in die Renaissance und fand so den Weg in Paciolis[5] „Summa de arithmetica" [11], das wohl erste gedruckte Lehrbuch der Mathematik. Hier sei beispielhaft Paciolis Skizze der Zahlendarstellung mit den Händen wiedergegeben (Abb. 6.2.)[6].

Mit der Bezeichnung „analog"[7] ist heute im allgemeinen Sprachgebrauch etwas Ähnliches oder Gleichartiges gemeint. In der pythagoreischen Philosophie wird eine Analogie als Beschreibung eines mathematischen Verhältnisses verwendet.

---

[4] Im Original „De Computo vel loquela digitorum" [7], mit erklärenden Skizzen spätestens ab dem 9. Jhdt. [8]. Über die verfügbaren Abschriften des Werkes und den Text selbst reflektiert Sittl in seinen „Gebärden der Griechen und Römer" im XIV Kapitel über des Fingerrechnen ([9] ab S. 252).

[5] Ein Lehrer des Leonardo da Vinci, veröffentlichte mit diesem Gemeinsam ein Buch über die göttlichen Proportionen („Divina proportione " [10]).

[6] Eine umfängliche Analyse zu den Zahlzeichen liefert Wedell im Kapitel „Actio – loquela digitorum – computatio" im Buch „Was zählt" [12].

[7] Aus griech. „ana"=hinauf, gemäß+„logos"=Sinn, Vernunft.

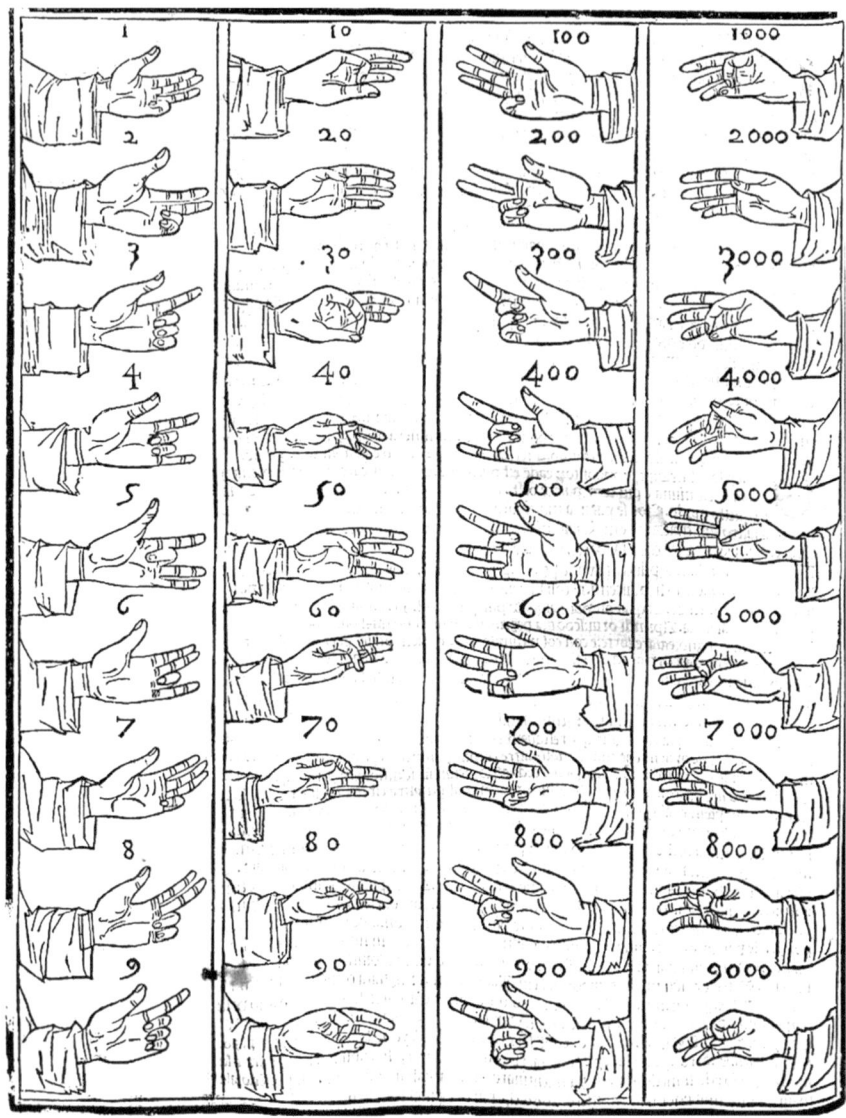

Abb. 6.2 Fingerzahlen, Luca Pacioli (1494)[8], aus [11], 36v)

Cantor[9] erwähnt in seiner „Geschichte der Mathematik" auch die Analogie, die Pythagoras aus Babylon mitgebracht habe. Analogie verwies ursprünglich auf

---

[8] Datum der Erstausgabe.
[9] Moritz Benedikt Cantor (1829–1920), deutscher Mathematiker, Professor für Geschichte der Mathematik.

geometrische Proportionen[10]. Ein Würfel war dann in „geometrischer Harmonie", wenn dessen sämtliche Abmessungen völlig gleich und somit im Einklang miteinander standen ([13] S. 154). Harmonisch waren den Pythagoreern auch bestimmte Verhältnisse aus geraden und ungeraden Zahlen (z. B. 1:2, 2:3 oder 3:4)[11]. Derartige Zahlenverhältnisse lassen sich leicht auf geometrische Proportionen übertragen. Im Prinzip ist eine Fläche, unabhängig von ihrer tatsächlichen Größe, analog zu einer anderen, wenn deren Proportionen gleich sind. Diese Analogie lässt sich auf andere Merkmale ausdehnen, die immer dann analog sind, wenn sie semantisch, also in der Bedeutung ähnlich sind. Eine mittelalterliche Interpretation findet sich beim Kirchenlehrer Thomas von Aquin[12] (aus [15], S. 141):

> „... bei einer analogen Aussage liegt weder ein völlig gleicher Sinn vor, wie bei der Bedeutungsgleichheit, noch ein völlig verschiedener, wie bei der bloßen Wortgleichheit; vielmehr besagt ein Name, der so auf viele angewandt wird, verschiedene Verhältnisse zu ein und demselben; ..."

Verschiedene Verhältnisse, die durch ein und dieselbe mathematische Beziehung beschreibbar sind, finden sich in physikalischen Prinzipien. Ein Wert, der eine physikalische Größe darstellt, lässt sich auch als Verhältnis anderer Werte interpretieren. Das analoge Signal einer elektrischen Schaltung basiert insbesondere auf den veränderlichen Werten von Strömen und Spannungen, die über einen längeren Zeitraum betrachtet in bestimmten Grenzen nahezu beliebige Werte annehmen können. Man kann ein solches analoges Signal durch eine kontinuierliche, stufenlose Funktionskurve darstellen. Selbst kleinste Veränderungen im Eingangssignal der analogen Technik (z. B. die Verstellung eines Drehwiderstandes oder die Dauer einer Belichtung) bewirken eine Änderung des Ausgangssignals (z. B. die Lautstärke eines Lautsprechers oder die Schwärzung einer Fotografie).

Wenn heute über Analogtechnik gesprochen wird, sind in der Regel derartige Verhältnisse gemeint. Die klassische Optik ist immer analog. Die Lichtintensität der Abbildung an einem bestimmten Punkt des Empfängers kann extreme Werte annehmen (z. B. bei Abbildung der Sonne) oder auch geringste Intensitäten übertragen (z. B. bei der Abbildung eines schwachen Sternes). Trotzdem lassen sich in beiden Fällen unendlich viele Werte in der Abbildung ermitteln, die Zahl der möglichen Messwerte ist unbegrenzt.

Analog wird in der aktuellen Umgangssprache allgemein auch als altmodisch und rückschrittlich konnotiert. Die Ablösung des Analogen durch eine immer weiter voranschreitende Digitalisierung oder gar eine digitale Revolution scheint das große Versprechen für zukünftigen Wohlstand und allgemeine Verbesserung

---

[10] „Mesotät" dagegen auf Proportionen im Allgemeinen (s. hierzu [13] S. 226). Der Begriff wird heute kaum mehr verwendet.

[11] Z. B. zu finden bei dem Pythagoreer Philolaos (ca. 470 v. Chr – 399 v. Chr.), einem Zeitgenossen von Sokrates ([14] S. 60 u. 61).

[12] Thomas von Aquin (1225–1274), italienischer Dominikaner, Philosoph und Heiliger.

in allen Lebensbereichen zu sein. Hiermit ist dann vor allem die Anwendung des Digitalen zur globalen Vernetzung über das Internet oder die Verwendung von Computern und intelligenten Programmen zur Übernahme immer umfangreicherer Tätigkeiten in vielen Bereichen der Gesellschaft gemeint.

Mit dem Finger (digitus) und dem Rechenablauf (computus) existierten seit zwei Jahrtausenden die sprachlichen Grundlagen für das, was wir heute den digitalen Computer nennen.

Digital ist demnach etwas, was sich „an den Fingern abzählen lasst", also mit einer endlichen Anzahl von Ziffern dargestellt werden kann. Dabei ist die Reduktion auf eine begrenzte Anzahl von Werten zuerst einmal ein handhabbares Modell der Realität.

Ein alltägliches Beispiel ist die digitale Fotografie. Bei der Bildaufzeichnung ist die reale Szene, die vom natürlichen Licht beleuchtet wird, einem breiten Spektrum elektromagnetischer Strahlung ausgesetzt[13]. Die Bestrahlungsstärke auf der Erdoberfläche ist je nach Wellenlänge unterschiedlich und variiert darüber hinaus von Jahr zu Jahr[14]. Bei der Aufzeichnung mit einer digitalen Kamera werden nur bestimmte Wellenlängenbereiche aufgezeichnet[15]. Auch der Helligkeitsumfang der realen Szene lässt sich mit technischen Mitteln nicht kontinuierlich einfangen. Während eines sonnigen Tages kann die Szene durchaus mit 100.000 Lux[16] beleuchtet werden, aber auch beinahe vollständig dunkle Bereiche im Schatten aufweisen. Zwar lassen sich mit modernen Methoden derartige Beleuchtungsstärken durchaus aufzeichnen[17], allerdings reicht ein digitales 8-Bit-Format mit 256 Abstufungen nicht aus, um alle Sonnen- und Schattendetails zu speichern und wiederzugeben. Mit nichtlinearer Helligkeitsabstufung kann die Helligkeitswahrnehmung des Auges simuliert und mit höherer Farbtiefe auch besser gespeichert werden. Grundsätzlich bleibt es jedoch bei einer diskreten, wenn auch hohen, Anzahl von Farb- und Helligkeitswerten.

Im allgemeinen Sprachgebrauch ist das Digitale aber nicht nur das Abzählbare. Die Aufteilung von Informationen in eine endliche Anzahl von Werten erlaubt deren Speicherung als Daten. Im Gegensatz zum römischen 10-Fingersystem kommt bei der Speicherung Binärcode zur Anwendung. Damit lassen sich recht einfach zwei Zustände beschreiben: Strom an oder Strom aus. Die Definition der

---

[13] Nach Durchgang durch die Atmosphäre im Wesentlichen etwa 250–2500 nm (vom ultravioletten zum infraroten Licht), s. hierzu die terrestrische solare spektrale Bestrahlungsstärke auf der Oberfläche [16].

[14] S. z. B. [17].

[15] Z. B. der sichtbare Bereich bei einer Fotokamera oder das langwellige Infrarot bei einer Wärmebildkamera.

[16] 1 Lux entsprach zu Beginn der Standardisierung der Lichteinheiten der Beleuchtungsstärke einer realen Kerze (lat. Candela, heute SI-Einheit der Lichtstärke) in einem Meter Entfernung auf einer Fläche von 1 Quadratmeter (s. a. [18]). 100.000 Lux Beleuchtungsstärke entsprächen also 100.000 Kerzen.

[17] S. hierzu „High Dynamic Range Imaging" z. B. in [19].

6.1 Binäre Maschinen

Zustände erfolgt in der Regel auf elektronischem Weg, wodurch das Digitale in der Wahrnehmung üblicherweise mit der Nutzung von Elektronik und Mikrocontrollern verknüpft wird.

Im heutigen Verständnis ist ein digitaler Computer ein elektronisches Gerät, das auf der Basis von binärkodierten Programmen aus den eingespeisten Informationen die gewünschte Lösung ermittelt. Die Informationsübertragung funktioniert nicht mehr direkt, so wie die Signalübertragung im Analogen. Im Digitalen muss die Information kodiert werden, um dann als Datenstrom übertragen zu werden.

Eine digitale Bilderfassung ist der analogen Abbildung in der Regel nachgeordnet. Die reale Szene wird über eine Optik auf den digitalen Sensor der Fotokamera abgebildet. Hier beginnt die dreistufige Digitalisierung des Signals mit den Schritten Abtastung, Quantisierung und Kodierung.

Das binäre Rechnen wird allgemein auf Gottfried Wilhelm Leibniz[18] zurückgeführt, der in seinem Artikel „Explication de l'arithmétique binaire" 1703 eine Arithmetik nur mit den Zahlen 0 und 1 vorstellte [20]. Schon im Untertitel der Veröffentlichung verweist Leibniz auf die „alten chinesischen Zeichen Fo-his" und gibt im Text dazu eine Erklärung. Leibniz hatte mit dem Pater Bouvet[19] seine neue Zählmethode postalisch mitgeteilt. Bouvet sah in Leibniz' Methode den Schlüssel zum Verständnis der Hexagramme des „Fo-hi"[20] und sendete eine Kopie der Zeichen (Abb. 6.3). Leibniz interpretierte die Linien als Binärzeichen (unterbrochenen Linie – als 0 und durchgezogene Linie – als 1) und konnte den 64 Hexagrammen[21] auch 64 Zahlwerte zuordnen (handschriftlich von Leibniz auf dem Bild ergänzt, s. (Abb. 6.3).

Leibniz hielt seine Idee der binären oder dyadischen[22] Arithmetik für grundlegend (aus [22] 255):

> „Aber das Binärsystem, das heißt das Rechnen mit 0 und 1, ist ... das grundlegendste System für die Wissenschaft ... Wenn die Zahlen auf ihre einfachsten Prinzipien wie 0 und 1 reduziert werden, dann herrscht überall eine wunderbare Ordnung."

Obgleich es so scheinen mag, als habe Leibniz sich erst mit dem Erhalt der Hexagramme von Bouvet mit den Binärzahlen beschäftigt, liegen auch Dokumente aus früherer Zeit vor, die eine Untersuchung des Themas durch Leibniz schon ab 1679 belegen. Im Manuskript „De progressione dyadica" [23] beschreibt Leibniz nicht nur die Rechnung selbst, sondern sogar eine Rechenmaschine (aus [24] S. 46):

---

[18] Gottfried Wilhelm Leibniz (1646–1716), deutscher Mathematiker und Philosoph, Universalgelehrter, bekannt u. a. für seine Beiträge zur Differential- und Integralrechnung.
[19] Joachim Bouvet (1656–1730), französischer Jesuit, Missionar Louis' XIV. in China.
[20] Fu Xi (ca. 3000 v. Chr.), mythischer chinesischen Kaiser, legendärer Schöpfer der Trigramme des I-Ging (Buch der Wandlungen).
[21] Kombinationen aus jeweils 6 durchgezogenen oder unterbrochenen Linien (untereinander angeordnet).
[22] Aus lat./griech. dyas = Paar, Zweiheit.

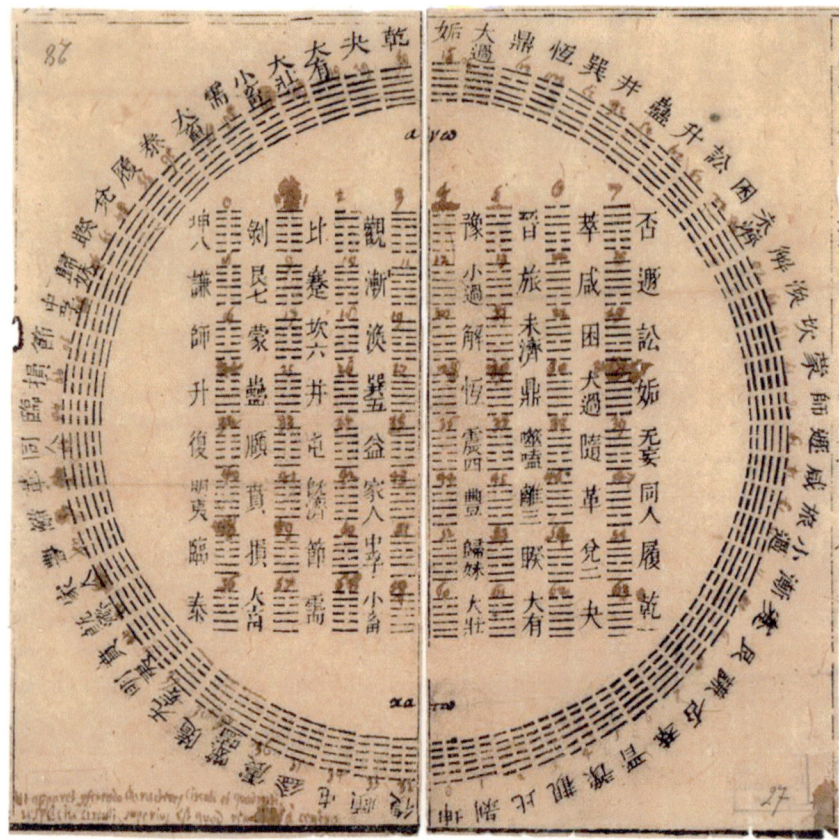

Abb. 6.3 Binäre Linien des Fo-Hi, Joachim Bouvet (1701 (aus) [21] Bl. 53, 27r), mit freundlicher Genehmigung der Gottfried Wilhelm Leibniz Bibliothek Hannover

> „Diese Art Kalkül könnte auch von Art Rechenmaschine ausgeführt werden … leicht und ohne Aufwand…"

Leibniz' binäre Rechenmaschine wurde von ihm selbst nicht gebaut, jedoch entwickelte er tatsächlich mechanische Rechner für die Grundrechenarten im Dezimalsystem[23]. Eine Rechenmaschine kann nur wenige, mechanisch vorbestimmte Aufgaben ausführen. Um den Aufgabensatz zu erweitern, bedarf es irgendeiner Art von Instruktion. Vaucanson[24], ein Automatenbauer zur Zeit Ludwig XV., hatte einen automatischen Flötenspieler konstruiert [26]. Um dem Spieler

---

[23] S. hierzu die Aufzeichnungen von Leibniz zur Rechenmaschine [25].

[24] Jacques de Vaucanson (1709–1782), französischer Ingenieur.

verschieden Stücke zu entlocken, setzte Vaucanson eine drehbare Walze ein, auf deren Umfang verschiedene Bleche eingesetzt waren. Drehte man die Walze, so betätigte das Blech bestimmte Hebel, die den Spieler steuerten. Und so programmierte der Ingenieur seinen mechanischen Flötisten (aus [27], S. 15):

> „Wenn man nur einige Hebel wircken lassen will: so setzet man die Bleche auch nur auf diejenigen Linien, welche zu den Hebelen, die man bewegen will, gehören."

Durch seine Automaten erlangte Vaucanson eine gewisse Berühmtheit, was ihm die Berufung zum Inspekteur der französischen Seidenmanufakturen einbrachte. In dieser Funktion entwickelte er einen automatischen Webstuhl. Es ist. belegt, dass Vaucanson durch seine exponierte Position nicht nur die Webstühle und deren Technik kannte und so mit den Vorarbeiten früherer Erfinder vertraut war[25], sondern sogar das Lochkartensystem von Falcon aktiv protegierte [30]. Vaucanson entwickelt basierend auf seiner eigenen Erfahrung und den Erkenntnissen seiner Vorgänger einen automatischen Webstuhl. Das zu webende Muster wurde wie beim Flötenspieler die Musik auf einer Walze eingearbeitet[26].

Die Nutzung einer Walze zur Ansteuerung eines Gerätes war keine Erfindung von Leibniz oder Vaucanson, sondern ist schon beim Universalgelehrten Kircher zu finden. Kircher hatte in der „Musurgia Universalis"[27], wie in seinen anderen Veröffentlichungen, auch hier einige „praktische" Geräte vorgestellt. Beispielhaft für die Walzensteuerung ist Kirchers „Pythagoräischer Musikautomat"[28] in Abb. 6.4 dargestellt.

Es ist erwähnenswert, dass Kircher der Zeichnung den lateinische Text „Numero Deus impare gaudet"[29] beifügt, um auf die göttliche Stellung der drei hinzuweisen. Der Spruch findet sich schon in Vergils[30] Hirtengedichten[31] und verkündet

---

[25] Vorher hatten bereits Basile Bouchon 1725 und Jean-Baptiste Falcon 1728 halbautomatische Webstühle vorgestellt, die auf Basis von Lochkarten („papier perforée") funktionierten (s. z. B. [28], S. 308 u. [29], Les métier à tisser).

[26] Hier keine Walze mit Zapfen, sondern mit Löchern.

[27] Ein universelles Werk zur Musiktheorie.

[28] Das geht auf die Legende von Pythagoras in der Schmiede zurück. Pythagoras hört im Vorbeigehen an einer Schmiede den wohlklingenden Klang mehrerer Hämmer. Pythagoras experimentierte und errechnete die mathematischen Verhältnisse der musikalischen Harmonie. Kircher bezieht sich zudem auf den römischen Gott Vulcanus, der seine drei Zyklopen zum Waffenschmieden antrieb, worauf diese mit den dreifachen Hammerschlägen so etwas wie Musik erzeugten.

[29] Gott freut sich der ungeraden Zahl.

[30] Publius Vergilius Maro (70–19 v. Chr.), römischer Dichter.

[31] Bukolische Dichtung (v. griech. Boukolos = Rinderhirte) ländliche, idyllische Hirtengedichte nach Art des Theokrit (um 270 v. Chr.), bei Vergil die „Eklogen" (v. griech. Ekloge = Auswahl).

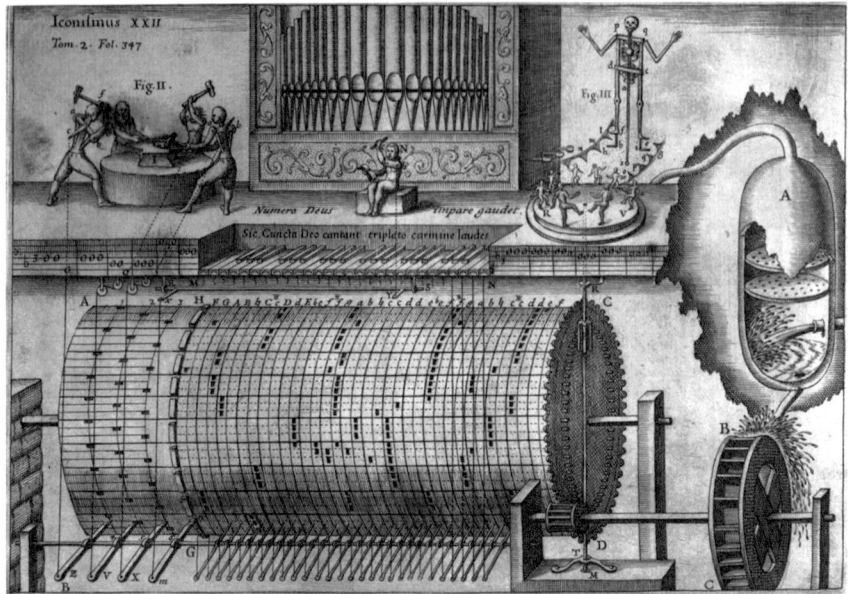

Abb. 6.4 Musicam Pythagoricam Automatam, Athanasius Kircher (1650) aus [31], S. 346

im Gedicht während einer Zauberei die herausragende Stellung der Zahl Drei[32]. Das symbolisiert die biblische göttliche Dreifaltigkeit[33]. Der Kirchenmann Kircher schreibt dazu ein Musikstück und singt dem Gott im dreifachen Lied den Lobgesang[34]. Kircher erstellt hier nebenbei quasi ein Programm für die „Zähne" der Walze.

Die von Vaucanson analog zu Kirchers Musikautomat und bereits im Flötenspieler genutzten Walzen waren zur Ansteuerung des Webstuhls ein wenig modifiziert. Die Ansteuerung erfolgte durch Löcher in der Walze, ähnlich wie vorher in Flacons Webstuhl mit perforiertem Papier. Vaucanson Walzen-Webstuhl wurde zwar niemals in Serie gebaut, jedoch im Consérvatoire des Arts et Métiers ausgestellt[35]. Dort wurde der Webstuhl durch Jacquard[36], der nach der französischen Revolution an das Consérvatoire berufen wurde, intensiv studiert und schließlich

---

[32] „Terna tibi haec primum triplici diversa colore licia circumdo, terque haec altaria circum effigiem duco: numero deus impare gaudet." (aus [32] Strophe 75, S. 152–153): „Dreimal geflochtenes Band von drei verschiedenen Farben winde ich zuerst um dich und dann führe ich dein Bild dreimal im Kreis um den Altar. Gott freut sich der ungeraden Zahl." (aus [32], S. 174).

[33] Trinität, v. griech. Trias = Dreiheit.

[34] „Sic Cuncta Deo cantant triplato carmine laudes" (s. Abb. 6.4).

[35] Heute noch im Musée des Arts et Métiers zu bewundern [33].

[36] Joseph-Marie Jacquard (1752–1834), französischer Webstuhlbauer.

verbessert. Die entscheidende Verbesserung war sicherlich die Einführung der Lochkartensteuerung als Ersatz für die Walze. Jacquard legte mittels der Löcher in den Karten fest, welche Kettfäden[37] am Webstuhl nicht nach oben gezogen werden. Zwischen den unteren Kettfäden des Lochmusters und den oberen, hochgezogenen Kettfäden der ungelochten Positionen wird der Schussfaden[38] durchgeführt. Damit liegt der Schussfaden bei den gelochten Positionen über dem Kettfaden und ist so von der Vorderseite des Stoffes sichtbar. Die Erstellung der Muster erfolgt auf einem Rasterpapier[39]. Prinzipiell entspricht das einem Rasterbild, das aus bestimmten Farben[40] zusammengesetzt ist.

Das gezeichnete Webmuster lässt noch gut das eigentliche Muster erkennen. In der Abb. 6.5 ist im oberen Bereich der gewebte Jacquard-Stoff abgebildet. Im unteren Teil findet sich dazu die Musterzeichnung. Beim Umsetzen der Zeichnung auf die Lochkarte werden die roten Quadrate gelocht.

Jetzt könnte man vermuten, dass die Lochkarte ein ähnliches Bild aufweisen würde. Tatsächlich aber fordert die Konstruktion der Maschine eine Umkodierung. Wenn im einfachsten Fall eine Lochkarte einen einzelnen Schuss beschreibt, dann ist jedem Kettfaden eine einzelne Punktposition auf der Karte zugeordnet. Wenn an einer der potenziellen Positionen der Schussfaden sichtbar sein soll (Kettfaden wird gelassen), dann wird an diese Stelle ein Loch gestanzt. Ohne Loch wird der Kettfaden hochgenommen, der Schussfaden verschwindet dann hinter dem Kettfaden. Eine Skizze aus einem historischen Lehrbuch für Webschüler soll das illustrieren. In Abb. 6.6 ist oben eine Musterzeichnung für ein Jacquard-Muster abgebildet. Die dunklen Kästchen repräsentieren das Muster. Unten in der Abbildung ist ein Ausschnitt der zugehörigen Lochkarte dargestellt. Die gestanzten Löcher sind schwarz ausgefüllt, die ungenutzten Positionen nicht.

Der in der Stoffproduktion genutzte Bereich besteht aus den 4er-Spalten. Die Maschine liest das Muster spaltenweise von oben nach unten, von links nach rechts. Dadurch entsteht wieder die Abfolge der Musterzeichnung (dargestellt in der Abb. 6.6 als Punktfolge zwischen Musterzeichnung und Lochkarte).

Es hat vielleicht den Anschein, dass mit einem Jacqard-Webstuhl nur einfache Muster zu bewerkstelligen sind. Aber auch auf diesem Gebiet hat es wahre Meister gegeben, die hervorragende Kunstwebereien erstellt hatten[41]. Eine wunderbare Umsetzung ist ein gewebtes Bildnis von Jacquard selbst. Das gewebte Bild stellt Jacquard in seiner Werkstatt dar, in Hausschuhen sitzend vor einem Stapel von Lochkarten. Im Hintergrund sieht man ein Modell seines Webstuhls (Abb. 6.7.).

---

[37] Die parallel aufgezogenen Fäden am Webstuhl, durch die der Schussfaden „durchgeschossen" wird.

[38] Der rechtwinklig zu den Kettfäden verlaufende Faden, der auf dem (Schützen, beim Handweben das Schiffchen) durch die Kettfäden durchgeschossen oder -geschlagen wird.

[39] „Mise on carte", auch Patronen- oder Bindungspapier.

[40] Denen der später verwendeten Fäden.

[41] S. z. B. im Ausstellungskatalog der Exposition im Grand Salon de la Bibliothèque in Lyon [36].

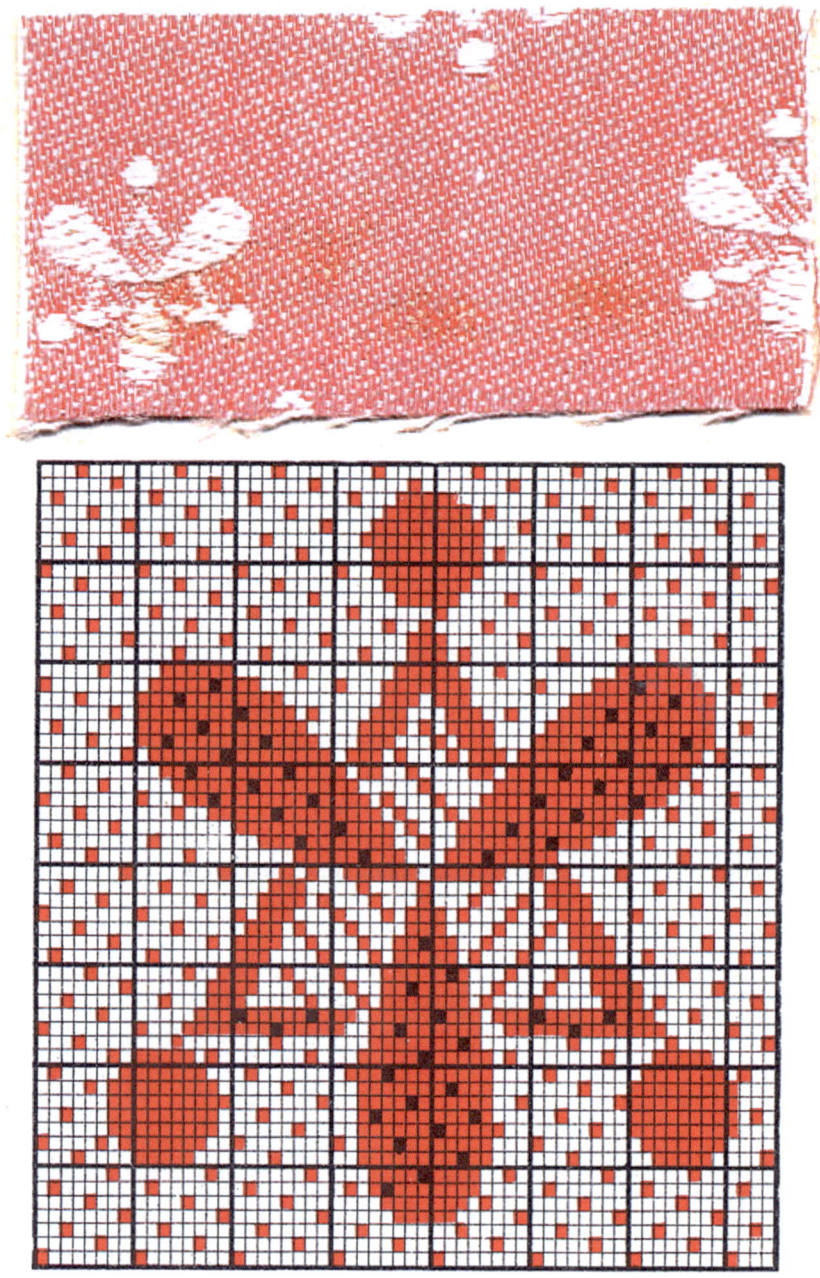

Abb. 6.5 Musterzeichnen oder Patronieren, Franz Donat (1912), aus [34], Tafel X, Fig. 1 und 5

6.1 Binäre Maschinen

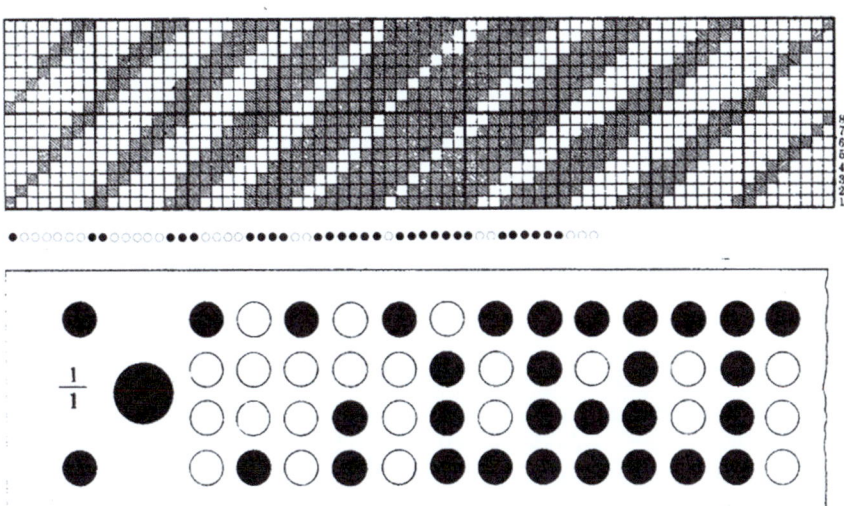

Abb. 6.6 Lochkarte mit Wiener Teilung und zugehörige Musterzeichnung, Franz Donat (1902), aus [35], Tafel XXVI, Fig. 106 und 110

Abb. 6.7 À la mémoire de J.M. Jacquard 1839, Claude Bonnefond, François Michel-Marie Carquillat, Didier Petit et Cie., Seiden-Jacquard, 9.2 × 43 cm, Fotografie: Library of Congress # 2002737214 [37]

Neben der Abbildung ist eine Ausschnittvergrößerung dargestellt, in der das Webmuster gut zu sehen ist. Die Schattierungen des Bildes wurden hier sehr elegant ganz allein durch die Verwebung von Kett- und Schussfaden erzeugt.

6.1.2 Programmierbare Computer

Babbage[42] hatte auf einer Reise nach Turin im Jahre 1840 auch ein Zwischenstopp in Lyon eingelegt, um den Webstuhl Jacquards in Produktion und besonders die Produktion dieses Bildes zu sehen. Er beobachtet den Prozess stundenlang und erwarb schließlich das Kunstwerk (aus [38] S. 306).

Babbage hatte sich zu dieser Zeit schon lange mit der Konstruktion von Differenzmaschinen, mechanischen Maschinen zur automatischen Berechnung von mathematischen Funktionen, beschäftigt. Die grundlegende Idee dahinter ist, dass sich viele Funktionen durch ein Polynom in Annäherung lösen lassen. Babbages Maschine basierte auf der Methode der Differenzen, wodurch die Maschine komplexe Berechnungen durch wiederholte Additionen durchführen konnte. Das Gerät konnte beispielsweise genutzt werden, um mathematische Tabellen zu erstellen [39]. Die Methode der dividierten Differenzen, die auf der Newtonschen Interpolationsformel basiert, erlaubt es, viele Funktionen durch Polynome anzunähern. Diese Methode eignet sich besonders gut für die numerische Berechnung von Funktionswerten, wie sie in Babbages Differenzmaschine durchgeführt wurden. Die Interpolationsformel nach Newton ergibt eine Reihe von Termen, die je nach benötigter Genauigkeit erweitert werden können. Da Babbages erstes Gerät, die Difference Engine 0, funktionstüchtig zu sein schien, investierte die britische Regierung in ein verbessertes Gerät, die Difference Engine 1. Babbage konnte zwar einen kleineren Prototyp herstellen, der Quadrate bilden und Wurzeln ziehen konnte, das gewünschte Gerät konnte jedoch nie fertiggestellt werden.

Parallel zu seinen Arbeiten an der Difference Engine entwickelte Babbage die Konzepte für eine noch ambitioniertere Maschine: die Analytical Engine. Diese sollte eine universell programmierbare Rechenmaschine sein, die nicht nur bestimmte Aufgaben lösen, sondern prinzipiell jede mathematische Berechnung durchführen konnte. Die Analytical Engine war programmierbar und sollte Lochkarten zur Steuerung der Rechenoperationen verwenden, ähnlich den Lochkarten, die in Jacquard-Webstühlen verwendet wurden.

Da die Analytical Engine nie fertiggestellt wurde, waren technische Informationen dazu nur von Babagge selbst zu erhalten. Auf einem Kongress italienischer Wissenschaftler berichtete Babbage von seiner Maschine. Der Ingenieur Menabrea[43] schrieb 1842 einen Bericht über die Analytical Engine, der in französischer

---

[42] Charles Babbage (1791–1871), englischer Mathematiker.
[43] Luigi Federico Menabrea (1809–1896), italienischer Ingenieur und späterer General.

6.1 Binäre Maschinen

Sprache veröffentlicht wurde [40]. Ada Lovelace[44], eine englische Mathematikerin und Unterstützerin Babbages, übersetzte diesen Bericht ins Englische und fügte umfangreiche Notizen hinzu [41]. Ihre Notizen, die länger waren als der ursprüngliche Bericht, enthielten unter anderem den ersten veröffentlichten Algorithmus, der speziell für die Ausführung auf einer Maschine entworfen wurde. Daher wird Ada Lovelace mitunter als die erste Programmiererin der Welt bezeichnet. Auch wenn Babbages mechanischer Computer nicht fertiggestellt wurde, waren die darin enthaltenen Konzepte einflussreich für spätere Entwicklungen.

Der englische Lehrer Boole[45] formulierte 1847 die klassische Logik in Form als Algebra [42], was die Grundsätzliche Berechnung von Aussagen anhand der Kategorien „wahr" oder „falsch" erlaubt. Die Weiterentwicklung der Booleschen Logik wurde als Boolesche Algebra bekannt und bildet die Grundlage aller Berechnungen am Computer. Die ursprünglichen Booleschen Operatoren waren UND, ODER und NICHT.

Der Operator UND (AND) liefert nur dann den Wert „wahr" (1), wenn beide Eingangsvariablen wahr sind. Mit ODER (OR) wird das Ergebnis „wahr", wenn mindestens eine der Eingangsvariablen wahr ist. Schließlich führt NICHT (NOT) zur Umkehrung des Wertes der Eingangsvariablen und liefert „wahr", wenn die Eingangsvariable „falsch" ist (und umgekehrt).

Neben Boole beschäftigten sich auch Mathematiker wie De Morgan[46] mit den formalen Grundlagen der Booleschen Algebra. De Morgan, der sich als ein Freund Babbages auch mit Lovelace zu mathematischen Problemen austauschte, verfasste ein Buch über die formale Logik. Dabei war der unabdingbare Schluss zwischen Aussagen und der logischen Folgerung maßgeblich. Im Vorwort scines Buches schreibt er (aus [43], Preface):

> „Wenn man mir sagt, dass die Logik die Gültigkeit der Folgerung unabhängig von der Wahrheit oder Falschheit der Aussage festlegt … so halte ich das für eine wirkliche Definition, die die Formen und Gesetze des Folgerungsdenkens zur Anschauung bringt."

De Morgan Forschung hatte Einfluss auf Booles weitere Arbeit [44], aber auch die weitere Entwicklung der Logik. Die De-Morganschen Gesetze werden heute noch verwendet, um logische Ausdrücke zu vereinfachen und umzuformen.

Der Mathematiker Frege[47], der sich in Jena bei Abbe habilitierte, gilt als einer der Begründer der modernen mathematischen Logik. Seine „Begriffsschrift" von 1879 [45] definierte eine „Formelsprache reinen Denkens". Freges Konzepte beeinflussten maßgeblich spätere Werke anderer Wissenschaftler, darunter „Principia

---

[44] Augusta Ada King-Noel, Countess of Lovelace (1815–1852), britische Mathematikerin, Tochter von Lord Byron.
[45] George Boole (1815–1864), englischer Lehrer, Mathematiker und Logiker.
[46] Augustus De Morgan (1806–1871), englischer Mathematiker.
[47] Friedrich Ludwig Gottlob Frege (1848–1925), deutscher Mathematiker und Logiker.

Mathematica" [46] von Russell[48] und Whitehead[49], ein ebenso umfangreiches wie einflussreiches Werk zur mathematischen Logik.

Schon in seiner Masterarbeit von 1937 zeigte Shannon[50], wie Boolesche Algebra zur Analyse und Konstruktion von Schaltkreisen verwendet werden kann. An einem praktischen Beispiel demonstrierte Shannon dabei, wie eine Schaltung aufgebaut werden kann, die zwei Binär-Zahlen addiert und dazu nur Relais und Schalter verwendet ([47] S. 59–61). Bei seiner Arbeit als Mathematiker in den Bell Labs fielen auch Stibitz[51] 1937 im gleichen Jahr die Analogien zwischen der Funktionsweise von Relais und binären Zahlen auf [48]. Stibitz' am Küchentisch zusammengebauter Addierer für Binärzahlen, das „K-Modell" schien trotz seiner Einfachheit so vielversprechend, dass Stibitz kurzerhand mit der Konstruktion eines leistungsfähigeren Gerätes beauftragt wurde. Der 1940 fertiggestellte „Complex Number Calculator" mit ungefähr 460 Relais konnte seinem Namen entsprechend Berechnungen mit komplexen Zahlen ausführen und von einem Fernschreiber fernbedient werden.

Als erster elektronischer und digitaler Rechner gilt aber der Atanasoff-Berry-Computer, der von Atanasoff[52] konzipiert und mit Unterstützung von Berry[53] fertiggestellt wurde [49]. Atanasoffs Konzept basierte auf dem Rechnen von binären Zahlen durch logische Operationen und einem elektronischen Speicher aus Kondensatoren. Ein erster Prototyp wurde 1939 fertiggestellt und konnte Zahlen[54] mit bis zu acht Stellen addieren und subtrahieren.

Parallel zu den Entwicklungen in den USA arbeitete der deutsche Ingenieur Zuse[55] aus eigenem Antrieb ab Mitte der 1930er Jahre an der Entwicklung einer Rechenmaschine [50]. Der erste Aufbau „Z1" war noch eine elektrisch angetriebene mechanische Rechenmaschine. Im zweiten Rechner „Z2" wurde der mechanische Speicher mit einem elektromagnetischen Rechenwerk gekoppelt, das aus Relais bestand. Die Z2 verhalf Zuse zu der Teilfinanzierung des Nachfolgegerätes „Z3" durch die Deutsche Versuchsanstalt für Luftfahrt. In der Z3 arbeiteten 1941 bereits 2000 Relais; die Programmierung erfolgte, wie bei Babbage mit Lochkarten. Zur Eingabe hatte Zuse eine spezielle Tastatur konstruiert, die Ergebnisse der Berechnung wurden über einen Lampenstreifen dargestellt ([50] S. 55). Nachdem die Z3 im Krieg zerstört wurde, blieb nur deren Nachfolger die Z4

---

[48] Bertrand Arthur William Russell (1872–1970), britischer Philosoph und Mathematiker, erhielt 1950 den Nobelpreis für Literatur.
[49] Alfred North Whitehead (1861–1947), britischer Philosoph und Mathematiker.
[50] Claude Elwood Shannon (1916–2001), amerikanischer Elektrotechniker, Mathematiker und Informationstheoretiker.
[51] George Robert Stibitz (1904–1995), amerikanischer Ingenieur.
[52] John Vincent Atanasoff (1903–1995), amerikanischer Mathematiker und Physiker.
[53] Clifford Edward Berry (1918–1963). amerikanischer Ingenieur und Physiker.
[54] Die binären Entsprechungen von Dezimalzahlen.
[55] Konrad Ernst Otto Zuse (1910–1995), deutscher Ingenieur und Erfinder.

erhalten, die nach dem Krieg für einige Jahre an der ETH in Zürich ihren Dienst versah. Zuse hatte für seinen Computer eine eigene Programmiersprache namens „Plankalkül" entwickelt [51] und zudem die Boolschen Operatoren in Form von verallgemeinerten Relais notiert.

Im Zweiten Weltkrieg arbeite Neumann[56], der sich bereits einen Ruf in der Quantenmechanik erworben hatte, in Los Alamos am Manhattan Projekt. Dort nutzte er den von Aiken[57] entwickelten Relais-Computer namens „Mark I" für Berechnungen zur Entwicklung der Atombombe. In angenommener Analogie zum menschlichen Gehirn definierte Neumann eine allgemeine Rechnerarchitektur, die aus einer Recheneinheit, einer logischen zentralen Kontrolle, dem Speicher sowie Ein- und Ausgabeeinheit bestehen sollte [52]. Nach heutigen Maßstäben könnte das als Rechenwerk, Speicherwerk, Steuerwerk, Eingabewerk und Ausgabewerk bezeichnet werden ([53], S. 37). Die Architektur, bei der sowohl Daten als auch Programme im gleichen Speicher abgelegt werden, wird auch Von-Neumann-Architektur genannt.

Der Bericht Neumanns „First Draft of a Report on the EDVAC[58]", bezog sich auf die Weiterentwicklung des ENIAC[59] von Eckert[60] und Mauchly[61], die durch den Ersatz von Relais durch Elektronenröhren einen komplett elektronischen Computer bauen konnten. Damit war dieser Rechner leistungsfähiger als Zuses oder Aikens elektromechanische Computer.

Aus diesen Ideen entstanden in der Folge weitere immer leistungsfähigere Computer. Der UNIVAC[62], ebenfalls von Eckert und Mauchly entwickelt, war 1951 einer der ersten kommerziell verfügbaren Großrechner. Nur kurze Zeit später stellte IBM mit der IBM 701 einen weiteren Großrechner vor, aber auch Universitäten und Behörden entwickelten eigene Computeranlagen.

Auch das amerikanische National Bureau of Standards hatte sich mit dem SEAC[63] einen eigenen Computer entwickelt, der für verschiedene Simulationen und aufwendige Berechnungen genutzt wurde. Einer der Nutzer war der Ingenieur Kirsch[64], der einen Scanner zum Anschluss an SEAC entwickelt hatte [54]. Die Konstruktion unterschied sich grundsätzlich nicht sehr von Bidwells, Korns oder Ives Trommelscannern. Ein Bild wird auf eine Trommel montiert und durch Drehung unter seitlicher Verschiebung spiralförmig abgetastet. Das bisherige Dauerlicht wird durch ein Stroboskop ersetzt, das mit Drehung und Verschiebung

---

[56] John (Johann) von Neumann (1903–1957), ungarisch-amerikanischer Mathematiker und Physiker, Pionier der Computertechnik.
[57] Howard Hathaway Aiken (1900–1973), amerikanischer Physiker.
[58] Electronic Discrete Variable Automatic Computer.
[59] Electronic Numerical Integrator and Computer.
[60] John Presper Eckert (1919–1995), amerikanischer Elektroingenieur.
[61] John William Mauchly (1907–1980), amerikanischer Physiker.
[62] Universal Automatic Calculator.
[63] Standards Eastern Automatic Computer.
[64] Russell A. Kirsch (1929–2020), amerikanischer Ingenieur und Erfinder des digitalen Scanners.

Abb. 6.8 Schwarzweißbild mit 176 × 176 Pixeln, Armin Grasnick (2024)

synchronisiert ist. Wenn sich die Oberfläche der Trommel um 0,25 mm gedreht hat, wird ein Lichtblitz ausgelöst. Da sich die Trommel nach einer vollen Umdrehung um 0,25 mm weiterbewegt, entsteht ein Bildraster mit einer Rasterweite von 0,25 mm. Allerdings werden jetzt nicht mehr die Spannungen direkt übertragen, sondern über einen Schwellwert diskretisiert. Der analoge Wert des Photomultipliers, der bei jedem 0,25 × 0,25 mm großen Bereich aufgenommen wird, muss zur Verarbeitung im Computer digitalisiert werden. Bei Kirsch geschieht das durch einen Vergleich mit einem Referenzsignal. Ist der aufgenommene Wert geringer als der Vergleichswert, kann von einem dunklen Bereich im Bild ausgegangen werden und es wird eine binäre 1 gesendet. Ist dagegen bei einem helleren Bildbereich der Wert höher, wird eine 0 gesendet. Zunächst mag das nicht intuitiv erscheinen, da heute bei einem binären Bild die 1 mit den hellen Bereichen gleichgesetzt wird und die 0 mit dunklen, aber in der Betrachtung des damaligen Ausgabesystem machte das Sinn. Der SEAC-Computer hatte keinen Bildschirm zur direkten Betrachtung, sondern das Bild musste an einen Drucker gesendet werden. Jede 1 wurde nun zu einem schwarzen Punkt. Das digitale Bild hatte nur eine Auflösung von $176 \times 176 = 30.976$ Elementen und bei einer Größe von 44 × 44 mm war damit insbesondere für realistische Bilder mit vielen Helligkeitsabstufungen nicht gut zu verwenden. Ein Beispiel eines solches Bildes ist in Abb. 6.8 nachfolgend als Schwarz-Weiß-Bild in Kirschs Auflösung dargestellt.

Es ist sicherlich unmittelbar einleuchtend, dass für die Anzeige von Bildern ein Bildschirm geeignet ist. Zu Beginn der 1950er Jahren wurden zunächst die aus militärischen Anwendungen stammenden Datensichtgeräte oder Oszilloskope auf Basis der Braunschen Röhre zur Anzeige von Daten, Text und einfachen Grafiken benutzt. Diese Anzeigen waren anfänglich zumeist rund, monochrom und klein. Die Größe der Displays konnte allerdings bereits in der Mitte der 1950er Jahre auch 20 Zoll (ca. 50 cm) Durchmesser erreichen[65], wie beim ersten computergestützten Luftverteidigungssystem der USA „SAGE"[66].

---

[65] Das 20″ OA-1008 war in den Bedienkonsolen verbaut ([55], S. 68).
[66] Semi-Automatic Ground Environment.

Als 1963 Sutherland bei seiner Dissertation die grafische Mensch-Computer-Interaktion an einem am TX-2[67] des MIT Lincoln Lab testete, war auch dieses System mit einem Display ausgestattet. Dieses Display, das Sutherland auch als „Scope" bezeichnet, war bereits in einem rechteckigen Rahmen eingebaut [56]. Sutherland interagierte über ein Eingabesystem, den „Light Pen", direkt mit der grafischen Schnittstelle des Computers.

Mit der zunehmenden Verbreitung von Fernsehern werden Bildröhren erschwinglicher und setzen sich als grafische Schnittstelle am Computer durch.

6.2 VR-Brille als Kamera-Monitor-System

6.2.1 Stereoskope und Head-Mounted Displays

Zu Beginn dieses Abschnittes soll kurz auf die Entstehung des Stereoskops eingegangen werden, welches von seinem optischen Aufbau die grundsätzliche Vorlage für spätere Head-Mounted-Display bildet. Die prinzipielle Idee für diese einfachen, aber überaus wirkungsvollen Geräte geht auf Charles Wheatstone zurück. Wheatstone war ein äußerst vielseitig interessierter Wissenschaftler, der sich anfänglich mit akustischen Experimenten beschäftigte und sich später der Elektrizität zuwandte. In den 1830er Jahren begann er, das binokulare Sehen zu erforschen. Wheatstone war klar, dass allein durch den Augenabstand die optische Abbildung eines Gegenstandes in den beiden Augen durch die leicht versetzte Perspektive unterschiedlich sein muss. Gegenüber dem britischen Physiologen Mayo[68] äußerte er 1833 die Idee, dass bei einer Zeichnung dieser beiden Perspektiven deren geeignete Darstellung (also, wenn jedem Auge die korrekte Zeichnung präsentiert wird), die Wahrnehmung den Anschein eines realen Objektes erwecken müsste (nach [57] S. 288).

Die zeichnerische Konstruktion der Perspektive aus einer bestimmten Position mit der Zentralprojektion ist einfache Angelegenheit[69], sodass für Wheatstones Experiment nur die Aufgabe der Zuordnung der Bilder zu den beiden Augen blieb. Das gelingt zum Beispiel ohne Hilfsmittel, wenn die Augen auf einen fernen Punkt gerichtet werden, in dem sich beide Sehachsen schneiden. Wird dann den Augen in naher Entfernung jeweils ein kleines Perspektivbild vorgesetzt (mit dem Mittelpunkt auf der jeweiligen Sehachse), entsteht eine räumliche Wirkung. Das Ergebnis dieses unnatürlichen Parallelblicks kann ebenso durch einen Kreuzblick mit Fokus auf ein nahes Objekt und Präsentation der kleinen Perspektivbilder mit

---

[67] Der Computer wurde gezielt für wissenschaftliche Berechnung und Echtzeitanwendungen entwickelt und war für die damalige Zeit äußerst fortschrittlich.

[68] Herbert Mayo (1796–1852), britischer Mediziner und Physiologe.

[69] Wheatstone verweist dazu ([58], S. 377) auch auf den „genialen" Gaspard Monge (1746–1818), der in seiner „darstellenden Geometrie" [59] räumliche Figuren durch Projektionen auf zwei Ebenen definiert.

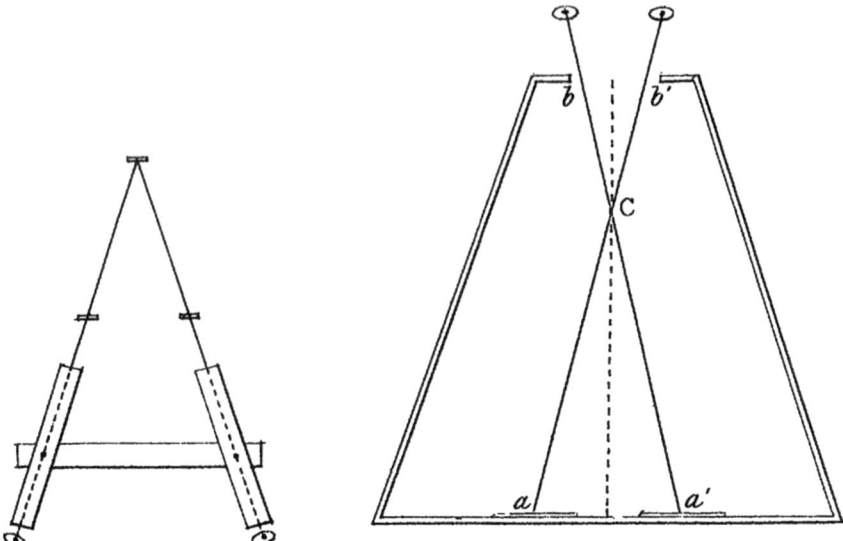

Abb. 6.9 Wheatstones Parallel- und Kreuzblick, Charles Wheatstone (1838), aus [58] S. 371

dem Mittelpunkt auf der jeweiligen Sehachse hinter deren Schnittpunkt. In seiner Veröffentlichung von 1838 [58] schlägt Wheatstone einfache Hilfsmittel zum bequemeren Sehen vor. Der Parallelblick kann mit zwei Röhren unterstützt werden, die auf den gleichen Punkt eingedreht sind (Abb. 6.9, links). In der gleichen Abbildung rechts ist die Idee eine Kreuzblick-Box illustriert.

Zur Erleichterung des Sehens schlägt Wheatstone dann das Stereoskop[70] vor, bei dem die Sehachsen über ein Spiegelprisma (in Abb. 6.10 A′ und A) in die Richtung der Einzelbilder abgelenkt werden. Auch wenn die Abbildung notorisch bekannt ist, soll sie hier nochmal mit einer kleinen Änderung wiedergegeben werden. An den Stellen der Bildpaares E′ und E in Abb. 6.10 findet sich nun das Bildpaar des Chimenti[71].

David Brewster, dem zu dieser Zeit besonders für seine Leistungen auf dem Gebiet der Optik bereits höchste Anerkennung zuteilgeworden war, wollte die Priorität von Wheatstones Entdeckung jedoch nicht ohne weiteres akzeptieren. In seinem Buch über das Stereoskop zweifelte Brewster mehrfach an, dass Wheatstone das Stereoskop als erster beschrieben habe, wofür ihm neben Chimentis Bildern, auch ein Lehrer namens Eliott[72] diente. Tatsächlich hatte sich Brewster nachweislich schon vor 1831 mit dem binokularen Sehen beschäftigt (aus [61] S. 300).

---

[70] Aus griech. stereo = fest und skopein = betrachten.
[71] Jacopo Chimenti, auch Jacopo da Empoli (1551–1640), italienischer Maler.
[72] Der dies aber so nicht bestätigte [60].

6.2 VR-Brille als Kamera-Monitor-System

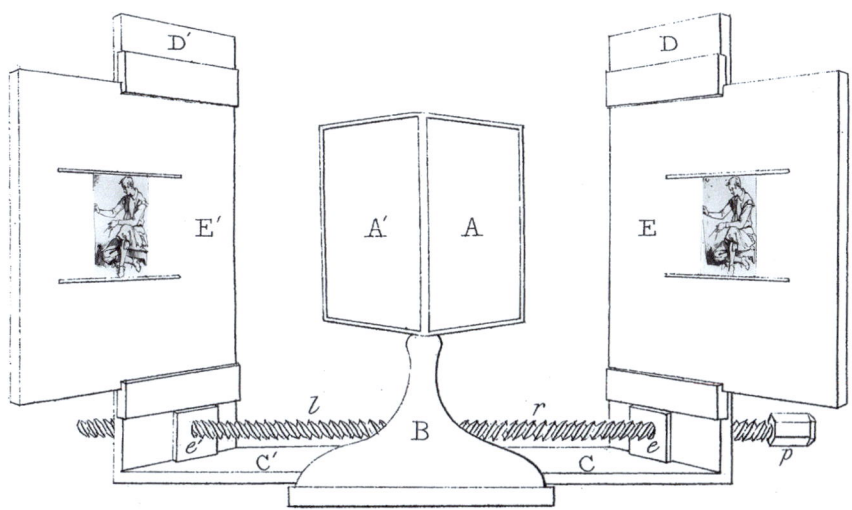

Abb. 6.10 Wheatstones Spiegelstereoskop, Collage, Armin Grasnick (2024) aus Charles Wheatstone [(1838), [58] S. 371] und Jacopo Chimenti (vor 1640)

„Obwohl jedes sichtbare Objekt auf der Netzhaut jedes Auges abgebildet wird, erscheint es immer als ein einziges, wenn beide Augen in der Lage sind, ihre Achsen auf ein bestimmtes Objekt auszurichten. Es besteht kein Zweifel daran, dass wir in gewissem Sinne wirklich zwei Objekte sehen, aber diese Objekte erscheinen als eines, weil das eine genau denselben Platz einnimmt wie das andere."

Das binokulare Sehen war jedoch lange vor Brewster regelmäßig Gegenstand wissenschaftlicher Betrachtungen. Schon Empedokles erkannte im 5. Jahrhundert v. Chr., dass beide Augen eine gemeinsame Wahrnehmung erzeugen: „Eins wird beider Augen Blick" (aus [62] S. 254):

Brewster gebührt jedoch unbestritten die Anerkennung für seine Leistung, die einfache Idee und den etwas umständlichen Prototypen Wheatstones in ein praxistaugliches Gerät umgesetzt zu haben. In einem Buch über das Stereoskop beschrieb Brewster auch die Theorie und fügt viele Abbildungen zur Erklärung ein. Von denen sei hier in Abb. 6.11 nur das bekannte Stereoskop und dessen Strahlengang dargestellt. Darin sind gut die beiden prismatischen Linsen zu erkennen, die nicht nur den Blick bequem auf das Stereobild fokussieren, sondern gleichzeitig den Strahlengang abknicken. Damit können die Augen wie beim natürlichen Sehen auf das virtuelle 3D-Bild konvergieren, während dabei jedes Auge tatsächlich nur das ihm zugeordnete Teilbild sieht.

Der amerikanische Arzt Holmes[73] führte das Verfahren auf seine grundlegenden Bestandteile zurück und baute einen minimalistischen Bildbetrachter [64]. Der

---

[73] Oliver Wendel Holmes (1809–1894), amerikansicher Arzt und Schriftsteller.

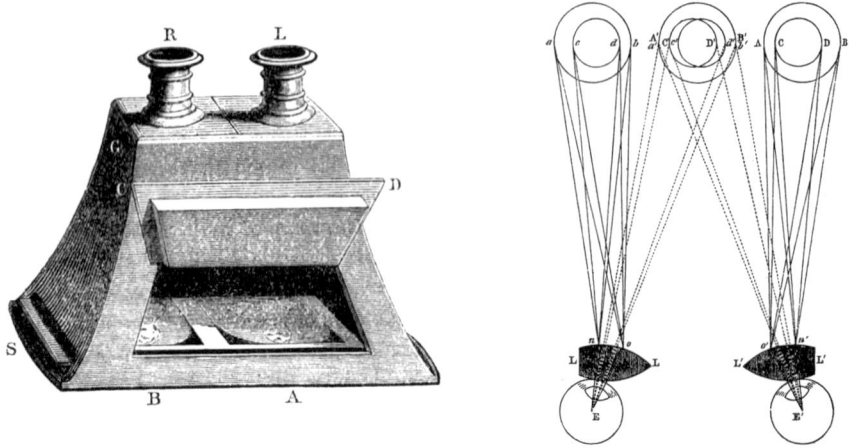

Abb. 6.11 Brewster Stereoskop mit Strahlengang, David Brewster (1856), aus [63] S. 67–74

Aufbau bestand im Wesentlichen aus zwei gefassten Linsen, die über eine Holzleiste mit dem Bildträger verbunden waren. Die Einfachheit des Aufbaus hatte auch einen entscheidenden Vorteil: Der Bildträger konnte in der Entfernung zu den Linsen auf der Holzleiste verschoben werden. Dadurch konnte das Gerät an die jeweilige Fehlsichtigkeit des Trägers angepasst werden, was die einfachste Form eines Dioptrienausgleichs darstellt. Die Einfachheit des Holmes-Stereoskopes[74] führte in Verbindung mit der Fotografie zu einer großen Verbreitung der Stereoskopie. In dem Jahrhundert nach der Erfindung des Stereoskops wurden viele unterschiedliche Varianten der Ursprungsgeräte entwickelt und sowohl für wissenschaftliche Anwendungen als auch für die Unterhaltung genutzt.

Einer der ersten, die in den 1950er Jahren die aufkommenden Fernsehröhren mit dem Stereoskop kombinierten, war der Filmkünstler Heilig[75]. Heilig hatte mit dem „Sensorama" [65] einen Umgebungssimulator geschaffen, der neben der stereoskopischen visuellen Darstellung auch das räumliche Hören stimulierte und dabei Düfte verströmte oder Wind erzeugte. Das Gerät von der Größe einer Fotokabine war ortsfest, weshalb Heilig die „Telesphere Mask" erfand [66]. Dieser fortschrittliche Stereo-Fernsehapparat konnte direkt am Kopf getragen werden und war von Aussehen, Anwendung und Größe durchaus mit einer heutigen VR-Brille vergleichbar.

Eine Einschränkung von Heiligs Telesphere Mask war, dass diese nur vorgefertigte Filmsequenzen wiedergeben konnte. Eine Kopfbewegung führte zu

---

[74] Auch „Holmes-Bates-Stereoskop" nach dessem ersten Hersteller.

[75] Morton Leonard Heilig (1926–1997), amerikanischer Filmschaffender und Kameramann.

6.2 VR-Brille als Kamera-Monitor-System

keiner Anpassung der Szene, wodurch eine Diskrepanz zwischen erwarteter Szenenänderung und dem tatsächlichem Raumeindruck entsteht. Der Zugriff auf Computer, die Existenz grafischer Systeme wie „Sketchpad" und die Verfügbarkeit von Displays waren für Sutherland[76] Ansporn, ein perspektivisches Bild so zu präsentieren, dass es sich mit der Bewegung des Betrachters so verändert, wie ein reales Objekt. Dabei wird das System am Kopf befestigt, wobei ein Positionssensor Position und Lage des Benutzers kontinuierlich misst. Ein schneller Computer berechnet ein stereoskopisches Bildpaar und sendet es an die beiden Miniatur-Bildröhren, deren Bilder über halbdurchlässige Spiegel in die Augen eingespiegelt werden. Ein Benutzer sieht so die dreidimensionalen virtuellen Objekte, die gleichzeitig den realen Raum überlagern [67]. Das entspricht dem, was heute als Augmented Reality bezeichnet wird.

Der Einsatz lageabhängiger Stereoskope, bei denen sich durch Betrachterbewegung der Seheindruck verändert, wurde häufig dann betrachtet, wenn damit die Notwendigkeit der Anwesenheit an entfernten oder gefährlichen Orten vermieden werden konnte. In Minskys[77] Labor für künstliche Intelligence am MIT[78] wurde unter anderem die entfernte Steuerung von Robotern bei gleichzeitiger Beobachtung der fernen Szene durch Kameras erforscht [68]. Minsky nutzte dazu das Headsight-System von Philco[79] [69], bei denen die entfernte Kamera durch die Bewegung eines Helmes gesteuert und in die Sicht des Betrachters eingespiegelt wurde. Bei Nutzung des Systems konnte der Eindruck entstehen, sich an diesem Ort zu befinden, telepräsent zu sein. Telepräsenz geht aber bei Minsky über den visuellen Eindruck hinaus (aus [68] S. 47).

> „Telepräsenz unterstreicht die Bedeutung eines hochwertigen sensorischen Feedbacks und suggeriert zukünftige Instrumente, die so fühlen und funktionieren wie unsere eigenen Hände, ohne dass wir einen bedeutenden Unterschied bemerken würden."

Für die Telepräsenz nennt Minsky in dem Artikel zwei Inspirationsquellen. Die Science-Fiction Geschichte „Waldo"[80] des Schriftstellers Heinlein[81] und Pat Gunkel[82].

Bei der NASA fielen diese Ideen auf fruchtbaren Boden, da sich die Telepräsenz wunderbar für die Erkundung ferner Himmelskörper zu eignen schien. Im

---

[76] Ivan Edward Sutherland (geb. 1938), amerikanischer Computerwissenschaftler, Pionier der Computergrafik.
[77] Marvin Lee Minsky (1927–2016), amerikanischer Computerwissenschaftler, besonders auf dem Gebiet der künstlichen Intelligenz aktiv.
[78] Massachusetts Institute of Technology.
[79] Einem Hersteller von Fernsehgeräten.
[80] 1942 unter dem Pseudonym Anson MacDonald veröffentlicht [70], deutsche Übersetzung [71].
[81] Robert Anson Heinlein (1907–1988); amerikanischer Science-Fiction Schriftsteller.
[82] Patrick M. Gunkel (1947–2017), amerikanischer Zukunftsforscher.

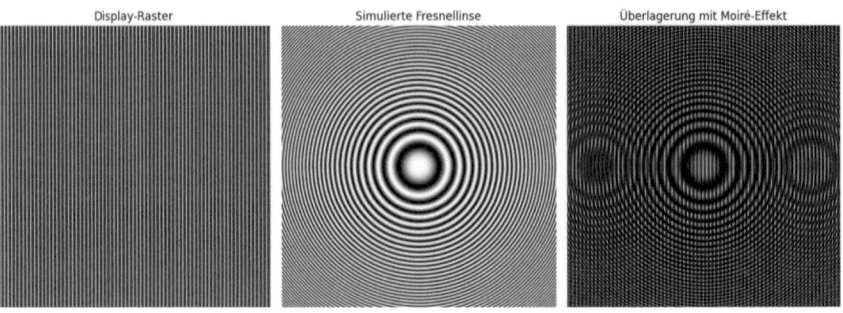

Abb. 6.12 Überlagerung von Display und Fresnellinse (Simulation), Armin Grasnick (2024)

Virtual Environment Workstation Project (VIEW) untersuchten Bolas[83] und Fisher[84] die Anwendung des Telepräsenz-Konzeptes auf die Fernsteuerung von Robotern im All [72]. Im Ergebnis entstand dabei ein System, bei dem eine stereoskopische Kamera über die Lage des mit dem Kopf verbundenen Displays (Head-Monted-Display, HMD) auf einer Raumstation einen Roboterarm steuern sollte. Die Kamerabilder wurden auf die Stereoanzeige des Headsets übertragen, die Bedienung des Arms erfolgte über spezielle Handschuhe.

Die Datenhandschuhe waren eine Auftragsentwicklung von VPL Research[85] für die NASA. VPL entwickelte neben den Handschuhen (DataGloves) auch einen vollständigen Anzug für die Bewegungserfassung des ganzen Körpers (DataSuit) und sogar ein eigenes Headset (EyePhone). Interessant ist, dass VPL im Eye-Phone in den Okularen Fresnel-Linsen einsetzten, die die gleichen Probleme verursachten, wie heutige VR-Brillen. Durch die Überlagerung der Raster von Fresnel-Linse und Bildschirm entsteht als Überlagerung ein Moiré-Muster (Abb. 6.12).

In den frühen 1990er Jahren brachte die Virtuality Group[86] ein kommerzielles VR-Entertainment-System auf den Markt. Deren „Visette I" hatte zwar nur eine Auflösung von 276 × 372 Pixeln pro Auge, allerdings waren dort schon die ersten Liquid Crystal Displays (LCD) im Einsatz. LCD-haben den entscheidenden Vorteil der flachen Bauart gegenüber Röhrenmonitoren und eigenen sich daher potenziell besser für ein am Kopf getragenes Stereoskop. Mit der Verbreitung von LCDs und der Verfügbarkeit von Personal-Computern tauchen immer mehr HMDs auf,

---

[83] Mark Bolas (geb. 1960), amerikanischer Physiker und Ingenieur, damals der Gründer der Fakespace Labs, später an der University of Southern California.

[84] Scott Fisher (geb. 1951), amerikanischer Ingenieur, damals Leiter des „Virtual Environment. Workstation Project" (VIEW) der NASA, später an der University of Southern California (Interactive Media).

[85] VPL – Abkürzung für „Virtual Programming Language", gegründet von Jaron Lanier (geb. 1960), amerikanischer Informatiker und Computerkünstler.

[86] Gegründet als W Industries von Jonathan Waldern.

vorzugsweise mit Anwendungen im professionellen Bereich. Das änderte sich, als der junge Luckey[87] sich nach der Untersuchung vieler verschiedener Geräte einen Prototyp baute, der viele Probleme der Vorgänger verbesserte. Luckeys Lösung eignete sich nun auch für Spiele und löste einen gewissen Hype und Run auf VR-Brillen aus, an dem sich viele Unternehmen beteiligten.

6.2.2 Übertragung von Ereignissen

Heutige Head-Mounted Displays sind üblicherweise mit Kameras ausgestattet. Dadurch kann eine solche Brille als AR[88]-Brille, bei der die Umgebung mit virtuellen Objekten überlagert wird, genutzt werden. Andererseits ist aber auch eine Nutzung als VR[89]-Brille möglich oder eine Mischung aus beiden. Damit sind moderne Headset wie Metas Quest 3 oder Apples Vision Pro nicht mehr einfach einer Anwendung zuzuordnen, sondern universell einsetzbar. Ob dafür die Bezeichnung Extended Reality (XR) oder Spatial Computing verwendet wird, ist vom Hersteller oder der Anwendung abhängig. Generell gilt aber, dass die Aufzeichnung von Szenen, die Bildverarbeitung und schließlich die Anzeige am Display einem technischen Prozess unterliegt, der Einfluss auf die Darstellung nimmt. Die Ereignisse, die real oder virtuell auftreten, müssen letztlich auch vom Nutzer der XR-Brille wahrgenommen werden.

Schon seit Aristoteles ist klar, dass ein Objekt nicht direkt wahrgenommen werden kann. Die Wahrnehmung durch die Sinne wird lediglich durch bestimmte Eigenschaftes des Objektes provoziert. In der Optik ist es das sichtbare Licht, das mit dem Objekt in Kontakt tritt oder von diesem ausgesendet wird und schließlich das Auge erreicht. Ist ein Lichtereignis nicht wahrnehmbar, liegt es für den Betrachtenden „hinter dem Horizont". Aus der Sicht der theoretischen Physik bildet der Ereignishorizont „eine Grenze zwischen Dingen, die beobachtbar sind, und Dingen, die nicht beobachtbar sind" (aus [73], S. 133). Dieser Begriff wird hier nun auch ganz allgemein für die mögliche Beobachtung, präzise die Wahrnehmung von Ereignissen, okkupiert. Ein Lichtereignis jenseits des Ereignishorizonts kann also nicht wahrgenommen werden – es bleibt dunkel.

Natürlich tritt ein Ereignis selten isoliert auf. In einer realen Szene werden die Objekte von unterschiedlichen Lichtern beleuchtet, werfen Schatten, reflektieren Licht auf andere Körper oder sind selbst eine Lichtquelle. Das reflektierte, gebrochene oder gebeugte Licht stoppt nicht an der ersten Grenzfläche, sondern nimmt seinen Weg erneut an jeder Grenzfläche auf. Der reale Prozess ist sogar

---

[87] Palmer Luckey (geb. 1992), Gründer von Oculus VR, übernommen von Facebook.
[88] Augmented Reality, ein solches „reines" AR-Headsets ist zum Beispiel die Hololens von Microsoft.
[89] Virtual Reality, hier zum Beispiel die Oculus Rift.

noch komplizierter als in der virtuellen Welt mit Ray- oder Pathtracing[90] beschrieben wird. Wenn jeder Punkt, auf den das Licht trifft nach dem Huygensschen Prinzip wieder der Ausgangspunkt einer neuen Lichtquelle ist, wird die theoretische Beschreibung einer echten Szene schnell zur praktischen Unmöglichkeit. Ein singuläres Ereignis wird zu einer Menge von Ereignissen. Zur Beschreibung dieser Ereignismenge eignet sich der von Newton und Faraday eingeführte Feldbegriff. Ein Feld beschreibt die Verteilung von Größen oder Werten im betrachteten Raum. Hier kann der Begriff verwendet werden, um die Verteilung von Ereignissen darzustellen. Für die Kamera einer XR-Brille ist das generell wahrnehmbare Ereignisfeld das primäre Ereignisfeld.

Die Kamera nimmt nicht alles wahr. Die Aufnahme ist abhängig vom Objektiv, dem Sensor und der Elektronik. Selbst mit der modernsten Kamera können weder alle Farben noch der vollständige Helligkeitsumfang vom hellsten Sonnenschein bis zum dunkelsten Schatten aufgenommen werden. Die Phase und die Polarisation werden bei der Aufnahme in der Regel ignoriert und das Bildfeld ist eingeschränkt. Bewegungen werden nicht vollständig erfasst, sondern in eine Sequenz von Einzelbildern quantisiert. Die unendliche Auflösung der Realität wird durch den Sensor limitiert und das Objektiv versursacht zudem Abbildungsfehler im Bild. Was die Kamera aufnimmt, ist nicht mehr das vollständige primäre Ereignisfeld, sondern eine um die Limitierungen reduzierte, aus einer definierten Betrachtungsposition aufgenommene Version. Diese reduzierte Version liegt als virtueller Datensatz vor, der hier als Phantomfeld bezeichnet werden soll.

Üblicherweise werden die Daten der Kamera nach der Aufnahme automatisch bearbeitet. Diese Bearbeitung kann verschiedene Schritte umfassen, wie die Korrektur von Farbabweichungen, das Entfernen von Bildrauschen oder die Anpassung des Kontrasts. Zusätzlich können spezielle Algorithmen verwendet werden um die Schärfe zu verbessern, bestimmte Bildbereiche hervorzuheben oder zusätzliche Information zu extrahieren. Trotz dieser Nachbearbeitung bleibt die Aufnahme jedoch eine begrenzte und bearbeitete Darstellung der Realität. Die resultierenden Bilder oder Videos sind daher nicht mehr identisch mit dem primären Ereignisfeld, sondern stellen eine durch technische Mittel veränderte Version dar.

Üblicherweise wird bei einem XR-Headset der Bildinhalt aber massiv verändert und zusätzlich Inhalte generiert. Bei der Überlagerung des Kamerabildes mit computergenerierten Objekten oder Informationen, wird die ursprüngliche Szene um diese Daten erweitert (augmentiert). Wird die reale Umgebung aber gänzlich durch die virtuelle Welt verdrängt, ist das Headset offensichtlich im VR-Modus. Es ist eine Überlegung wert, dieses Verhältnis zur Klassifikation des Betrachtungsmodus eines XR-Headsets in Anlehnung an das Reality-Virtuality-Kontinuum heranzuziehen.

---

[90]Vereinfacht gesagt, die mehr oder minder physikalisch korrekte Nachverfolgung des Lichtes unter Beachtung von Oberflächeneigenschaften.

Hintergrundinformation

Das Reality-Virtuality-Kontinuum ist ein Konzept, das 1994 von den Wissenschaftlern Paul Milgram und Fumio Kishino vorgestellt wurde [74]. Es stellt die gesamte Spannbreite der Wahrnehmung von gänzlich realer bis hin zu ausnahmslos virtueller Umgebung dar. An einem Ende dieses Kontinuums befindet sich die wirklich existierende Realität, die prinzipiell auch ohne Hilfsmittel wahrgenommen werden kann. Am entgegengesetzten Ende liegt die virtuelle Realität (VR), eine vollständig künstliche Umgebung, die ausschließlich mit Unterstützung von Computern erzeugt wird und die Nutzer von der physischen Welt abschirmt. Zwischen diesen beiden Extremen liegen unterschiedliche Grade der gemischten Realität (Mixed Reality, MR). Dazu zählen unter anderem Augmented Reality (AR), bei der die reale Welt mit digitalen Inhalten überlagert wird und Augmented Virtuality (AV), bei der reale Elemente in eine virtuelle Umgebung eingebettet werden.

In einer späteren Abhandlung wird dieses um das Ausmaß des Wissens um die Welt[91], die Reproduktionstreue[92] und die Metapher über das Ausmaß der Anwesenheit[93] erweitert [75]. Das „Weltwissen" definiert, wie viel Kenntnis tatsächlich über Objekte und die Welt, in der sie dargestellt werden, bekannt ist. Das Ausmaß des Wissens zielt insbesondere darauf ab, die Position von Objekten zu kennen und zu wissen, was diese darstellen sollen. Die Reproduktionstreue bezieht sich auf die relative Qualität, mit der die Technik in der Lage ist, die tatsächlichen oder künstlich erzeugten Bilder der angezeigten Objekte zu reproduzieren. Mit dem Ausmaß der Anwesenheit, ist der Grad mit dem sich ein Betrachter in der dargestellten Szene anwesend fühlt, gemeint.

In welchem Modus sich das Headset auch immer befindet, das bearbeitete Phantomfeld[94] muss schließlich vom Nutzer wahrgenommen werden. Dafür muss wieder ein Ereignisfeld aufgebaut werden, das wahrnehmbar ist; das sekundäre Ereignisfeld. Alle technischen Geräte zur Anzeige bringen weitere Einschränkungen mit sich. Die Einschränkungen sind ähnlich zu denen der Aufnahme. Die Farbfilter der Bildschirme oder die selbst emittierenden Pixel haben eine bestimmte Abstrahlungscharakteristik hinsichtlich der enthaltenen Wellenlängen, der erzielbaren Leuchtdichte oder des Kontrastes. Auch bei einem Display ist die Auflösung begrenzt. Da üblicherweise die Displays möglichst dicht am Auge angebracht sind, um eine kurze Baulänge zu erzielen, können die Bilder auf den Displays ohne optische Hilfsmittel nicht scharf fokussiert werden. Mit der optischen Verlängerung des Sehweges geht auch die Vergrößerung der Pixel einher. Natürlich trägt auch das Okular wieder neue Abbildungsfehler ein, insbesondere da die Okulare häufig aufgrund des begrenzten Bauraumes häufig deutlich einfacher aufgebaut sind als hochwertige, hochkorrigierte Objektive. Ein

---

[91] Extent of World Knowledge.
[92] Reproduction Fidelity.
[93] Extent of Presence Metaphor.
[94] In [76] wird noch zwischen dem primären Phantomfeld, das nur durch die Einschränkungen währen der Aufnahme definiert ist, und dem sekundären Phantomfeld, das die Weiterverarbeitung, Augmentierung oder den vollständigen Ersatz des primären Phantomfeldes durch eine virtuelle Umgebung beinhaltet, unterschieden.

weiteres Problem bei der Betrachtung virtueller Szenen ist der Verlust der Akkommodation auf bestimmte Objekte in der Szene. Da das Display sich immer in der gleichen Position zum Auge befindet, wird immer auf diese Entfernung akkommodiert. Das führt zu dem bekannten Vergenz-Akkommodations-Konflikt, der besonders bei ungeübten VR-Nutzern zu Unbehagen führen kann. Die häufigste Ursache für Unwohlsein bei der Benutzung von XR-Headsets ist aber die Latenz [77]. Damit ist diejenige Zeitspanne gemeint, die zwischen einer Aktion des Beobachters (Bewegung) und der Reaktion auf dem Display (Veränderung) liegt. Bei einer VR-Brille ist üblicherweise eine Latenz von unter 20 ms „motion-to-photon" wünschenswert [78], für schnellere Bewegungen wird mitunter eine Grenze von 12 ms angegeben.

Die Übertragung von Ereignissen von der realen Szene (dem primären Ereignisfeld) bis zur wahrnehmbaren Abbildung der Anzeige (dem sekundären Ereignisfeld) unterliegt Einschränkungen. Idealerweise sollte ein XR-Headset eine Szene so darstellen, dass ein primäres Ereignisfeld in möglichst geringen Umfang durch technische Unzulänglichkeiten oder optische Abbildungsfehler in der Qualität degradiert wird.

6.3 Analoge Abbildungsfehler

Die Bezeichnung „Video-Pass-Through"[95] in Bereich Augmented Reality beschreibt ein System, bei dem die Umgebung mit Kameras aufgenommen und nach der Überlagerung mit virtuellen Inhalten auf den Monitoren des Headsets dargestellt wird. Die Bezeichnung kann etwas abweichen, meint aber bei verschiedenen Herstellern (z. B. Meta, HTC, Varjo oder Apple) das Gleiche. Der Begriff dient eigentlich der Abgrenzung zwischen der tatsächlichen, optischen Sicht durch eine in den Sehweg eingebrachte[96] Displaydarstellung und einer rein digitalen Kamera-Monitor-Sicht. In der optischen Sicht sind die Prozessbeteiligten die optischen Elemente[97] und das Licht, welches von den im Strahlengang enthaltenen optischen Elementen beeinflusst wird[98]. Das Licht bewegt sich bekanntermaßen mit Lichtgeschwindigkeit und liefert die Abbildung über Linsen und Spiegel praktisch unmittelbar. Durch die elektronischen Komponenten in der digitalen Sicht wird diese Übertragung aber messbar und im ungünstigsten Fall für den Betrachter spürbar.

---

[95] Auch einfach nur „Passthrough", zur Abgrenzung zwischen direkter (optischer) Sicht und Videosicht ursprünglich „optical see-through" und „video see-through" [79], ganz allgemein auch „Digital Pass-Through" [80].
[96] Z. B. eingespiegelt oder per Waveguide ausgekoppelt.
[97] Z. B. Linsen, Prismen oder Spiegel.
[98] Z. B. über Brechung, Reflexion oder Beugung.

6.3.1 Auflösungsgrenze

Die analoge Übertragung einer Szene ergibt in der Bildebene eine Abbildung höchster Auflösung. Allerdings ist auch bei einer analogen Abbildung die erzielbare Auflösung begrenzt. Die einfachste Art eine optische Abbildung zu erzeugen ist die Abbildung mittels einer Lochblende. Die Grundlagen dafür sind in Kap. 2 beschrieben und reichen bis in die griechische Antike zurück. Die Camera obscura bildet auch für moderne Objektive eine einfache Betrachtung der Auflösung. Selbst wenn lange Belichtungszeiten kleine Lochgrößen erlauben, lässt sich die Öffnung einer Lochkamera nicht beliebig verkleinern. Der ungarische Optiker Petzval[99] beschäftigte sich in der Mitte des 19. Jahrhunderts intensiv mit den Abbildungsfehlern optischer Systeme. Dabei untersuchte er auch, getrieben von der damaligen Verbreitung einfachster Kameras, die „Camera-Obscura-Objektive" [81]. Schnell kam er auf die Erkenntnis, dass sich bei einer zu geringen Loch-Öffnung, das Bild eines Lichtpunktes durch Beugungseffekte auf einen runden Lichtfleck vergrößern würde.

Der vorteilhafteste Wert ergibt sich, wenn der Durchmesser des Lichtflecks[100] am kleinsten und damit die Schärfe des Bildes am größten ist. Der ideale Lochdurchmesser (hier als halber Lochdurchmesser, Radius r angegeben) wäre demnach nur von der Entfernung zwischen Loch und Schirm A und der Wellenlänge des Lichtes λ abhängig (aus [81] S. 40, Gl. 6.1).

$$r = \sqrt{\frac{1}{2}A\lambda} \quad (6.1)$$

Ersetzt man in Gl. 6.1 die Schirmentfernung A mit der Brennweite f und verdoppelt den Lochradius r, um auf den Lochdurchmesser d zu kommen, so ergibt sich eine etwas bekanntere Darstellung Gl. 6.2.

$$d = 1{,}41\sqrt{f\lambda} \quad (6.2)$$

Petzval hatte natürlich erkannt, dass der Lichtfleck nicht homogen sein kann (aus [81] S. 39):

> „Vermöge der Beugung des Lichtes ist das Bild eines leuchtenden Punktes bei noch so sehr verminderter kreisrunder Öffnung doch niemals ein Punkt, sondern ein sogenanntes Beugungsspektrum, das aus einem lichten kreisrunden Fleck besteht, der mit dunklen und lichten konzentrischen Kreisen abwechslungsweise umgeben ist."

Das war nun keine Entdeckung Pezvals. Der britische Astronom und Mathematiker Herschel hatte diesen Effekt bereits 1828 bei der Beobachtung heller Sterne

---

[99] Josef Maximilian Petzval (1807–1891), ungarisch-deutscher Mathematiker.
[100] Bei Petzval der „Abweichungskreis"

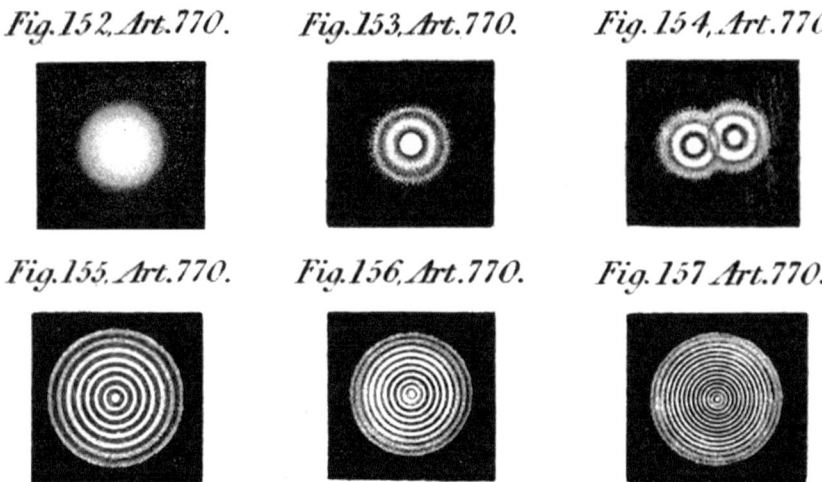

Abb. 6.13 Circular Discs, John Herschel (1827), aus [82] Plate 9

durch ein starkes Teleskop bemerkt und beschrieben, allerdings seinen Vater[101] als den Entdecker dieser Ringe genannt (aus [82]
S. 491[102]).

> „Wenn wir aber eine Vergrößerung von 200 bis 300 oder 400 ansetzen, dann sieht man den Stern ... als eine vollkommen runde, gut abgegrenzte Planetenscheibe, die von zwei, drei oder mehr abwechselnd dunklen und hellen Ringen umgeben ist, die, wenn man sie aufmerksam betrachtet, an ihren Rändern leicht gefärbt sind. Sie folgen einander in fast gleichen Abständen um die zentrale Scheibe, ..."

Herschel hatte den Effekt eingehend untersucht und die Beobachtung mit unterschiedlichen Blenden durchgeführt. In seiner Veröffentlichung illustrierte er dazu einige der Effekte (s. Abb. 6.13).

Herschel erkannte die Ursache in der Wellennatur des Lichtes und dessen Interferenz. Er hielt seine Experimente für eine passende Ergänzung zu Fraunhofers „merkwürdigen" Beobachtungen mit kleinen Blenden. Fraunhofer hatte verschiedene Versuche zur Beugung angestellt und neben farbigen Spektren auch farbige Ringe an kleinen, runden Öffnungen untersucht [83].

---

[101] Der deutsch-britische Astronom Frederick Wilhelm (William) Herschel (1738–1822).

[102] Im Original „But when we apply a magnifying power from 200 to 300 or 400, the star is then seen ... as a perfectly round, well-defined planetary disc, surrounded by two, three, or more alternately dark and bright rings, which, if examined attentively, are seen to be slightly coloured at their borders. They succeed each other nearly at equal intervals round the central disc, ..."

6.3 Analoge Abbildungsfehler

Wie Herschel erwähnte[103], hatten Young[104] und Fresnel[105] erst wenige Jahre zuvor entscheidende Beiträge zur Wellennatur des Lichtes geleistet und dabei Grimaldis Bezeichnung „diffraction" (Beugung) übernommen[106].

> „Licht verbreitet sich oder streut nicht nur direkt, wird gebrochen und gespiegelt, sondern auch auf eine vierte Weise ‚DIFFRACTE'."

Grimaldi[107] nannte diesen vierten Modus „Diffractio"[108], weil er bemerkte, dass Licht in gewisser Weise „zerbrochen" wird. Teile des Lichtes werden durch mehrfache Zerlegung voneinander getrennt und bewegen sich dann durch dasselbe Medium in verschiedene Richtungen.

Die Verbreitung der Fotografie hatte zum Ende des 19. Jahrhunderts den renommierten Lord Rayleigh herausgefordert, Petzvals Berechnung mit modernem Kenntnisstand zu untersuchen und etwas genauer zu fassen[109]. Rayleigh nutzte dabei die theoretischen und experimentellen Vorarbeiten Lommels[110]. Er kam in seiner Betrachtung auf eine etwas abweichende Beziehung (aus [87] S. 96 Gl. 26):

$$r^2 = \lambda f \tag{6.3}$$

Zum Vergleich mit der Petzvalschen Darstellung Gl. 6.2 ergibts sich bei Rayleigh eine deutlich größere optimale Lochblende:

$$d = 2\sqrt{\lambda f} \tag{6.4}$$

Die Kenntnis der Beugungsfiguren einer runden Öffnung brachte Rayleigh auf die Frage, wie sich das Auflösungsvermögen eines Teleskopes bei der Betrachtung eines Doppelsterns[111] berechnen ließe. Die Frage lautet ganz einfach, unter welchen Bedingungen man die beiden Sterne gerade noch auseinanderhalten kann. Hier ist zunächst der Durchmesser der zentralen hellen Scheibe von Bedeutung.

---

[103] Selbstverständlich kennt Herschel die Arbeiten seiner Vorgänger der „Undulationstheorie" des Lichts und nennt deren wichtigste Vertreter: Huygens, Descartes, Hooke, Euler, Young und Fresnel ([84] S. 449).

[104] Thomas Young, hier speziell seine Experimente zu Beugung und Interferenz [84].

[105] Augustin Fresnel mit seinen Beiträgen zur Wellentheorie ab 1815 [85].

[106] Im Original: „Lumen propagatur seu diffunditur non solum Directe, Refracte, ac reflexe, sed etiam alio quodam Quarto modo, DIFFRACTE" (aus [86]Propositio I).

[107] Francesco Maria Grimaldi (1618–1663), italienischer Jesuit und Physiker.

[108] Von lat. diffringere = zerbrechen, zerschlagen.

[109] Dazu sagt Rayleigh selbst (aus [87] S. 91): „In view of the practical application to pin-hole photography, I have thought that it would be interesting to adapt Lommel's results to the problem in hand, and to exhibit upon the same diagram curves showing the distribution of illumination in various case."

[110] Gemeint sind hier „Die Beugungserscheinungen einer kreisrunden Oeffnung und eines kreisrunden Schirmchens" des Physikers Eugen von Lommel (1837–1899).

[111] S. z. B. Abb. 6.13 Fig. 154: Beugungsbilder des Doppelsterns Castor (der nach heutiger Kenntnis sogar aus 6 Sternen besteht).

Rayleigh setzt hier auf den Berechnungen des englischen Astronomen Airy[112] auf, der Herschels konzentrische Ringe mathematisch beschrieben hatte [88]. Rayleighs Berechnung beschreibt den Winkel zum Rand der zentralen Scheibe (Winkelradius θ) als Verhältnis von Wellenlänge λ und dem doppelten Radius $2r$, dem Durchmesser der Öffnung (aus [89] S. 262).

$$\theta = 1{,}2917 \frac{\lambda}{2r} \tag{6.5}$$

Dies ist für kleine Winkel eine gute Näherung. Diese Formel ist in aktueller Schreibweise mit ($2r = D$ und gerundetem Wert) noch heute in Gebrauch

$$\theta \approx 1{,}22 \frac{\lambda}{D} \tag{6.6}$$

Die Beugungsbilder mit zentraler, heller Scheibe (Airy-Disk[113]) bezeichnet man heute als Airy-Pattern[114]. Als optische Auflösungsgrenze dient das Rayleigh-Kriterium. Dies besagt, dass zwei Lichtpunkte gerade dann noch voneinander unterscheidbar sind, wenn das Maximum des ersten Airy-Pattern auf das erste Minimum des zweiten Airy-Pattern fällt. Bei einer Fotokamera errechnet sich der dieser Abstand x aus der Brennweite f sowie freien Öffnung (Apertur) D des Objektivs und natürlich der Wellenlänge λ.

$$x \approx 1{,}22 \frac{f\lambda}{D} \tag{6.7}$$

Das Verhältnis von f/D wird in der Fotografie als dimensionslose Blendenzahl k bezeichnet. So vereinfacht sich die Betrachtung zu:

$$x \approx 1{,}22 k\lambda \tag{6.8}$$

Beispiel

An einem sonnigen Tag gilt die Faustregel „Sonne lacht, Blende 8". Als kürzeste vom Kamera-Sensor aufzeichenbare Wellenlänge nehmen wir blaues Licht mit 430 nm (=0,43 µm) an. Damit ist die Auflösungsgrenze der Kamera bei $1{,}22 \times 8 \times 0{,}43\ \mu m \approx 4{,}2\ \mu m$. Der Sensorpixel einer digitalen Kamera sollte demnach kleiner sein als 4 µm. ◄

6.3.2 Abbildungsfehler

Bei der Betrachtung antiker Optiken kann man nach heutigem Kenntnisstand von der Nutzung einzelner Spiegel und Linsen ausgehen. Die Fertigung erfolgte ma-

---

[112] Sir George Biddell Airy (1801–1892), englischer Mathematiker und Astronom.
[113] Beugungsscheibchen.
[114] Beugungs- bzw. Airy-Muster.

6.3 Analoge Abbildungsfehler

nuell und in der Regel ohne Kenntnis optischer Gesetze. Dadurch war die Funktion der Optik durch die Erfahrung und Fertigkeiten des Meisters limitiert. Die optischen Grenzflächen wurden mit einfachsten Werkzeugen aus existierenden, leidlich reflektierenden oder transparenten Werkstoffen durch Versuch und Irrtum optimiert. Es darf als sicher gelten, dass die Qualität der Abbildung durch die limitierte Qualität der Flächen begrenzt war.

Bei der Verwendung einfacher Optiken in den Okularen der Head-Mounted Displays sind ähnliche Abbildungsfehler (Aberrationen) zu erwarten. Bei einer realen Optik treten die unterschiedlichen Fehler zuerst einmal durch die Form der Oberfläche auf. Diese geometrisch verursachten Aberrationen werden üblicherweise nach dem Münchner Optiker Seidel[115] als Seidelsche Abbildungsfehler bezeichnet (s. z. B. [90] S. 116). Seidel hatte 1857 eine Theorie der optischen Abbildungsfehler geschaffen [91], aus der in der Regel fünf Fehler betrachtet werden: Sphärische Aberration, Koma, Astigmatismus, Bildfeldwölbung und Verzeichnung.

Die sphärische Aberration tritt in allen optischen Systemen auf, wenn die optisch wirksamen Oberflächen einem Kugelsegment entsprechen. Bei der sphärischen Aberration werden die äußeren Randstrahlen an sphärischen Spiegeln oder Linsen aufgrund der Kugelform stärker in Richtung der Optik reflektiert oder gebrochen als Lichtstrahlen, die näher zur optischen Achse auftreffen. Diese Erkenntnis ist nicht neu, sondern wird Ibn Sahl schon um etwa 984 n. Chr. zugeschrieben, der sich zu dieser Zeit mit Brenngläsern und -spiegeln beschäftigte [92]. Die Korrektur erfolgt bei Ibn Sahl durch Abweichung von der sphärischen Form z. B. durch die Gestaltung einer hyperbolischen Fläche. Linsen, die keine sphärischen Grenzflächen aufweisen, werden als asphärisch bezeichnet.

Die unterschiedliche Brechung von Wellenlängen (Dispersion) verursacht bei einer Linse Farbfehler (chromatische Aberrationen), da die Brennpunkte der Wellenlängen voneinander abweichen. In einer VR-Brille sind Farbfehler im Bild besonders als Farbsäume an kontrastreichen Kanten wahrnehmbar. Die Verringerung solcher Fehler erfolgt seit dem 18. Jahrhundert über Achromaten, bei denen zwei Linsen mit unterschiedlichen Brechzahlen zusammengefügt werden.

In der Linse des Auges sind aber die Linsenflächen häufig nicht rotationssymmetrisch, sondern in beiden Achsen unterschiedlich gekrümmt. Ein kreisrunder Punkt wird, wie Airy 1825 bemerkte, nicht kreisförmig abgebildet, sondern als Ellipse ([93] S. 323). Die Bezeichnung Astigmatismus beschreibt diesen Sachverhalt: Aus einem Punkt (stigma) wird durch die Vorsilbe „a" ein Nicht-Punkt, in der Regel eine Ellipse. Allerdings tritt der Fehler nicht nur bei unterschiedlichen Krümmungen einer Fläche auf. Bei Einfall eines schrägen Lichtbündels auf eine rotationssymmetrische Fläche ergeben sich aufgrund der unterschiedlichen Einfallshöhen unterschiedliche Brechungen. Auch hier entsteht dadurch eine nicht punktförmige Abbildung. Gleichzeitig tritt Koma auf, da die Strahlen keinen

---

[115] Philipp Ludwig Seidel (1821–1896), deutscher Mathematiker, Optiker und Astronom.

gemeinsamen Brennpunkt haben. Der Name Koma bezeichnet die Darstellung des Fehlers im Bild als Schweif oder Tropfen.

Beide Fehler können gemeinsam korrigiert werden, wenn z. B. ein „Aplanat" eingesetzt wird. Diese von Steinheil entwickelte und auch von Abbe verwendete Anordnung beinhaltet zwei symmetrische Achromate, in deren Mittelpunkt sich eine Blende befindet. Modernere Linsensysteme nutzen mehrere Linsen, die in der Funktion als „Anastigmat" zudem die Bildfeldwölbung verringern.

Bildfeldwölbung tritt bei einfachen Systemen und besonders bei Einzellinsen auf, wenn die Abbildungsebene keine Planfläche bildet, sondern gewölbt ist. Bei der Verwendung eines planen Kamerasensors können so Bildbereiche am Rand außerhalb des Schärfebereichs liegen. Bei der Abbildung tritt auch ein Effekt auf, bei dem durch den unterschiedlichen Abbildungsmaßstab mit zunehmender Entfernung von der optischen Achse das Bild „verzeichnet" wird. Die Verzeichnung ist je nach verwendeter Optik tonnen- oder kissenförmig. Bei einer VR-Brille ist die Verzeichnung bei Nutzung einfacher Optik häufig sehr stark. Zur Korrektur wird schon bei der Bildberechnung in der Regel durch vorherige definierte Verzerrung (Warping) gegengesteuert. Wenn das Okular zum Beispiel eine stark kissenförmige Verzeichnung aufweist, wird das Bild auf dem Display vorab tonnenförmig verzerrt. Das ist ein gutes Beispiel dafür, wie heute eine mangelnde Abbildungsleistung bei Kenntnis der Abbildungsfehler mittels Software korrigiert werden kann.

Allerdings können schon vierlinsige Systeme so aufgebaut werden, dass alle Abbildungsfehler minimiert werden. Bereits das mehr als 100 Jahre alte Tessar-Objektiv der Firma Zeiss war hinsichtlich Astigmatismus, Bildfeldwölbung, Farbfehler und Verzeichnung so hochkorrigiert, dass es für ein Jahrhundert praktisch den Markt für Fotoobjektive dominierte. Moderne Okulare für VR-Headsets basieren auf Linsensystemen, die neben einer hohen Qualität der Abbildung auch ein großes Sichtfeld aufweisen sollen. Ein einfaches Huygens-Okular, bestehend aus zwei Sammellinsen, hat nur ein Sichtfeld von etwa 30 Grad, ein Scidmore-Okular mit sechs Linsen schon 70 Grad [94]. Die höhere Qualität und der größere Sichtbereich gehen prinzipiell mit einer größeren Linsenzahl und daraus resultierenden höheren Kosten und Gewicht einher. Um den Tragekomfort zu erhöhen, den Preis zu verringern und gleichzeitig den benötigten Bauraum zu verkleinern, setzen die Hersteller vermehrt auf Fresnel-Linsen in asphärischem Design, sogenannte Freeform-Fresnel-Optics. Diese Fresnel-Optiken können mit konventionellen asphärischen Linsen und Mikrolinsenarrays kombiniert werden, um eine besonders kurze Bauweise bei großem Sichtfeld zu erzeugen [95]. Vermehrt werden sogenannte Pancake-Optiken eingesetzt. Die Bezeichnung Pancake (Pfannkuchen) geht auf La Russa[116] zurück, der das Prinzip eines gefalteten Strahlenganges für einen Flugsimulator der Air-Force entwickelte [96]. Die optischen Elemente des gefalteten

---

[116] Joseph Anthony La Russa, Ingenieur bei Farrand Optical.

Systems (Polfilter, Verzögerungsplatten, Spiegel) sind so dicht hintereinander gepackt, dass der Aufbau von der Seite an einen Stapel Pfannkuchen erinnert. Technisch gesehen handelt es sich um ein katadioptisches[117] System, das aus spiegelnden und brechenden Elementen besteht. Dabei durchdringt das polarisierte Licht eine halbverspiegelte erste Linse und gelangt auf einen reflektierenden Polarisator, der das Licht wieder zur ersten halbverspiegelten Linse zurücksendet. Zwischen der Linse und dem verspiegelten Polarisator befindet sich eine Verzögerungsplatte, die dafür sorgt, dass das Licht immer den beabsichtigten Pfad nimmt. Am Schluss passiert das Licht die Austrittslinse am Auge und hat durch die Hin-und-Her-Spiegelung einen weiteren Weg zurückgelegt, als der eigentlichen Baulänge entspricht. Neben dem Vorteil der kompakten Bauweise kann ein solches System auch einen größeres Sichtfeld aufweisen. Bei der Apple Vision Pro wird dieser Wert mit etwa 100 Grad angegeben [97]. Nachteilig wirkt sich jedoch der durch die Halbverspiegelung und Polarisation verursachte Lichtverlust aus.

Literatur

1. Seiradakis JH, Herausgeber. The Antikythera Mechanism: Corpus operae I. Thessaloniki, Macedonia, Hellas: Academy of Institutions and Cultures; 2017.
2. Trimmis KP. The Forgotten Pioneer: Valerios Stais and his research in Kythera, Antikythera and Thessaly. Bulletin of the History of Archaeology. 2016;26:10.
3. Rediadis P. Der Astrolabos von Antikythera. Das Athener Nationalmuseum. Athen: Beck & Barth; 1908. S. 43–51.
4. de Solla Price DJ. An Ancient Greek Computer. Scientific American. 60 7.
5. Clavius C. Computus ecclesiasticus per digitorum articulos & tabulas traditus. Romae: Apud Aloysium Zanettum; 1603.
6. Plinius CS. Epistolae. Döring M, Herausgeber. Freyberg: J. G. Engelhardt; 1843.
7. Beda Venerabilis. De Temporum Ratione, Cap. I: De computo vel loquela digitorum. In: Gregorius GF, Herausgeber. Computus collection. Piacenca: Handschrift MS M.925; 1018. S. 37v–9v.
8. Beda Venerabilis. Loquela digotorum. Komputistische Sammelhandschrift (mit Kalendarium) – Beda. Lorsch: Vatikan, Handschrift Pal. lat. 1449; 9. Jhdt. S. 118v.
9. Sittl C. Die Gebärden der Griechen und Römer. Leipzig: B. G. Teubner; 1890.
10. Pacioli L, Da Vinci L. Divina proportione. Venedig: A. Paganius Paganinus; 1509.
11. Pacioli L. Summa de arithmetica geometria. Proportioni: et proportionalita. Paganino; 1523.
12. Wedell M. Actio – loquela digitorum – computatio. Was zählt [Internet]. S. 15–64. Verfügbar unter: https://www.vr-elibrary.de/doi/abs/10.7788/boehlau.9783412214876.15.
13. Cantor M. Vorlesungen über die Geschichte der Mathematik. 2. Aufl. Leipzig: B. G. Teubner; 1894.
14. Boeckh A. Philolaos des Pythagoreers Lehren nebst Bruchstücken seines Werkes. Berlin: Vossische Buchhandlung; 1819.
15. Heinzmann R. Thomas von Aquin. Eine Einführung in sein Denken. Mit ausgewählten lateinisch-deutschen Texten. Stuttgart: W. Kohlhammer; 1994.
16. National Renewable Energy Laboratory (NREL). Reference Air Mass 1.5 Spectra | Grid Modernization | NREL [Internet]. Grid Modernization. 2021 [zitiert 2021 Aug. 20]. Verfügbar unter: https://www.nrel.gov/grid/solar-resource/spectra-am1.5.html.

---

[117] Aus Katoptrik und Dioptrik zusammengesetzt.

17. Fligge M, Solanki SK. The solar spectral irradiance since 1700. Geophys Res Lett. 2000;27:2157–60.
18. Strache H. Lichtmeßkunde und Lichteinheiten. Schriften des Vereins zur Verbreitung naturwissenschaftlicher Kenntnisse. 1917;57:111–36.
19. Reinhard E, Herausgeber. High dynamic range imaging: acquisition, display, and image-based lighting. 2nd ed. Burlington, MA: Morgan Kaufmann/Elsevier; 2010.
20. Leibniz GW. Explication de l'arithmétique binaire, qui se sert des seuls caractères O et I avec des remarques sur son utilité et sur ce qu'elle donne le sens des anciennes figures chinoises de Fohy. Mémoires de mathématique et de physique de l'Académie royale des sciences, Académie royale des sciences. 1703;85–9.
21. Leibniz GW. Briefwechsel Joachim Bouvet mit Gottfried Wilhelm Leibniz, Hexagramme des Fo-Hi. Hannover; 1701.
22. Leibniz GW. EXPLICATION DE L'ARITMÈTIQUE BINAIRE Phys Bl. 1970;26:253–6.
23. Leibniz GW. Leibniz-Handschriften zur Mathematik: De progressione dyadica. Pars 1. Hannover; 1679.
24. Hochstetter E, Greve HJ, Gumin H. Herrn von Leibniz' Rechnung mit Null und Eins. 2. Aufl. Siemens AG, Herausgeber. Stuttgart: Grossdruckerei Stähle & Friedel; 1966.
25. Leibniz GW. Aufzeichnungen von Leibniz zur Rechenmaschine: Machine Arithmetique. Hannover; 1674.
26. Vaucanson J. Le Mécanisme du fluteur automate présenté à messieurs de l'Académie royale des sciences. Paris: Jacques Guerin; 1738.
27. de Vaucanson J. Beschreibung eines mechanischen Kunst-Stucks und Automatischen Flöten-Spielers so denen Herren von der Königlichen Academie der Wissenschaften zu Paris durch den Herrn Vaucanson Erfinder dieser Maschine überreicht worden, samt Einer Description sowohl einer künstlich-gemachten Ente, die von sich selbst das Essen und Trincken hinein schluckt ... Augsburg: Johann Andreas Erdmann Maschenbaur; 1748.
28. Diderot D, d'Alembert JB le R, Herausgeber. Encyclopédie ou Dictionnaire raisonné des sciences, des arts et des métiers. Geneve: Chez Pellet; 1778.
29. Jean-Claude Heudin H. Les Creatures artificielles Des automates aux mondes virtuels. Odile Jacob; 2008.
30. Schneider B. Kleider für Automaten. Muster und Karten in der Lochkartenweberei des 18. Jahrhunderts unter spezieller Berücksichtigung des Webstuhls von Vaucanson. TG. 2003;70:185–206.
31. Kircher A. Musurgia Universalis, sive Ars Magna Consoni et Dissoni. Rom: Typis Ludouici Grignani; 1650.
32. Vergil. Vergils Eklogen in ihrer strophischen Gliederung nachgewiesen mit Kommentar. Leipzig: B. G. Teubner; 1882.
33. Vaucanson J. Métier à tisser les étoffes façonnées de Vaucanson destiné à remplacer l'ancien métier à la tire [Internet]. 1746 [zitiert 2021 Aug. 28]. Verfügbar unter: https://www.arts-et-metiers.net/musee/metier-tisser-les-etoffes-faconnees-de-vaucanson-destine-remplacer-lancien-metier-la-tire.
34. Donat F. Technologie, Bildungslehre, Dekomposition u. Kalkulation der Jacquard-Weberei. Wien & Leipzig: A. Hartleben's Verlag; 1912.
35. Donat F. Technologie der Jacquard-Weberei. Wien, Pest, Leipzig: A. Hartleben's Verlag; 1902.
36. Société Dessinateurs Lyommais\. Tableux Tissés de la Fabrique Lyonaise, Exposition Grand Salon de la Bibliothèque. Lyon: Grand Salon de la Bibliothèque; 1922.
37. Bonnefond C, Carquillat FM-M. À la mémoire de J.M. Jacquard/d'après le tableau de C. Bonnefond ; exécuté par Didier Petit et Cie. [Internet]. 1839 [zitiert 2021 Aug. 28]. Verfügbar unter: https://www.loc.gov/item/2002737214/.
38. Babbage C. Passages from the Life of a Philosopher. London: Longman, Roberts & Green; 1864.

39. Babbage C. On the Application of Machinery to the Computation of Astronomical and Mathematical Tables. London: Taylor; 1824.
40. Menabrea LF. Notions sur la Machine Analytique de M. Charles Babbage. Geneve: Bibliothèque Universelle; 1842.
41. Menabrea LF, Lovelace A. Sketch of the Analytical Engine invented by Charles Babbage. London: Richard and John E. Taylor; 1843.
42. Boole G. The Mathematical Analysis of Logic. Cambridge: Macmillan, Barclay & Macmillen; 1847.
43. De Morgan A. Formal Logic: or, The Calculus of Inference, Necessary and Probable. London: Taylor and Walton; 1867.
44. Boole G. An Investigation of the Laws of Thought, on which are founded the Mathematical Theories of Logic and Probabilities. London: Macmillan and Co.; 1854.
45. Frege G. Begriffsschrift, eine der arithmetischen nachgebildete Formelsprache reinen Denkens. Halle a.d.S.: Louis Neubert; 1879.
46. Whitehead AN, Russel B. Principia Mathematica. 2. Aufl. London: Cambridge University Press; 1935.
47. Shannon CE. A Symbolic Analysis of Relay and Switching Circuits. [Massachusetts Institute of Technology]: University of Michigan; 1937.
48. Irvine MM. Early digital computers at Bell Telephone Laboratories. IEEE Annals Hist Comput. 2001;23:22–42.
49. Atanasoff JV. Advent of Electronic Digital Computing. IEEE Annals Hist Comput. 1984;6:229–82.
50. Zuse K, Bauer FL. Der Computer – mein Lebenswerk. 4., unveränd. Aufl. Berlin Heidelberg: Springer; 2007.
51. Zuse K. Über den Allgemeinen Plankalkül als Mittel zur Formulierung schematisch-kombinativer Aufgaben. Arch Math. 1948;1:441–9.
52. von Neumann J. First draft of a report on the EDVAC. IEEE Annals Hist Comput. 1993;15:27–75.
53. Tanenbaum AS, Austin T. Rechnerarchitektur: von der digitalen Logik zum Parallelrechner. 6., aktualisierte Auflage. Hallbergmoos: Pearson; 2014.
54. Kirsch RA, Cahn L, Ray C, Urban GH. Experiments in processing pictorial information with a digital computer. Papers and discussions presented at the December 9–13, 1957, eastern joint computer conference: Computers with deadlines to meet on XX – IRE-ACM-AIEE '57 (Eastern). Washington, D.C.: ACM Press. 1958;221–9.
55. Holden H. Radars, Missiles, and the World's Costliest Computer. PCB007 Mag. 2022;64–72.
56. Sutherland IE. Sketch pad a man-machine graphical communication system. Proceedings of the SHARE design automation workshop on – DAC '64: ACM Press; 1964;6.329–46.
57. Mayo H. Outlines of Human Physiology. 3. Aufl. London: Burgess and Hill; 1833.
58. Wheatstone C. XVIII. Contributions to the physiology of vision. —Part the first. On some remarkable, and hitherto unobserved, phenomena of binocular vision. Philos Trans R Soc Lond. 1838;128:371–94.
59. Monge G. Darstellende Geemetrie von Gaspard Monge (1798). Leipzig: Wilhelm Engelmann; 1900.
60. Wade NJ. Ocular Equivocation: The Rivalry Between Wheatstone and Brewster. Vision. 2019;3:26.
61. Brewster D. A Treatise on Optics. London: Longman, Rees, Orme, Brown, and Green; 1831.
62. Diels H. Die Fragmente der Vorsokratiker. 3. Aufl. Berlin: Weidmannsche Buchhandlung; 1912.
63. Brewster D. The Stereoscope. Its history, theory and construction. London: John Murray; 1856.
64. Holmes OW. The American Stereoscope. Reprint from „The Philadelphia Photographer", January, 1869. 1952;1.

65. Heilig ML. EL Cine del Futuro: The Cinema of the Future. Presence: Teleoperators & Virtual Environments. 1992;1:279–94.
66. Heilig ML. Stereoscopic-Television Apparatus for Individual Use. 1960.
67. Sutherland IE. A head-mounted three dimensional display. Proceedings of the december 9–11, 1968, fall joint computer conference, part I on – AFIPS '68 (Fall, part I). San Francisco, California: ACM Press; 1968.
68. Minsky M. Telepresence. Omni. 1980;44–53.
69. Comeau CP, Bryan JS. Headsight TV System. Electronics. 1961;34:86–90.
70. MacDonald A. Waldo. Astounding Science. Fiction. 1942;29:9–60.
71. Heinlein RA. Die Zeit der Hexenmeister. Waldo & Magie GmbH. Zwei Science Fiction-Romane. 4. Aufl. München: Wilhelm Heyne Verlag; 1970.
72. Bolas MT, Fisher SS. Head-coupled remote stereoscopic camera system for telepresence applications. In: Merritt JO, Herausgeber. Santa Clara, CA, United States; 1990.
73. Rindler W. Visual Horizons in World Models. Mon Not R Astron Soc. 1956;116:662–77.
74. Milgram P, Kishino F. A Taxonomy of Mixed Reality Visual Displays. IEICE Trans Inf Syst. 1994;77:1321–9.
75. Milgram P, Takemura H, Utsumi A, Kishino F. Augmented reality: a class of displays on the reality-virtuality continuum. In: Das H, Herausgeber. Boston, MA; 1995;282–92.
76. Grasnick A. Transfer Functions and Event Fields in XR: The PHANTOMATRIX Framework for Quantifying Perception Convergence [Internet]. 2023 [zitiert 2024 Juni 5]. Verfügbar unter: https://www.researchsquare.com/article/rs-3556886/v1
77. Chang E, Kim HT, Yoo B. Virtual Reality Sickness: A Review of Causes and Measurements. Int J Hum Comput Interact. 2020;36:1658–82.
78. Stauffert J-P, Niebling F, Latoschik ME. Latency and Cybersickness: Impact, Causes, and Measures. A Rev Front Virtual Real. 2020;1: 582204.
79. Rolland JP, Holloway RL, Fuchs H. Comparison of optical and video see-through, head-mounted displays. In: Das H, Herausgeber. Boston, MA; 1995;293–307.
80. Larroque S. Digital pass-through head-mounted displays for mixed reality. Inf Disp. 2021;37:17–21.
81. Petzval JM. Bericht über optische Untersuchungen. Sitzungsberichte der Kaiserlichen Akademie der Wissenschaften Mathematisch-Naturwissenschaftliche Classe. Wien: K.-K. Hof- und Staatsdruckerei; 1858. S. 33–90.
82. Herschel JFW. Treatises on physical astronomy, light and sound. London and Glasgow: Richard Griffin and Company; 1828.
83. Fraunhofer J. Neue Modifikation des Lichtes durch gegenseitige Einwirkung und Beugung der Strahlen, und Gesetze derselben. Denkschriften der königlichen Akademie der Wissenschaften zu München, Classe der Mathematik und Naturwissenschaften. München: Königliche Akademie der Wissenschaften; 1821.
84. Young T. Experiments and calculations relative to physical optics. Philos Trans R Soc Lond. London: G. and W. Nicol; 1806. S. 1–16.
85. Fresnel A. Premier mémoire sur la diffraction de la lumière. In: de Senarmon H, Verdet E, Fresnel L, Herausgeber. Œuvres complètes d'Augustin Fresnel (1866–1870). Paris: Imprimerie Impériale; 1819.
86. Grimaldi FM. Physico-Mathesis de Lumine, coloribus, et iride, aliisque sequenti pagina indicatis. Bolognia: Girolamo Bernia; 1665.
87. Rayleigh X. On pin-hole photography. The London, Edinburgh, and Dublin Philos Mag J Sci. 1891;31:87–99.
88. Airy GB. On the Diffraction of an Object-glass with Circular Aperture. Trans Camb Philos Soc. Cambridge: John William Parker; 1835. S. 283–91.

89. Rayleigh XXXI. Investigations in optics, with special reference to the spectroscope. The London, Edinburgh, and Dublin Philos Mag J Sci. 1879;8:261–74.
90. Pedrotti FL, Pedrotti LS, Bausch, Werner, Schmidt H. Optik für Ingenieure: Grundlagen. Berlin: Springer; 2005.
91. v. Seidel PL. Ueber die Theorie der Fehler, mit welchen die durch optische Instrumente gesehenen Bilder, behaftet sind, und über die mathematischen Bedingungen ihrer Aufhebung. Abhandlungen der Naturwissenschaftlich-Technischen Commission bei der Königl Bayerischen Akademie der Wissenschaften in München. München: Literarisch-Artistische Anstalt der J. G. Cotta'schen Buchhandlung; 1857. S. 227–67.
92. Rashed R. A Pioneer in Anaclastics: Ibn Sahl on Burning Mirrors and Lenses. Isis. 1990;81:464–91.
93. Airy GB. On a peculiar Defect in the Eye, and a mode of correcting it. In: Brewster D, Herausgeber. Edinburgh Journal of Science. Edinburgh: John Thomson; 1827. S. 322–5.
94. Ren Z, Fu X, Dong K, Lai Y, Zhang J. Advanced Study of Optical Imaging Systems for Virtual Reality Head-Mounted Displays. Photonics. 2023;10:555.
95. Bang K, Jo Y, Chae M, Lee B. Lenslet VR: Thin, Flat and Wide-FOV Virtual Reality Display Using Fresnel Lens and Lenslet Array. IEEE Trans Visual Comput Graphics. 2021;27:2545–54.
96. La Russa JA, Gill AT. The Holographic Pancake Window TM. In: Beiser L, Herausgeber. San Diego; 1978;120–9.
97. HyperVision. First Insights about Apple Vision Pro Optics [Internet]. HyperVision. 2023 [zitiert 2024 Juni 6]. Verfügbar unter: https://www.hypervision.ai/tech-research/apple-vp-optics-insights.

Stichwortverzeichnis

A
Abbe, Ernst, 139, 181
Aberration
  chromatische, 99, 199
  sphärische, 99, 199
Absorption, 134
Achromat, 199
Aiken, Howard Hathaway, 183
Airy, George Bidell, 198
Airy-Disk, 198
Airy-Pattern, 198
Aischylos, 153
Akkommodation, 88, 194
Albedo, 27
Alberti, Leon Battista, 157
Albrecht, 82
al-Chwarizmi, 18, 68, 69
al-Dschaiyani, 20
al-Dschazari, 69
Alexander, Tiberius Julius, 23
Algebra, 18
Algorismus s. Algorithmus
Algorithmus, 18, 68
Algorizmi, 68
Al-Hakim, 74
Alhazen, 4, 20, 75, 127
al-Kindi, 68, 70
Al-Mamun, Abdallah, 68
Anaklastik, 72
Analytical Engine, 180
Anaxagoras, 8, 17, 22, 45, 46
Anaximander, 10, 20
Anaximenes, 22
Animalcula, 98
Antikythera, Mechanismus von, 168
Apeiron, 20
Aplanat, 200
Apollonius, 62, 93
Arago, François, 124, 126, 129–131

Archelaos, 46
Archimedes, 17, 18, 51
Ardenne, Manfred von, 162
Aristarchos, 11
Aristophanes, 62
Aristoteles, 2, 5, 20, 21, 23, 24, 46, 47, 127, 191
Armillarsphäre, 157
asphärisch, 199
Astigmatismus, 199
Astrolabium, 168
Astronomische Einheit, 128
Atanasoff, John Vincent, 182
Atanasoff-Berry-Computer, 182
Äther, 21, 45, 47, 101, 105, 118, 119, 121, 130, 151
Atum, altägyptischer Urgott, 38
Auflösungsgrenze, 139
Augmented Reality, 189, 193, 194
Augmented Virtuality, 193
Autochrome, 151
Avicenna, 71

B
Babbage, Charles, 180
Bacon, Roger, 26, 81, 82
Bain, Alexander, 158
Baird, John Logie, 161
Bait al-Hikma, 68
Bakewell; Frederick, 158
Balduinischer Phosphor, 144
Banu-Musa, 69
Barents, Willem, 28
Bartholin, Erasmus, 116
Belin, Édouard, 160, 161
Bell, Alexander Graham, 160
Ben Gershon, Levi, 6
Bergkristall, 59, 63, 72, 77

Berry, Clifford Edward, 182
Bettini, Mario, 95, 96
Beugung, 125, 126, 137
Beugungsintegral, 125
Beyköy Hieroglyphen, 33
Bidirektionale Reflexionsverteilungsfunktion (BRDF), 26
Bidwell, Shelford, 160, 161
Bildfeldwölbung, 199, 200
Bolas, Mark, 190
Boole, George, 181
Boolesche Algebra, 181, 182
Bouvet, Joachim, 173
Bradley, James, 130
Bradley; James, 129
Brahe, Tycho, 87
BRDF (Bidirektionale Reflexionsverteilungsfunktion), 26
Brewster, David, 59, 132, 133, 186, 187
Brewster-Winkel, 133
Brockengespenst, 21
Bulkeley-Linse, 87

C

Camera obscura, 4, 6, 90, 133, 144–146, 195
Campani, Guiseppe, 96
Cantor, Moritz Benedikt, 169
Caselli, Giovanni, 159
Cassini, Giovanni Domenico, 129
Çatalhöyük, 31
Cesi, Federico, 85
Chimenti, Jacopo, 186
Clemens VI., 6
Clemens von Alexandria, 40
Colbert, Jean-Baptiste, 118
Complex Number Calculator, 182
computus, 172
Conon, 52
Cooke, William Fothergill, 156
Curtze, Maximilian, 6

D

Daguerre, Louis, 145, 146
Daguerreotypie, 146
Damianos, 67
Dampfmaschine, 118
DataGloves, 190
DataSuit, 190
da Vinci, Leonardo, 69, 84, 85, 157
Deferent, 87
Della Francesca, Piero, 157
Della Porta, Giovanni Battista, 85

Demokrit, 70
De Morgan, Augustus, 181
Descartes, René, 50, 72, 91, 92, 99, 102, 119
Difference Engine, 180
Diffraktion, 104
digitus, 172
Diokles, 52
Dioptrienausgleich, 188
Dioptrik, 49, 88, 91
Dispersion, 26, 134, 199
Dollond, John, 147
Doppelspalt, 123
Doppelspat, 116
Dositheos, 52
du Châtelet, Émilie, 119
du Hauron, Louis Ducos, 151
Dunkelbringer, 144
Dürer, Albrecht, 157

E

Ebers, Georg, 40
Eckert, John Presper, 183
EDVAC, 183
Einfachspalt, 125
Elektrizität, extrinsische, 154
Emissionstheorie, 101
Empedokles, 46, 101, 187
ENIAC, 183
Entelechie, 47
Epikur, 70
Epizykel, 87
Eratosthenes, 12
Ereignisfeld, 192, 193
Ereignishorizont, 191
Euklid, 48, 62, 70, 157
Euler; Leonhard, 119
Evans, Arthur John, 62
Extended Reality, 191
EyePhone, 190

F

Fackelcode, 153
Faraday, Michael, 153, 155, 192
Farbkreisel, 148
Fata Morgana, 27
Fermat, Pierre de, 50
Feynman, Richard, 124
Fisher, Scott, 190
Fizeau, Hippolyte, 130, 131, 152
Flohglas, 98
Foucault, Leon, 130–132, 152
Foucaultsches Pendel, 131

Fraunhofer, Joseph, 196
Fraunhofer; Joseph, 134
Fraunhofer-Beugung, 135, 136
Fraunhofersche Linien, 134
Freeform-Fresnel-Optics, 200
Frege, Gottlob, 181
Fresnel, Augustin-Jean, 124–126, 130, 131, 135, 197
Fresnel-Arago-Gesetze, 126
Fresnel-Beugung, 136
Fresnel-Integrale, 125
Fresnel-Linse, 126, 190, 200
Fresnelscher Mitführungskoeffizient, 131
Fresnel-Zahl, 135
Friedrich II., 119

G
Galen, 69, 71
Galilei, Galileo, 86, 97, 127
Galvani, Luigi, 153, 154
Galvanismus, 154
Gauß, Carl Friedrich, 155
Gerhard von Cremona, 20, 21, 69, 70
Gilgamesch, 59
Giordano von Pisa, 82
Gitter, optisches, 137
Gitterkonstante, 138
Glorienschein, 21
Golius, Jacobus, 91
Grimaldi, Francesco Maria, 104, 197
Grosseteste, Robert, 80
Gunkel, Patrick M., 189

H
Hadrian, Publius Aelius, 65
Hafgerdingar, 29
Halley, Edmond, 129
Halo, 21
Harriot, Thomas, 86
Harun ar-Raschids, 68
Head-Mounted-Display, 185, 191, 199
Heilig, Morton, 188
Heinlein, Robert Anson, 189
Heliografie, 145, 146
Heliopolis, 45
Helioskop, 88
Helmholtz, Hermann, 150
Hermes Trismegistus, 40
Hermetische Bücher, 40
Heron, 48
Herschel, John, 147, 195
Herschel; John, 196

Hexagramm, 173
Hillingar-Effekt, 28
Hippokrates, 69
Hiram, 16
Hodder, Ian, 33
Holmes, Oliver Wendell, 187
Hooke, Robert, 97, 99, 116
Hoover, Herbert Clark, 162
Hornsilber, 145
Horus, altägyptischer Hauptgott, 38, 41
Horusauge, 40
Hunain, 68, 69
Huygens, Christiaan, 91, 97, 105–108, 116, 120, 128, 130, 152
Huygens-Okular, 200
Hyperbel, 74

I
Iamblichos von Chalkis, 44
IBM 701, 183
Ibn al-Haitam s. Alhazen
Ibn Sahl, 72, 74, 199
Ibn Sina s. Avicenna
Ikonion, 31
Ikonophone, 162
Interferenz, 122, 124–126, 129
Interferenzfotografie, 151
Ives, Herbert Eugene, 161, 162

J
Jacquard, Joseph-Marie, 176, 177, 180
Jansen, Zacharias, 85
Josia (Joschija), König von Juda, 43

K
Kaleidoskop, 133
katadioptisch, 201
Katoptrik, 48, 49
Kepler, Johannes, 87, 88
Keplersche Gesetze, 88
Kepler-Teleskop, 88
Kircher, Athanasius, 93–95, 175
Kirsch, Russell A., 183, 184
Kisa, Anton, 64
Kishino, Fumio, 193
Kitab al-Manazir, 75
Kleomedes, 12
K-Modell, 182
Knossos, 62
Kohärenz, 136
Kohärenzlänge, 136

Kohärenzzeit, 136
Kohlrausch, Rudolf, 152
Koma, 199
Komplementärfarbe, 150
Konrad von Würzburg, 81
Kontaktelektrizität, 154
Kopernikus, Nikolaus, 87
Korn, Arthur, 160, 161
Körner, Johann Christian Friedrich, 139
Korpuskel, 101
Korpuskeltheorie, 116, 120, 129
Kreuzblick, 185
Kristall, isländischer, 116
Kugelwelle, 121

L

Laertios
 Diogenes, 45
Laplace, Pierre-Simon, 120
La Russa, Joseph Anthony, 200
Latenz, 194
Laterna magica, 134
Layard, Austen Henry, 59
LCD (Liquid Crystal Display), 190
Leeuwenhoek, Antoni van, 98
Leibniz, Gottfried Wilhelm, 93, 173
Lichtgeschwindigkeit, 128, 130–132, 152
Lichtpartikel, 116
Linse, asphärische, 74
Lipperhey, Hans, 85
Lippmann, Gabriel, 151
Liquid Crystal Display (LCD), 190
Livius, Titus, 51
Löber, August, 139
Lochblende, 195
Lochkamera, 3, 7
Lochkarte, 180, 182
Lommel, Eugen, 197
Longitudinalwelle, 126
Louis XIV., 118
Lovelace, Ada, 181
Luckey, Palmer, 191
Lucretius, 70
Ludwig XV., 174
Lumière, Auguste, 151
Lumière, Louis, 151

M

Malus, Étienne Louis, 120, 124, 133
Mark I, 183
Mauchly, John William, 183
Maxwell, James Clerk, 148, 149, 151, 152

Mayers, Tobias, 148
Mayo, Herbert, 185
Mellaart, James, 33
Melzi, Francesco, 157
Menabrea, Luigi Federico, 180
Metius, Jacob, 85
Michaelis, Johann David, 58
Michelson, Albert A., 132
Mie, Gustav, 26
Mikrolinsenarray, 200
Milgram, Paul, 193
Minsky, Marvin, 189
Mirage, 27
Mixed Reality, 193
Moiré, 190
Morse, Samuel F. B., 156
Morse-Code, 156
Muybridge, Eadweard, 147

N

Neumann, John von, 183
Newcomen, Thomas, 118
Newton, Isaac, 26, 100–103, 105, 116, 192
Newtonsche Ringe, 139
Nibuhr, Carsten, 58
Niepce, Joseph Nicéphore, 145
Nimrod, 58
Nimrud, 58
Nipkow, Paul, 161
Nipkow-Scheibe, 162
Nofretete, 42
Novaya-Zemlya-Effekt, 28

O

Objektiv, achromatisches, 147
Obsidian, 32
Oenopheus, 45
Oinopides von Chios, 17
Oldenburg, Henry, 98
optical see-through, 194

P

Pacioli, Luca, 169
Pamphile, 18
Pancake-Optik, 200
Pantelegraf, 159
Pantheon, 39
Papin, Denis, 118
Papyrus Rhind, 14
Parallelblick, 185
Parhelia, 21

Peckham, Johannes, 83
Peloponnes, 9
Peripatetiker, 2
Perspektograf, 157
Petrie, Flinders, 61
Petzval, Josef Maximilian, 195
Phaidon, 46
Phantomfeld, 192, 193
Pharao
   Echnaton, 43
   Menes, 38
   Merenptah, 43
   Necho II., 43
   Thutmosis III, 42
   Tutanchamun, 60
Philco, 189
Philolaos, 49
Photogenic Drawings, 146
Photophon, 160
Plankalkül, 183
Platon, 17, 46
Plinius, 64, 78
Plutarch, 9, 17, 45, 46, 51
Poisson, Siméon Denis, 126
Poisson-Fleck, 126
Polarisation, 120
Polarisationsfilter, 133
Polarisator, 201
Polybios, 153
Probeglas, 139
Ptolemäus, Claudius, 48, 65, 66
Pupillenverengung, 88
Pythagoras, 44, 45, 170

Q
Quintessenz, 47

R
Rasterbild, 157
Rasterfeld, 158
Rayleigh, John William Strutt, 138, 197
Re, altägyptischer Sonnengott, 38, 39, 41
Reality-Virtuality-Kontinuum, 192
Retina, 71
Rhyton, 63
Rittenhouse, David, 137
Robert von Chester, 20
Roemer, Ole Christensen, 128
Russell, Bertrand, 182

S
Sahl bin Harun, 68
Saint-Cher, Hugo von, 83
Sakellarakis, Jannis, 63
Salar de Uyuni, 27
Salomo, 16
Savery, Thomas, 118
Scheele, Carl Wilhelm, 144
Scheiner, Christoph, 88
Schulze, Johann Heinrich, 144
Scidmore-Okular, 200
SEAC, 183
Sehen, binokulares, 185, 186
Seidel, Philipp Ludwig, 199
Seidelsche Abbildungsfehler, 199
Selenzelle, 160
Seneca, Lucius Annaeus, 23, 24, 28, 65
Shannon, Claude Elwood, 182
Silberchlorid, 145
Silberschlag, 21
Skarabäus, 60
Snellen, Herman, 24
Snellius, 29, 66, 72, 90
Sokrates, 17, 46, 62
Spatial Computing, 191
Spektroskop, 137
Spiegelteleskop, 101
Steinheil, Carl August, 155
Stereoskop, 185–187, 190
Stereoskopie, 188
Stibitz, George, 182
Strepsiades, 62
Sutherland, Ivan, 185, 189
Synaugie, 46
System, heliozentrisches, 87

T
Tainter, Charles Sumner, 160
Talbot, William Henry Fox, 137, 146
Talbot-Effekt, 137
Talbot-Teppich, 138
Talbotype, 146
Telegrafie, optische, 153
Telepräsenz, 189
Teleskop, holländisches, 86, 89
Telesphere Mask, 188
Televisor, 161
Tell el-Amarna, 61
Tessar, 200
Thales, 17, 20

Theophrast, 70
Thomas von Aquin, 171
Thoth, altägyptischer Gott der Weisheit, 40
Transversalwelle, 126
Tripoli, Poliermittel, 42
Troja, 33
Trommelscanner, 160, 183
Two-Way Television Project, 162

U
Undulation, 121
Undulationstheorie, 129
UNIVAC, 183
Urban II, 79
Utzschneider, Joseph, 137

V
Vail, Alfred L., 156
Vaucanson, Jacques de, 174
Vedder, James, 37
Vergenz-Akkommodations-Konflikt, 194
Verzeichnung, 199, 200
Verzögerungsplatte, 201
video see-through, 194
VIEW, 190
Virtuality Group, 190
Visby-Linse, 78
Vitruv, 84
Volta, Alessandro, 153, 154

Voltaire, 119
Von-Neumann-Architektur, 183
VPL Research, 190

W
Waldo, 189
Warping, 200
Watt, James, 118
Weber, Wilhelm Eduard, 152, 155
Weißlichthologram, 151
Wheatstone, Charles, 129, 155, 185–187
Whitehead, Alfred North, 182
Wiedemann, Eilhard, 4
Witelo, 6, 84
Wollaston, William Hyde, 134

Y
Yortan-Kultur, 33
Young, Thomas, 26, 120–123, 148
Young; Thomas, 197
Young-Helmholtz-Dreifarben-Theorie, 151

Z
Zeiss, Carl, 139
Zeiss, 200
Zenodorus, 52
Zuse, Konrad, 182

 springer-vieweg.de

3D ohne 3D-Brille

Handbuch der Autostereoskopie

Armin Grasnick

Jetzt bestellen:
link.springer.com/978-3-642-30509-2

 Springer Vieweg   springer-vieweg.de

Armin Grasnick

Grundlagen der virtuellen Realität

Von der Entdeckung der Perspektive bis zur VR-Brille

EXTRAS ONLINE   Springer Vieweg

Jetzt bestellen:
link.springer.com/978-3-662-60784-8

MIX
Papier aus verantwortungsvollen Quellen
Paper from responsible sources
FSC® C105338

If you have any concerns about our products,
you can contact us on
ProductSafety@springernature.com

In case Publisher is established outside the EU,
the EU authorized representative is:
**Springer Nature Customer Service Center GmbH
Europaplatz 3, 69115 Heidelberg, Germany**

Printed by Libri Plureos GmbH
in Hamburg, Germany